偏微分方程的有限差分方法

张 强 编著

科学出版社

北京

内 容 简 介

本书以抛物型方程、双曲型方程和椭圆型方程为基本模型，系统地阐述有限差分方法的基础理论和主要格式。在详细介绍每个格式的时候，一些重要的数值设计思想和理论分析技术得到详尽的讨论，有限差分方法同其他数值方法的联系与区别也得到简要的论述。本书既注重理论的严谨性，也关注算法的实现细节；内容既注重历史的发展轨迹，也关注最新的研究进展。

本书可作为信息与计算专业的本科生教材，也可作为应用数学专业的本科生辅导教材。同时，本书也可供理工科其他专业的研究生、教师以及从事科学计算的科研工作者参考。

图书在版编目(CIP)数据

偏微分方程的有限差分方法/张强编著. —北京：科学出版社，2017.12
ISBN 978-7-03-055378-2

Ⅰ.①偏⋯ Ⅱ.①张⋯ Ⅲ.①偏微分方程-有限差分法-研究 Ⅳ.①O241.82

中国版本图书馆 CIP 数据核字(2017) 第 280515 号

责任编辑：胡 凯 许 蕾 曾佳佳／责任校对：彭 涛
责任印制：张 伟／封面设计：许 瑞

科学出版社 出版
北京东黄城根北街 16 号
邮政编码：100717
http://www.sciencep.com

北京九州迅驰传媒文化有限公司印刷
科学出版社发行 各地新华书店经销

2017 年 12 月第 一 版 开本：787×1092 1/16
2025 年 1 月第七次印刷 印张：15
字数：353 000
定价：59.00 元
(如有印装质量问题，我社负责调换)

前　言

数学物理和工程科技中的诸多问题，常常可以描述为某个微分方程的定解问题。真解的理论刻画或者具体计算，自然成为首要的研究任务。通常，真解的解析表达式是难以精确建立的，除非问题本身过于简单或者具有某种特殊结构。因此，数值 (近似) 计算是理所当然的选择之一。事实上，常微分方程的数值方法可以追溯到 18 世纪，偏微分方程的数值方法也可以追溯到 20 世纪初期。然而，它真正成为一门理论严谨且实用有效的学科，却是在 20 世纪 50 年代以后，特别是当电子计算机成为主要的计算工具以后。同时，各种科学理论和工程技术的快速发展，也为微分方程数值方法的蓬勃发展，提供了重要的客观条件。时至今日，数值工作者已经收获了相当丰富的研究结果，相继建立了各具特色的数值方法，例如有限差分方法、有限体积方法、有限元方法、配置方法和谱方法等。

作为偏微分方程数值解法的入门教材，本书将以常见的三类偏微分 (抛物型、双曲型和椭圆型) 方程为主要研究对象，深入浅出地介绍有限差分方法的基本思想和主要技术。有限差分方法具有简洁和直观等优点，相应的数值技巧和基本概念也极具代表性。在上述过程中，本书还会简要地介绍同有限差分方法密切相关的有限体积方法和有限元方法。在内容安排方面，本书力争做到自成体系，既要兼顾数值格式的基本理论和实现细节，还要注重历史文献的挖掘和发展方向的跟踪。本书将以各种简单的实例问题为模型，希望各种相关概念的论述既严谨又易于接受。

本书适合大学本科的高年级学生，可作为信息与计算专业、应用数学专业相关课程的教材。当然，本书也可供相关专业的研究生、教师以及从事科学计算的科研工作者参考。读者需要具备基本的高等数学知识，熟悉 Taylor 级数、Fourier 理论和数学物理方程的基本理论；读者需要接触过基础的数值方法，熟悉矩阵范数、数值积分和数值差商等基本概念；当然，读者还需要掌握基本的计算机编程语言。

本书曾在南京大学试讲过多次，它的出版得到各方面的支持。感谢南京大学数学系课程建设基金的鼎力资助；感谢厦门大学数学学院邱建贤教授认真审阅书稿，南京大学数学学院计算专业各位同仁提出的宝贵意见，赵彦普博士提供的文献资料以及各届学生的理解和支持；感谢科学出版社许蕾女士的辛勤付出。最后，借本书出版之际，向我的老师孙澈教授和舒其望教授表示衷心的感谢，他们在我的学业研究中给予了指导和帮助。

由于作者水平有限，书中定有疏漏和不妥之处，敬请读者批评指正。

张　强

2017 年 8 月于南京

目 录

前言
绪论 ··· 1
  0.1 数值方法研究的必要性 ·· 1
  0.2 内容和结构 ··· 3
第 1 章 两个简单格式 ··· 6
  1.1 古典格式 ·· 6
      1.1.1 格式构造 ··· 6
      1.1.2 可行性和效率 ··· 9
      1.1.3 数值表现 ··· 11
  1.2 简单推广 ·· 14
  1.3 总结 ·· 16
  习题 ··· 16
第 2 章 线性差分格式的基本理论 ·· 18
  2.1 预备知识 ·· 18
  2.2 相容性 ··· 20
      2.2.1 逐点相容性 ·· 20
      2.2.2 整体相容性‡ ·· 22
      2.2.3 导数的差商离散 ·· 23
  2.3 稳定性 ··· 26
  2.4 Fourier 方法 ·· 32
      2.4.1 理论背景‡ ··· 32
      2.4.2 操作过程 ··· 35
  2.5 收敛性 ··· 38
      2.5.1 基本概念 ··· 39
      2.5.2 Lax-Richtmyer 等价定理 ·· 40
  习题 ··· 41
第 3 章 热传导方程 ·· 43
  3.1 相容性 ··· 43
      3.1.1 加权平均格式 ·· 43
      3.1.2 三层格式 ··· 47
  3.2 计算效率 ·· 53
      3.2.1 时间步长的轮替策略 ··· 53
      3.2.2 显隐格式的交替使用 ··· 54

　　　　3.2.3　Saul'ev 格式及其应用 ···································· 58
3.3　误差估计或收敛分析 ·· 61
　　　　3.3.1　基于强正则性假设 ···································· 61
　　　　3.3.2　弱正则性假设‡ ······································ 63
3.4　导数边界条件 ·· 66
　　　　3.4.1　单侧离散方式 ·· 67
　　　　3.4.2　双侧离散方式 ·· 70
　　　　3.4.3　数值表现 ·· 72
3.5　初值条件的离散‡ ·· 73
习题 ·· 75

第 4 章　一维扩散方程 ·· 77
4.1　具有光滑系数的线性扩散方程 ································ 77
　　　　4.1.1　非守恒型扩散方程 ···································· 77
　　　　4.1.2　守恒型扩散方程 ······································ 79
　　　　4.1.3　稳定性分析方法 ······································ 82
4.2　具有间断系数的线性扩散方程 ································ 86
4.3　极坐标下的热传导方程‡ ···································· 88
4.4　非线性扩散方程 ·· 91
习题 ·· 93

第 5 章　高维扩散方程 ·· 95
5.1　微分方程的数值离散 ·· 95
5.2　边界条件的数值离散 ·· 98
　　　　5.2.1　矩形区域 ·· 99
　　　　5.2.2　任意区域 ·· 101
　　　　5.2.3　高维格式的计算效率 ·································· 106
5.3　分数步长方法 ·· 107
　　　　5.3.1　交替方向隐式方法 ···································· 107
　　　　5.3.2　局部一维化方法 ······································ 113
　　　　5.3.3　注释和说明 ·· 114
习题 ·· 116

第 6 章　线性常系数对流方程 ·································· 119
6.1　迎风格式和 Lax-Wendroff 格式 ······························ 119
　　　　6.1.1　迎风格式 ·· 119
　　　　6.1.2　Lax-Wendroff 格式 ·································· 121
　　　　6.1.3　稳定性分析方法 ······································ 122
　　　　6.1.4　数值表现 ·· 124
6.2　线性常系数差分格式 ·· 126
　　　　6.2.1　基本数值概念 ·· 127

		6.2.2 单调格式与数值振荡 · 128

        6.2.2 单调格式与数值振荡 · 128

        6.2.3 数值耗散、数值频散和数值振荡 · 129

  6.3 其他著名格式 · 133

        6.3.1 Lax-Friedrichs 格式 · 133

        6.3.2 蛙跳格式 · 135

        6.3.3 盒子格式 · 138

  6.4 人工边界条件‡ · 141

  习题 · 143

第 7 章 线性双曲型方程 · 145

  7.1 线性变系数对流方程 · 145

  7.2 一阶双曲型方程组 · 148

  7.3 二阶声波方程 · 150

        7.3.1 直接离散方式 · 150

        7.3.2 间接离散方式 · 151

        7.3.3 哈密顿系统和辛格式‡ · 153

  7.4 高维对流方程 · 155

  习题 · 157

第 8 章 非线性双曲守恒律 · 159

  8.1 弱解和熵解 · 159

  8.2 守恒型差分格式 · 162

        8.2.1 基于光滑解的格式构造 · 162

        8.2.2 关于间断解的健壮性 · 167

  8.3 有限体积方法 · 169

        8.3.1 基本框架 · 169

        8.3.2 Godunov 方法‡ · 173

  8.4 稳定性和收敛性 · 177

        8.4.1 单调保持格式 · 178

        8.4.2 单调格式 · 178

        8.4.3 TVD 格式 · 179

  8.5 TVD 修正技术‡ · 181

        8.5.1 数值通量修正技术 · 181

        8.5.2 数值斜率修正技术 · 182

  习题 · 184

第 9 章 发展型方程差分方法综述 · 185

  9.1 对流扩散方程 · 185

        9.1.1 中心差商显格式 · 185

        9.1.2 常用的解决方法 · 187

  9.2 修正方程方法‡ · 191

9.3　能量方法‡ · 193
习题 · 196

第 10 章　椭圆型方程 · 198

10.1　五点格式 · 198
　　10.1.1　规则内点的五点差分方程 · 198
　　10.1.2　非规则内点的五点差分方程 · 199
　　10.1.3　离散方程组 · 200
　　10.1.4　线性方程组的数值解法‡ · 201
10.2　最大模估计 · 205
　　10.2.1　强最大值原理 · 205
　　10.2.2　简单估计 · 206
　　10.2.3　精细估计 · 207
10.3　提高数值精度的方法 · 209
　　10.3.1　Richardson 外推技术 · 209
　　10.3.2　九点格式 · 210
　　10.3.3　Kreiss 差分格式 · 210
10.4　有限元方法‡ · 211
　　10.4.1　变分方法的基本理论 · 212
　　10.4.2　古典变分法 · 214
　　10.4.3　标准有限元方法 · 216
习题 · 219

主要参考文献 · 221

附录 · 222

A　Taylor 级数 · 222
B　Fourier 级数 (积分) · 222
C　周期函数的离散 Fourier 理论 · 222
D　线性差分方程的基本理论 · 223
E　三对角矩阵的特征值 · 224
F　Gronwall 不等式 · 225
G　圆盘定理 · 225

部分习题答案和提示 · 226
索引 · 228

绪　论

0.1　数值方法研究的必要性

自微积分理论诞生以来，偏微分方程[①]一直发挥着非常重要的作用，广泛地出现在气象预报、海洋流动、环境治理、油田开发、飞机制造、航天计算、武器研究、量子碰撞、水坝建设、交通设计、生物科学、股票期权等领域，用于描述、解释或者预见各种自然现象、社会现象和科学工程问题。下面给出一个简要列表。

(1) 热力学理论包含大量的抛物型方程，例如典型的热传导方程

$$u_t = a\triangle u,$$

其中 $a > 0$，是扩散系数。它描述了热量的扩散和衰减过程。

(2) 流体力学理论包含大量的双曲型方程，例如典型的对流方程

$$u_t + \boldsymbol{a} \cdot \nabla u = 0$$

和声波方程

$$u_{tt} = a^2 \triangle u,$$

其中 $\boldsymbol{a}$ 和 a 是流场速度。前者刻画了单向波的传播现象，后者刻画了双向波的传播现象。

(3) 静力学理论包含大量的椭圆型方程，例如典型的二阶 Poisson 方程

$$-\triangle u = f,$$

其中 f 是已知的外力，u 是相对平衡位置的位移。它描述了塑性材料 (板梁壳) 的扭曲变形现象。当 $f = 0$ 时，它也称为 Laplace 方程或者调和方程。

(4) 非线性双曲守恒律是基本的流体力学方程，可以展现出流体运动的激波或稀疏波等现象。典型的例子有 Burgers 方程

$$u_t + \left(\frac{1}{2}u^2\right)_x = 0$$

和交通流方程

$$u_t + \left[\frac{1}{2}u(1-u)\right]_x = 0.$$

(5) 三维空间可压流体的无黏流动现象可以描述为 Euler 方程组

$$\rho_t + \boldsymbol{v} \cdot \nabla \rho = 0, \quad (\text{质量守恒})$$

[①] 若待解函数仅仅含有一个自变量，则微分方程是常微分方程；否则，它是偏微分方程。为行文简便，本书将它们统称为偏微分方程。若微分方程同时间相关，称其为发展型的；否则，称其为稳态的。

$$\rho\boldsymbol{v}_t + \rho\boldsymbol{v}\cdot\nabla\boldsymbol{v} + \nabla p = 0, \quad \text{(动量守恒)}$$

其中密度 $\rho = \rho(x,y,z)$ 和流场速度 $\boldsymbol{v} = (v_1, v_2, v_3)$ 是待解函数，而压强 p 满足已知的本构方程 $p = p(\rho)$。

(6) 设 ρ 是流体密度，η 是流体黏性系数。三维空间不可压流体的有黏流动现象可以描述为 Navier-Stokes 方程组

$$\text{div }\boldsymbol{v} = 0, \quad \text{(质量守恒)}$$
$$\rho\boldsymbol{v}_t + \rho\boldsymbol{v}\cdot\nabla\boldsymbol{v} + \nabla p = \eta\triangle\boldsymbol{v}, \quad \text{(动力学规律)}$$

其中压强 $p = p(x,y,z)$ 和流场速度 $\boldsymbol{v} = (v_1, v_2, v_3)$ 是待解函数。

(7) Korteweg-de Vries 方程

$$u_t - 6uu_x + u_{xxx} = 0$$

是著名的非线性数学物理方程。它同浅水波方程密切相关，可以描述孤立波的运动规律。

(8) 三维空间的电磁波动现象可以描述为 Maxwell 方程

$$\textbf{div }\boldsymbol{B} = 0, \quad \text{(静磁定律)}$$
$$\boldsymbol{B}_t + \textbf{curl }\boldsymbol{E} = 0, \quad \text{(动磁定律)}$$
$$\textbf{div }\boldsymbol{E} = 4\pi\rho, \quad \text{(静电定律，其中 ρ 是电荷密度)}$$
$$\boldsymbol{E}_t - \textbf{curl }\boldsymbol{E} = -4\pi\boldsymbol{j}, \quad \text{(动电定律，其中 $\boldsymbol{j}$ 是电流强度)}$$

其中磁场强度 $\boldsymbol{B} = (B_1, B_2, B_3)$ 和电场强度 $\boldsymbol{E} = (E_1, E_2, E_3)$ 是待解函数。

(9) 单个粒子通过给定电场的运动规律可以描述为 Schrödinger 方程

$$\sqrt{-1}\hbar u_t = -\frac{\hbar^2}{2m}\triangle u + V(x, u),$$

其中 m 是粒子质量，$\hbar$ 是 Planck 常数，V 是已知的势陷。它在量子力学中具有重要地位。

(10) 在微分几何理论中，Monge-Ampère 方程

$$u_{xx}u_{yy} - u_{xy}^2 = f$$

和最小曲面方程

$$(1+u_y^2)u_{xx} - 2u_xu_yu_{xy} + (1+u_x^2)u_{yy} = 0$$

都是重要的完全非线性问题。

因此说，偏微分方程的求解技术是备受关注的研究内容。然而，能够精确解出的偏微分方程堪称凤毛麟角。只有当偏微分方程具有某些特定结构时，我们才能利用相应的求解技术，精确地解析表达问题的通解，或者某些指定情形的特解。通常，上述求解过程是较为烦琐的，解析表达式呈现出级数或者积分形式。当级数的收敛速度极其缓慢，或者积分没有显式表达的原函数时，利用解析表达式计算大量时空位置的函数值，并不是高效的解决方案。

事实上，更多偏微分方程的真解不具备解析表达式。因此，数值计算成为必然的选择。随着计算机技术的蓬勃发展，简单便捷的数值求解越来越受到重视。时至今日，偏微分方程数值方法已经成为一门独立学科。

偏微分方程的数值方法并不简单。数值格式常常呈现出意想不到的数值现象，需要系统深入地观察和研究。特别地，利用位长有限的计算机作为计算工具，数值结果要受到方法误差和舍入误差的双重影响，其可靠程度将成为不可回避的问题。数值方法不仅需要精心的设计和深入的分析，还要经历数值论证和实践检验。随着科学技术的不断进步，数值计算的范围越来越广，数值计算的目标也越来越高。面对计算数据急剧膨胀带来的严峻挑战，偏微分方程的数值方法也要与时俱进。只有具有更高的快捷性、准确性和分辨率，数值方法才能够解决复杂多变的各种实际问题。要实现上述目标，我们不能完全寄望于计算机硬件性能的提高，还需投入巨大的精力和热情，构造同当前计算环境相匹配的高效算法。

0.2 内容和结构

有限差分方法具有悠久的历史。早在 1928 年，著名学者 Courant、Friedrichs 和 Lewy 就已经建立了差分方法的完整论述。直到计算机诞生之后，通过 von Neumann、O'Brien、Hyman、Kaplan 和 John(1946~1952 年) 等学者的不懈努力，差分方法才真正奠定相对完善的理论框架。时至今日，有限差分方法已经得到长足的发展，成为偏微分方程的重要求解方法之一。

有限差分方法的思想非常简单，就是利用局部的有限个离散点信息，近似偏微分方程的各种函数及其导数。作为入门教材，本书将以常见的抛物型、双曲型和椭圆型方程为例，详细介绍相关的各种经典差分格式，阐述差分方法的主要概念和基本技术。具体内容安排如下：

(1) 前两章是第一部分，快速浏览差分方法的基本实现过程，抽象出相关的理论概念和分析技术。

(a) 第 1 章考虑一维线性常系数热传导方程。就三个简单的模型问题，我们将基于朴素的导数差商离散技术，建立相应的两个古典格式，即全显格式和全隐格式。尽管结构简单，但它们的数值实现过程和数值表现已经充分地展示出差分方法的基本内容。

(b) 第 2 章以古典格式为范本，抽象出差分格式的基本结构，即双层格式。三个重要的数值概念依次介绍如下：

(i) **相容性**概念用于展现数值格式的逼近程度，主要通过**局部截断误差**来体现。利用简单的 Taylor 展开技术，局部相容阶是容易确定的。

(ii) **稳定性**概念用于刻画数值格式的"适定性"，可以展现数值解关于定解数据的连续依赖关系。本章将重点介绍两种稳定性分析技术，其一是基于离散最大模原理的最大模稳定性，其二是基于 Fourier 级数 (或者积分) 理论的 L^2 模稳定性。

(iii) **收敛性**概念是数值方法研究的核心目标，用于描述差分格式的数值解同问题真解的逼近程度。相比于相容性和稳定性两个概念，它是最难分析的。通常借用 Lax-Richtmyer 等价定理，由相容性结论和稳定性结论直接导出收敛性结论。

(2) 接下来的三章是第二部分，继续介绍扩散方程的差分方法。相关内容涵盖 Crank、

Douglas、Lees、Nicolson、Samarskii 和 Widlund 等著名学者的贡献。

(a) 第 3 章仍以一维线性常系数热传导方程为例，介绍差分方法在数值精度、稳定性、计算效率、误差分析、初边值离散技术等方面的进展。

(b) 第 4 章考虑一维线性变系数 (或者非线性) 扩散方程。尽管非定常的扩散系数导致某些困难，差分格式依旧具有灵活性和有效性。在格式构造方面，我们将介绍系数冻结方法、积分插值方法和局部线性化方法。在理论分析方面，我们将重点介绍冻结系数方法和能量方法两种稳定性分析技术。

(c) 第 5 章考虑二维线性常系数扩散方程。虽然偏微分方程离散不会遇到本质困难，但是边界条件离散和整体计算效率将会出现严重困扰。

(3) 后续三章是第三部分，转向双曲型方程的差分方法。相关内容涵盖 Engquist、Friedrichs、Harten、Lax、Leer、Osher 和 Wendroff 等著名学者的贡献。

(a) 第 6 章考虑一维线性常系数对流方程。我们将介绍著名的迎风格式、Lax-Wendroff 格式、Lax-Friedrichs 格式、蛙跳格式和盒子格式。极具特色的理论概念包括单调格式、数值耗散和数值色散、CFL 方法和数值黏性方法。

(b) 第 7 章考虑线性双曲型问题。关于线性变系数的对流方程，我们将强调指出稳定性方面造成的数值风险；关于线性常系数双曲型方程组，我们将指出矩阵特征分解的数值意义；关于二阶声波方程，我们将介绍两种不同的离散方式及其差分格式，并指出高阶时间导数引起的稳定性概念变化；关于高维对流方程，我们将重点指出空间维数带来的数值困难。

(c) 第 8 章考虑一维非线性双曲守恒律。真解常常具有复杂多变的光滑性表现，相应的数值模拟会遇到更加严峻的挑战：数值格式既要高精度地模拟光滑部分，还要合理地刻画强间断界面 (激波) 的移动速度。我们将介绍守恒型格式的理论框架，阐述有限体积 (包括 Godunov) 方法的设计思路。在这个过程中，我们将指出有限体积方法同有限差分方法的紧密联系，介绍单调保持格式、单调格式、Godunov 定理、全变差不增 (TVD) 格式、高分辨率格式和非线性 TVD 修正技术。在非线性双曲守恒律的数值方法研究中，上述内容都是具有里程碑意义的工作。

(4) 第 9 章是第四部分。作为发展型方程差分方法的终结篇，就某些数值问题给予相应的总结和补充。首先，以对流占优扩散方程为代表，我们将强调指出差分格式的"强稳定性"概念，并介绍一些有效的高效格式。其次，我们将系统介绍两种稳定性分析技术，即修正方程 (Hirt 启发式) 方法和能量方法。

(5) 第 10 章是本书的最后部分，以二维 Poisson 方程的 Dirichlet 定解问题为例，集中介绍椭圆型方程的差分方法及相关概念。

(a) 以五点差分格式为起点，重点阐述三个关键问题：

(i) 随着网格的加密，离散而成的代数方程组不仅规模变大，而且病态程度越发严重。我们将简要介绍交替方向方法、多重网格方法和区域分解方法。它们的实现均基于微分方程的数值离散，是非常高效的代数求解器。

(ii) 利用椭圆型差分格式的强最大值原理，建立最优的最大模误差估计。换言之，即使采用粗糙的离散方式处理 Dirichlet 边界条件，五点差分格式的最大模误差依旧达到二阶。

(iii) 数值精度的提升，可以改善格式的计算效率。首先，利用强最大值原理，建立五点差分格式的误差渐近展开式, 构造相应的 Richardson 外推方法; 其次, 扩大离散版本的宽度, 构造高阶的差分格式; 最后, 基于 Kreiss 离散方式, 构造可以快速求解的高阶紧凑格式。

(b) 同差分方法相比, 有限元方法可以克服区域形状和边界条件带来的数值困难。它基于古典变分方法和分片多项式理论, 在某种程度上可以视为一种具有特殊结构的有限差分方法。

带有 ‡ 的章节都是选读内容。若课时紧张, 可以直接跳过。

第 1 章

两个简单格式

由简单的模型问题入手。设 $T>0$ 是给定的终止时刻，考虑一维热传导方程的 Dirichlet 边值问题 (HD)：

$$u_t = au_{xx} + f(x,t), \quad (x,t) \in (0,1) \times (0,T], \tag{1.1a}$$

其中扩散系数 $a>0$ 是给定常数，$f(x,t)$ 是已知源项。相应的定解条件是初值

$$u(x,0) = u_0(x), \quad x \in [0,1], \tag{1.1b}$$

和边值

$$u(0,t) = \phi_0(t),\ u(1,t) = \phi_1(t), \quad t \in (0,T], \tag{1.1c}$$

其中 $u_0(x), \phi_0(t)$ 和 $\phi_1(t)$ 都是已知函数。由偏微分方程的经典理论可知，模型问题 (HD) 是适定的，即真解 $u(x,t)$ 唯一存在，且连续依赖于定解数据。在适当的条件下，真解 $u(x,t)$ 是充分光滑的，其任意阶导数都是连续有界的。

用分离变量方法处理齐次问题，用 Duhamel 原理处理右端项，模型问题 (HD) 的真解可以用公式准确地表达。但是，上述推导过程具有三个缺点。其一，扩散系数必须是常数，适用范围有限；其二，推导过程较为烦琐；其三，公式通常是函数级数或者函数卷积，不适宜大量位置的函数值计算。因此，我们希望建立简单、快捷、普适的求解技术，可以借用高效的计算工具，机械化地给出真解的合理近似。

基于上述思路，有限差分方法是相当自然的选择。本章重点讨论模型问题 (HD) 的全显格式和全隐格式。它们堪称最简单的差分格式，统称为古典格式。其设计思想非常朴素，就是利用有限差商离散导数。古典格式的结构相对简单，数值表现具有严格的理论证明，足以清晰展现差分方法的基本目标和相关概念。

1.1 古 典 格 式

本节介绍两个古典格式的构造过程，并探讨它们的实现过程和具体表现。

1.1.1 格式构造

格式构造通常包括计算区域的离散、微分方程的离散和定解条件的离散。在三个设计步骤中，微分方程的离散最为关键。

1. 计算区域的离散

在差分方法中，数值操作均基于某种结构的**离散网格**。对于模型问题 (HD) 而言，图 1.1

1.1 古典格式

展示的等距时空网格^①

$$\mathcal{T}_{\Delta x,\Delta t} = \left\{ (x_j, t^n) : x_j = j\Delta x, t^n = n\Delta t \right\}_{j=0:J}^{n=0:N} \tag{1.2}$$

是最常用的, 其中 $\Delta x = 1/J$ 称为**空间步长**, $\Delta t = T/N$ 称为**时间步长**, N 和 J 是给定的正整数. 它由分别平行于空间轴和时间轴的两个直线 (段) 族交叉而成, 具有笛卡儿乘积型结构. 平行于坐标轴的直线 (段) 称为网格线, 网格线的交点称为网格点.

注释 1.1 等距时空网格, 是指同族的平行网格线具有相同间隔. 事实上, 网格线 $x = x_j$ 和 $t = t^n$ 可以疏密相间. 相邻空间网格线 (垂直线) 的间距称为局部空间步长, 即

$$\Delta x_j = x_j - x_{j-1}, \quad j = 1:J,$$

相应的最大值称为空间步长, 记为 $\Delta x = \max\limits_{j=1:J} \Delta x_j$. 类似地, 相邻时间网格线 (水平线) 的间距称为局部时间步长, 即

$$\Delta t^n = t^n - t^{n-1}, \quad n = 1:N,$$

相应的最大值称为时间步长, 记为 $\Delta t = \max\limits_{n=1:N} \Delta t^n$.

基于非等距时空网格, 数值格式的设计思想是类似的, 但是表达方式和理论分析都将变得更加复杂. 为简单起见, 本书默认时空网格 $\mathcal{T}_{\Delta x,\Delta t}$ 都是等距的.

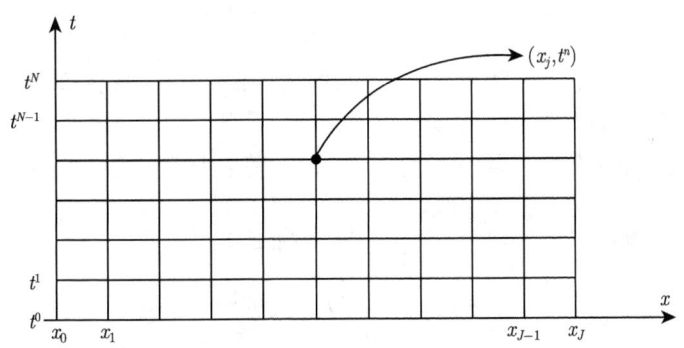

图 1.1 模型问题 (HD) 的矩形网格

将真解 $u(x,t)$ 限制在离散网格 $\mathcal{T}_{\Delta x,\Delta t}$ 上, 相应的离散数据集合

$$\left\{ [u]_j^n = u(x_j, t^n) \right\}_{j=0:J}^{n=0:N} \tag{1.3}$$

是差分方法的数值逼近目标. 换言之, 差分方法要在每个网格点 (x_j, t^n) 上, 给出 $[u]_j^n$ 的近似值 u_j^n. 通常, 称近似解为数值解.

为实现上述目标, 我们需要离散偏微分方程和初边值条件. 换言之, 基于时空网格 $\mathcal{T}_{\Delta x,\Delta t}$, 设计出适当的数值格式和操作流程, 把 (依赖连续型变量的) 微分方程定解问题转化为相应的 (依赖离散型变量的) 代数问题.

---

①设 $A \leqslant B$ 是两个整数, 符号 $A:B$ 表示从 A 到 B 的所有整数.

2. 微分方程的离散

设真解 $[u]$ 足够光滑，确保以下陈述均合法。利用 Newton 差商理论或者 Taylor 展开公式，可得[①]

$$[u_t]_j^n = \frac{[u]_j^{n+1} - [u]_j^n}{\Delta t} + \mathcal{O}(\Delta t), \tag{1.4a}$$

$$[u_{xx}]_j^n = \frac{[u]_{j+1}^n - 2[u]_j^n + [u]_{j-1}^n}{(\Delta x)^2} + \mathcal{O}((\Delta x)^2). \tag{1.4b}$$

换言之，时间导数离散为一阶向前差商，空间导数离散为二阶中心差商。由于热传导方程 (1.1a) 在网格点 (x_j, t^n) 上精确成立[②]，有

$$\frac{[u]_j^{n+1} - [u]_j^n}{\Delta t} - a\frac{[u]_{j+1}^n - 2[u]_j^n + [u]_{j-1}^n}{(\Delta x)^2} = f_j^n + \mathcal{O}((\Delta x)^2 + \Delta t),$$

其中 $f_j^n = f(x_j, t^n)$ 是已知信息，$j = 1 : J-1$ 和 $n = 0 : N-1$。略去无穷小量，用数值解替换真解，可得 (1.1a) 的差分方程

$$\frac{u_j^{n+1} - u_j^n}{\Delta t} - a\frac{u_{j+1}^n - 2u_j^n + u_{j-1}^n}{(\Delta x)^2} = f_j^n. \tag{1.5a}$$

通常，将差分方程 (1.5a) 等价变形为[③]

$$\Delta_t u_j^n = \mu a \delta_x^2 u_j^n + \Delta t f_j^n, \tag{1.5b}$$

其中 $\Delta_t u_j^n = u_j^{n+1} - u_j^n$ 是时间方向的一阶向前差分，$\mu = \Delta t/(\Delta x)^2$ 是**网比**，$\delta_x^2 u_j^n = u_{j-1}^n - 2u_j^n + u_{j+1}^n$ 是空间方向的二阶中心差分。

类似地，时间导数离散为一阶向后差商，空间导数依旧离散为二阶中心差商，得到

$$[u_t]_j^{n+1} = \frac{[u]_j^{n+1} - [u]_j^n}{\Delta t} + \mathcal{O}(\Delta t), \tag{1.6a}$$

$$[u_{xx}]_j^{n+1} = \frac{[u]_{j+1}^{n+1} - 2[u]_j^{n+1} + [u]_{j-1}^{n+1}}{(\Delta x)^2} + \mathcal{O}((\Delta x)^2). \tag{1.6b}$$

注意到热传导方程 (1.1a) 在网格点 (x_j, t^{n+1}) 处精确成立，仿照前面的设计流程，可得差分方程

$$\frac{u_j^{n+1} - u_j^n}{\Delta t} - a\frac{u_{j+1}^{n+1} - 2u_j^{n+1} + u_{j-1}^{n+1}}{(\Delta x)^2} = f_j^{n+1}, \tag{1.7a}$$

或者等价的

$$\Delta_t u_j^n = \mu a \delta_x^2 u_j^{n+1} + \Delta t f_j^{n+1}. \tag{1.7b}$$

在差分方程中出现的网格点集，称为**离散模板**。参见图 1.2，差分方程 (1.5) 和 (1.7) 的离散模板具有不同的结构。前者称为**显式离散**的，因为离散模板的顶端只含一个网格点值，

[①]符号 $\mathcal{O}(\eta)$ 的含义是指：存在某个 η_0，使得当 $0 < \eta < \eta_0$ 时有 $|\mathcal{O}(\eta)| \leq C\eta$，其中界定常数 $C > 0$ 同 η 无关。
[②]由于真解足够光滑，热传导方程在初始时刻也成立。
[③]Schmidt E. *Über die Anwendung der Differenzenrechnung auf technische Anheizund Abkühlungsprobleme*. Beiträge zur Technichen Mechanik und Technischen Physik. Springer Berlin Heidelberg, 1924: 179-189.

1.1 古典格式

可以直接解出；后者称为**隐式离散**的，因为离散模板的顶端同时含有三个网格点值，必须要多个差分方程耦合起来才能解出。

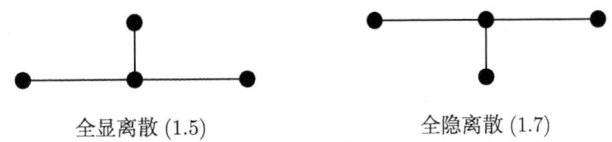

图 1.2 离散模板

3. 定解条件的离散

对于模型问题 (HD) 而言，定解条件的离散是非常简单的，只需在相应网格点上直接赋值即可。具体来说，数值初值可以定义为

$$u_j^0 = u_0(x_j), \quad j = 0 : J, \tag{1.8a}$$

数值边值可以定义为

$$u_0^n = \phi_0(t^n), \quad u_J^n = \phi_1(t^n), \quad n = 1 : N. \tag{1.8b}$$

4. 全显格式和全隐格式

将出现的差分方程汇总起来，即可建立模型问题 (HD) 的两个古典格式。基于等距时空网格 (1.2)，**全显格式**是

$$\Delta_t u_j^n = \mu a \delta_x^2 u_j^n + \Delta t f_j^n, \quad j = 1 : J - 1, \, n = 0 : N - 1, \tag{1.9}$$

全隐格式 (或者 Laasonen 格式) 是

$$\Delta_t u_j^n = \mu a \delta_x^2 u_j^{n+1} + \Delta t f_j^{n+1}, \quad j = 1 : J - 1, \, n = 0 : N - 1, \tag{1.10}$$

相应的数值初值和数值边值均由 (1.8) 定义。它们的主要差异是热传导方程的离散方式，全显格式基于显式离散的差分方程 (1.5)，而全隐格式基于隐式离散的差分方程 (1.7)。

注释 1.2 由于微分方程的离散是差分格式的核心，相应的差分方程常常被称为某某差分格式。例如，显式离散的差分方程 (1.5) 也称为全显格式。

1.1.2 可行性和效率

出于对数据存储和计算效率的考量，发展型偏微分方程的数值计算常常采用逐层推进的策略。若单步时间推进仅仅涉及两个相邻时间层，则差分格式称为双层格式。显然，古典格式就是双层格式。

数值格式可以实际应用的前提条件是它具有足够理想的可行性。换言之，数值解要存在且唯一，计算过程要具有计算机上的可操作性。由于初值的设置是显而易见的，我们只需利用数学归纳法回答下面的问题：已知 $t = t^n$ 时刻的数值解，数值格式能否明确给出 $t = t^{n+1}$ 时刻的数值解？其答案同数值格式的实现过程相关。

全显格式 (1.9) 是显然的，而全隐格式 (1.10) 需要讨论。按照空间下标的自然顺序，将位于同一时间层的 (主要) 数值解信息排列起来，定义相应的列向量①

$$u^n = (u_1^n, u_2^n, \cdots, u_{J-1}^n)^{\mathrm{T}}, \quad n = 0 : N. \tag{1.11}$$

---
①差分方法称其为空间网格函数。在程序编程的时候，它对应一维数组。

由于 u_0^n 和 u_J^n 由边界条件 (1.8b) 明确指出，它们没有将其收录在内。将同层网格点上的差分方程堆积起来，全隐格式的时间推进过程对应一系列的线性方程组

$$\mathbb{B}_1 u^{n+1} = \mathbb{B}_0 u^n + \Delta t F^n, \quad n = 0 : N-1, \tag{1.12}$$

其中 $\mathbb{B}_1$ 和 $\mathbb{B}_0$ 是 $J-1$ 阶矩阵，F^n 是 $J-1$ 维向量。它们的具体定义依赖差分方程的排列方式。若也按照空间下标的自然顺序，则①

$$\mathbb{B}_1 = \begin{bmatrix} 1+2\mu a & -\mu a & & & \\ -\mu a & 1+2\mu a & -\mu a & & \\ & \ddots & \ddots & \ddots & \\ & & -\mu a & 1+2\mu a & -\mu a \\ & & & -\mu a & 1+2\mu a \end{bmatrix}$$

$$= \mathrm{tridiag}(-\mu a, 1+2\mu a, -\mu a) \tag{1.13}$$

是三对角对称矩阵，$\mathbb{B}_0 = \mathbb{1}$ 是单位矩阵，

$$F^n = \left(f_1^{n+1} + \frac{\mu a}{\Delta t} \phi_0^{n+1}, f_2^{n+1}, \cdots, f_{J-2}^{n+1}, f_{J-1}^{n+1} + \frac{\mu a}{\Delta t} \phi_1^{n+1} \right)^{\mathrm{T}} \tag{1.14}$$

仅仅同已知源项和边界条件有关。由于 $\mathbb{B}_1$ 是严格对角占优的矩阵，故其可逆，相应的线性方程组 (1.12) 存在唯一解 u^{n+1}。因此，全隐格式 (1.10) 是完全可行的。

注释 1.3 在差分方法中，形如 (1.12) 的表达方式极具代表性。为简洁起见，后续的差分格式将采用相同符号，即左端矩阵均记为 $\mathbb{B}_1$，右端矩阵均记为 $\mathbb{B}_0$，同定解数据相关的数据均记为 F^n。

对应不同的差分格式，它们的具体定义略有不同。例如，全显格式 (1.9) 也可写成 (1.12)，其中

$$\mathbb{B}_1 = \mathbb{1}, \quad \mathbb{B}_0 = \mathrm{tridiag}(\mu a, 1 - 2\mu a, \mu a) \tag{1.15}$$

分别是 $J-1$ 阶的单位矩阵和三对角对称矩阵，而

$$F^n = \left(f_1^n + \frac{\mu a}{\Delta t} \phi_0^n, f_2^n, \cdots, f_{J-2}^n, f_{J-1}^n + \frac{\mu a}{\Delta t} \phi_1^n \right)^{\mathrm{T}} \tag{1.16}$$

是 $J-1$ 维向量。事实上，实际编程没有必要利用上述表达方式，可以直接利用全显格式的原始表达方式。

两个古典格式都是可行的，让我们比较它们的计算效率。首先，考虑单步时间推进的计算复杂度。显然，全显格式 (1.9) 的单步时间推进需要 $\mathcal{O}(2J)$ 次的乘除法运算，而全隐格式 (1.10) 依赖线性方程组的数值求解方法。

论题 1.1 对于三对角线性方程组，Thomas 算法是一种高效的数值求解方法。

答：Thomas 算法也称为追赶法，属于 Gauss 消元方法，可以利用矩阵的 LU 分解理论建立起来。事实上，Thomas 算法的设计思想直接源于二阶差分方程 (或二阶递归关系) 的降阶处理。

---

①符号 $\mathrm{tridiag}(\alpha, \beta, \gamma)$ 表示一个三对角矩阵，其中下方的副对角线元素是 α，对角线元素是 β，上方的副对角线元素是 γ。

下面给予简要的介绍。三对角线性方程组 (1.12) 可视为有限个二阶差分方程

$$-\alpha_j w_{j-1} + \beta_j w_j - \gamma_j w_{j+1} = d_j, \quad j = 1 : J-1, \tag{1.17}$$

其中 α_j, β_j 和 γ_j 是已知常数。为简单起见，设 $w_0 = 0$ 和 $w_J = 0$，相关的系数 α_1 和 γ_{J-1} 可以任意地设定。假设 (1.17) 的前 k 个方程已经成功地转化为一阶差分方程

$$w_j - p_j w_{j+1} = q_j, \quad j = 1, 2, \cdots, k, \tag{1.18}$$

其中 p_j 和 q_j 是待定系数。将其代入 (1.17) 的第 $k+1$ 个方程，可得

$$w_{k+1} - \frac{\gamma_{k+1}}{\beta_{k+1} - \alpha_{k+1} p_k} w_{k+2} = \frac{d_{k+1} + \alpha_{k+1} q_k}{\beta_{k+1} - \alpha_{k+1} p_k}.$$

将其同 (1.18) 相比较，可知

$$p_j = \frac{\gamma_j}{\beta_j - \alpha_j p_{j-1}}, \quad q_j = \frac{d_j + \alpha_j q_{j-1}}{\beta_j - \alpha_j p_{j-1}}, \quad j \geqslant 1. \tag{1.19}$$

由于 $w_0 = 0$，不妨令 $p_0 = q_0 = 0$。注意到 $w_J = 0$，上述转化过程可以在第 $J-1$ 步结束。综上所述，Thomas 算法的计算过程是：

(1) 利用 (1.19) 增序地计算 p_j 和 q_j，其中 $j = 1 : J-1$；

(2) 令 $w_{J-1} = q_{J-1}$；

(3) 利用 (1.18) 逆序地计算 w_{J-2}, w_{J-3}，直至 w_1。

因此，Thomas 算法共需 $\mathcal{O}(5J)$ 次的乘除法运算。 □

基于 Thomas 算法，全隐格式 (1.10) 的单步推进需要 $\mathcal{O}(5J)$ 次的乘除法运算，约为全显格式的 $2 \sim 3$ 倍。但是，这并不意味全隐格式的计算效率一定差于全显格式。事实上，数值格式的计算效率不仅同单步推进的效率有关，还同时间推进的速度有关。如果全隐格式的时间步长可以达到全显格式的三倍以上，则全隐格式的计算效率将会更高。数值经验表明，确实如此。

1.1.3 数值表现

检验算法优劣的最佳方法，就是进行数值实践和数值比较。在模型问题 (HD) 中，令 $a = 1, f = 0$ 和 $T = 1$，相应的初边值函数是

$$\phi_0(t) = \phi_1(t) = 0, \quad u_0(x) = x(1-x).$$

基于不同的网格结构或者网比，利用全显格式 (1.9) 和全隐格式 (1.10) 进行数值模拟，观察数值误差

$$\|e_{\Delta x}^n\| \equiv \max_{j=1:J-1} |u_j^n - [u]_j^n| \tag{1.20}$$

的具体演化过程，以及数值解在不同时刻的具体形态。

(1) 图 1.3(a) 和图 1.4(a) 是两个格式的数值误差演化曲线，其中横坐标是时间，纵坐标是 $\lg \|e_{\Delta x}^n\|$。顶端曲线对应粗网格，底端曲线对应空间步长折半而成的加密网格。它们清楚

地表明：当网比 $\mu \leqslant 1/2$ 时，两个古典格式均给出较为理想的数值结果。两条曲线在任意时刻的高度差距都约为 $\lg 4 \approx 0.6$，表明数值误差① 均处于 $\mathcal{O}((\Delta x)^2)$ 的状态。

(2) 图 1.3(b) 和图 1.4(b) 是两个格式在不同时刻的数值解，其中横坐标是网格点，纵坐标是对应的网格点值。它们清楚地表明了网比 μ 的数值影响。当网比 $\mu > 1/2$ 的时候，两个古典格式的数值结果出现明显的差异。

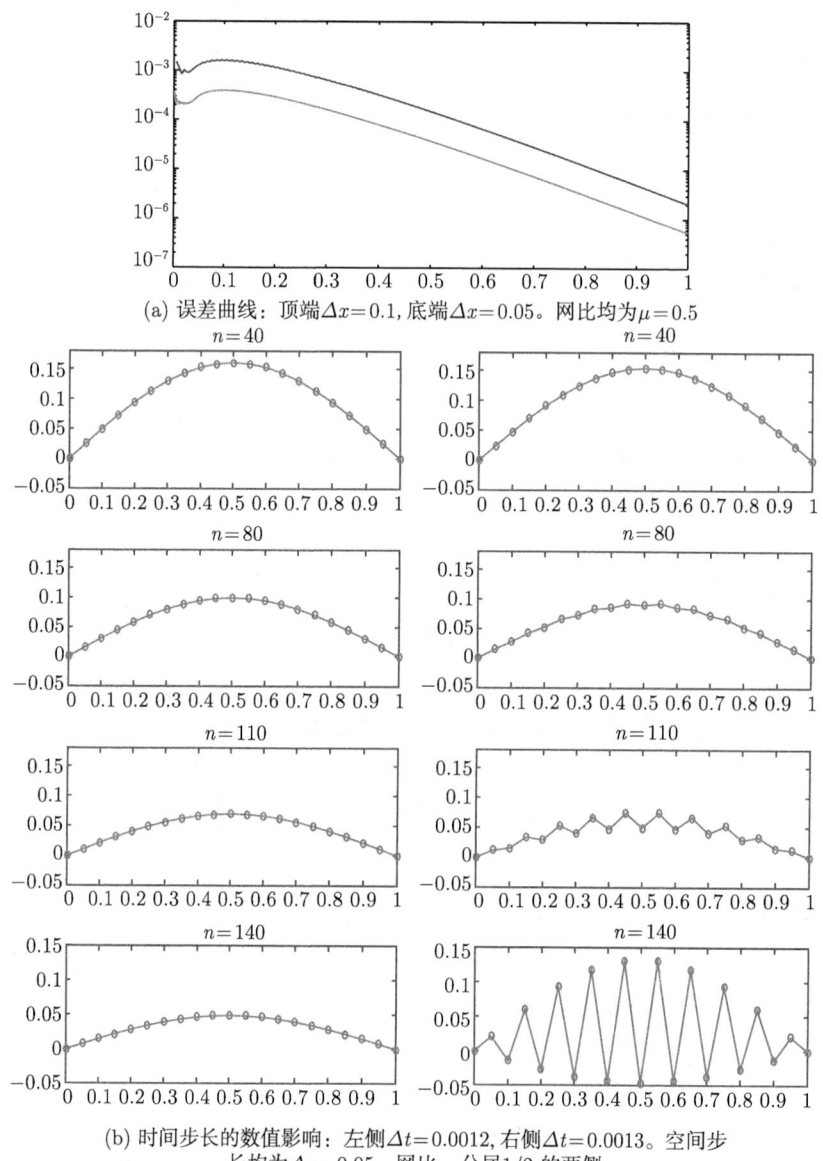

(a) 误差曲线：顶端 $\Delta x = 0.1$，底端 $\Delta x = 0.05$。网比均为 $\mu = 0.5$

(b) 时间步长的数值影响：左侧 $\Delta t = 0.0012$，右侧 $\Delta t = 0.0013$。空间步长均为 $\Delta x = 0.05$。网比 μ 分居 1/2 的两侧

图 1.3 全显格式的数值表现

---

① 图 1.3(a) 清晰地展示出：数值误差在降低之前，有抖动和增加的过程。其主要原因是定解条件和偏微分方程的匹配程度不高。例如，初值函数和边界函数在两个方向的极限不同，或者初值函数没有满足热传导方程。有趣的是误差峰值的出现时间似乎是固定的，不随网格的加密而改变。

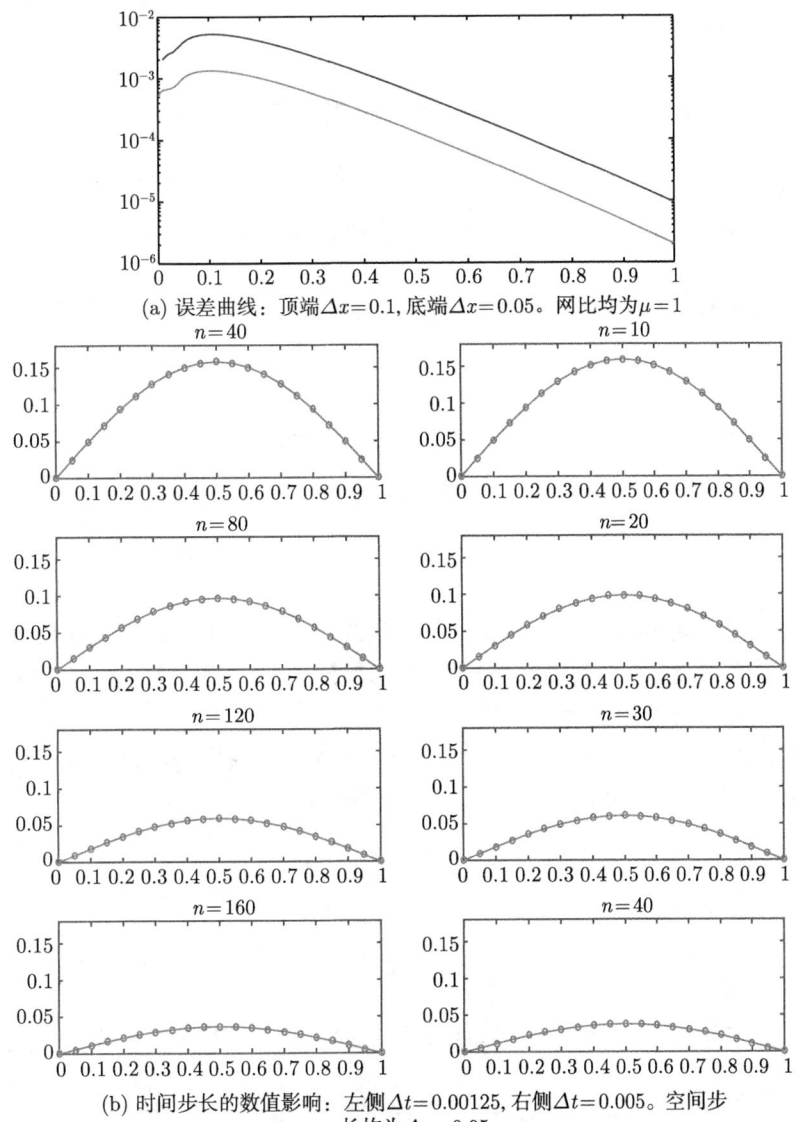

(a) 误差曲线：顶端 $\Delta x = 0.1$，底端 $\Delta x = 0.05$。网比均为 $\mu = 1$

(b) 时间步长的数值影响：左侧 $\Delta t = 0.00125$，右侧 $\Delta t = 0.005$。空间步长均为 $\Delta x = 0.05$

图 1.4 全隐格式的数值表现

(a) 全显格式的数值解出现剧烈抖动。事实上，随着时间的推移，这种抖动会变得越来越剧烈。特别地，位于中心点 $x = 0.5$ 处的数值解将以最快的速度趋向无穷大。若网比保持不变，即使网格不断加密，抖动现象也不会得到改善。

(b) 全隐格式的数值解没有出现剧烈抖动，数值误差依旧呈现出 $\mathcal{O}((\Delta x)^2)$ 的状态。换言之，在适当的条件下，两个古典格式均具有理想的数值效果。但是，它们关于网比的要求是完全不同的。

若单纯考虑计算效率，当然希望网比越大越好。但是，当网比较大时，数值结果可能变得没有意义。换言之，高效性和可靠性可能出现冲突，数值格式的实用价值严重降低。这个困扰也表明：偏微分方程的差分方法并没有像预期中那样容易，格式设计和具体应用都需要系统和深入的研究。

1.2 简 单 推 广

在模型问题 (HD) 的两个古典格式中,偏微分方程的差商离散技术极具代表性,可以适用于其他的定解条件。下面将它们推广到纯初值问题或者周期边值问题。

模型问题 (HI) 给定终止时刻 $T > 0$,考虑整个数轴上的偏微分方程定解问题

$$u_t = au_{xx} + f(x,t), \quad x \in \Re,\ t \in (0,T], \tag{1.21a}$$

$$u(x,0) = u_0(x), \quad x \in \Re. \tag{1.21b}$$

若初值 $u_0(x): \Re \to \Re$ 是局部平方可积的速降函数,即

$$\lim_{x \to \infty} xu_0(x) = 0,$$

则 (1.21) 构成一个纯初值问题。为行文简便,简称为模型问题 (HI)。由偏微分方程理论可知,在适当的条件 (例如 f 也是速降函数) 下,模型问题 (HI) 的真解 $u(x,t)$ 存在且唯一,在任意时刻都是局部平方可积的速降函数。

对于模型问题 (HI),数值离散过程是类似的,唯一的区别是空间网格的网格点数不再有限。具体来讲,在等距时空网格 $\mathcal{T}_{\Delta x, \Delta t}$ 中,空间网格点是无穷多个,可以定义为

$$x_j = x_0 + j\Delta x, \quad j = 0, \pm 1, \pm 2, \cdots,$$

时间网格点依旧是

$$t^n = n\Delta t, \quad n = 0:N,$$

其中 Δx 是空间步长,$\Delta t = T/N$ 是时间步长,N 是给定的正整数。相应的全显格式和全隐格式分别是

$$\Delta_t u_j^n = \mu a \delta_x^2 u_j^n + \Delta t f_j^n, \quad j = 0, \pm 1, \pm 2, \cdots; \tag{1.22a}$$

$$\Delta_t u_j^n = \mu a \delta_x^2 u_j^{n+1} + \Delta t f_j^{n+1}, \quad j = 0, \pm 1, \pm 2, \cdots; \tag{1.22b}$$

同模型问题 (HI) 一样,上述两个古典格式也没有边界条件,只有初值条件

$$u_j^0 = u_0(x_j), \quad j = 0, \pm 1, \pm 2, \cdots$$

可以证明:它们的数值解都是存在且唯一的。具体过程,略。

注释 1.4 请注意,古典格式 (1.22) 仅仅是理论表述。为保证数值算法的可操作性,真正使用的空间网格只能包含有限个网格点。换言之,无界区域要适当地截断为有界区域,并在截断位置引进恰当的人工边界条件。因篇幅限制,本书跳过相关内容的讨论,忽略纯初值问题的数值实现困难,而是简单地假设如下事实:适当的区域截断和人工边界条件设置之后,原有格式的数值结果不受任何影响。

1.2 简单推广

模型问题 (HP) 若 $u(x,t)$ 在任意时刻都不是空间方向的速降函数，而是空间方向的周期函数，比如

$$u(x,t) = u(x+1,t), \quad (x,t) \in \Re \times [0,T], \tag{1.23}$$

则偏微分方程定解问题 (1.21) 构成一个周期边值问题。当然，为保证问题可解，源项 $f(x,t)$ 和初值 $u_0(x)$ 也要在空间方向上具有同样的周期性。因此，(1.21) 限制在一个空间周期，例如 $[0,1]$ 即可。为行文简便，简称为模型问题 (HP)。

对于模型问题 (HP)，格式设计是简单的。只要将离散网格 (1.2) 及其网格函数，在空间方向进行相应的周期延拓，则周期边值条件可以自动融入偏微分方程的离散过程。既然网格函数具有空间方向的周期性，数值计算只需截取一个完整的空间周期即可。例如，模型问题 (HP) 的全隐格式可以定义为

$$\Delta_t u_j^n = \mu a \delta_x^2 u_j^{n+1} + \Delta t f_j^{n+1}, \quad j = 1:J, \, n = 0:N-1, \tag{1.24a}$$

其初值是 (1.8a)，相应的周期边值条件是

$$u_0^n = u_J^n, \quad u_{J+1}^n = u_1^n, \quad n = 0:N. \tag{1.24b}$$

类似地，单步时间推进也可以写成 (1.12) 的形式，即

$$\mathbb{B}_1 u^{n+1} = \mathbb{B}_0 u^n + \Delta t F^n, \tag{1.25}$$

其中

$$u^n = (u_1^n, u_2^n, \cdots, u_J^n)^{\mathrm{T}}, \quad n = 0:N$$

是未知的数值解，$F^n = (f_1^{n+1}, f_2^{n+1}, \cdots, f_J^{n+1})^{\mathrm{T}}$ 是已知源项，

$$\mathbb{B}_1 = \mathrm{ptridiag}(-\mu a, 1+2\mu a, -\mu a) \\ = \begin{bmatrix} 1+2\mu a & -\mu a & & & & -\mu a \\ -\mu a & 1+2\mu a & -\mu a & & & \\ & \ddots & \ddots & \ddots & & \\ & & \ddots & \ddots & \ddots & \\ & & & -\mu a & 1+2\mu a & -\mu a \\ -\mu a & & & & -\mu a & 1+2\mu a \end{bmatrix} \tag{1.26}$$

是 J 阶循环三对角矩阵，$\mathbb{B}_0 = \mathbb{1}$ 是 J 阶单位矩阵。由于 $\mathbb{B}_1$ 是严格对角占优矩阵，故而线性方程组 (1.25) 的解存在且唯一。利用 Sherman-Morrison 公式 (见习题) 和 Thomas 算法，其数值求解仅需 $\mathcal{O}(11J)$ 次乘除法运算。

注释 1.5 对于模型问题 (HI) 和 (HP)，古典格式的数值表现是类似的。此处不再赘述。

1.3 总　　结

本章利用朴素的有限差商离散思想，构造出热传导方程三个典型问题的全显格式和全隐格式。事实上，在相应古典格式的数值比较过程中，我们已经接触到差分方法的基本技术和研究内容。简单总结如下：

(1) **可行性**是数值计算的前提条件。换言之，差分格式的数值解要存在且唯一，相应的数值实现过程要简单易行。

(2) **可信度**是数值计算的基本目标。在古典格式的设计过程中，我们曾经武断地认为：既然离散舍弃的小量接近于零，则数值解和真解的偏差也接近于零。要检验上述想法是否正确，以及相应的差分格式是否有效，在数值实践的基础上，我们还需建立相应的数值概念和严格论证。至少，下面三个基本问题要明确：

(a) 差分格式是否逼近定解问题？相关的概念有**相容性**和**局部截断误差**。

(b) 差分格式是否适合数值计算？换言之，舍入误差的积累必须要得到有效控制。相关的概念是**稳定性**。

(c) 作为数值计算的根本目标，数值解是否逼近真解？相关的概念有**收敛性**和**误差估计**。在实现基本的数值逼近效果之后，我们还会追求数值解的完美表现，例如数值解能否契合真解的单调性、有界性和守恒性等。

(3) **高效性**也是数值计算的追求目标。换言之，希望数值格式能够利用最小的计算代价，获得最佳的计算效果。它也是决定数值格式竞争力的一个主要因素。

在上述目标中，数值格式的可信度是重中之重。

为此，下一章建立线性差分格式的基本理论。我们将以简单的双层格式为例，详细阐述数值格式的相容性、稳定性和收敛性概念，并给出相关的基本分析技术。

习　　题

1.1 验证 (1.4) 的正确性。

1.2 若三对角矩阵是严格对角占优的，则 Thomas 算法是稳定的。具体来讲，设三对角线性方程组 (1.17) 的系数满足

$$\alpha_j > 0, \beta_j > 0, \gamma_j > 0, \quad \beta_j > \alpha_j + \gamma_j, \quad j = 1:J-1.$$

证明：一阶差分方程 (1.18) 中的系数满足 $|p_j| < 1$。换言之，从 w_J 到 w_1 的计算过程是数值稳定的。

1.3 假设以下矩阵都是可逆的，证明 Sherman-Morrison 公式

$$(\mathbb{B}_1 - \boldsymbol{w}\boldsymbol{z}^{\mathrm{T}})^{-1} = \mathbb{B}_1^{-1} + \left[1 - \boldsymbol{z}^{\mathrm{T}}\mathbb{B}_1^{-1}\boldsymbol{w}\right]^{-1} \mathbb{B}_1^{-1}\boldsymbol{w}\boldsymbol{z}^{\mathrm{T}}\mathbb{B}_1^{-1},$$

其中 $\boldsymbol{w}$ 和 $\boldsymbol{z}$ 是两个非零的一维向量。利用这个公式和 Thomas 算法，给出线性方程组 (1.25) 的快速求解方法，并统计相应的乘除法运算次数。

✎ 1.4 考虑模型问题 (HP)，其中 $a=1$ 和 $f=0$，相应的初值是

$$u(x,0) = \sin(2\pi x), \quad x \in [0,1].$$

针对网比 $\mu = 0.3$ 和 $\mu = 0.8$，利用两个古典格式进行数值模拟，绘制绝对误差最大值的具体演化过程。

第 2 章
线性差分格式的基本理论

关于发展型方程，最简单的差分格式是双层格式，即单步时间推进仅仅用到两个时间层信息。前一章的古典格式都是线性双层格式。本章将以它们为实例，详细阐述双层格式的相容性、稳定性和收敛性。这些数值概念从不同角度刻画差分格式的基本性质，具有重要的理论价值。

2.1 预备知识

通常，整个计算区域的**时空网格**是空间网格 $\mathcal{T}_{\Delta x} = \{x_j\}_{\forall j}$ 和时间网格 $\mathcal{T}_{\Delta t} = \{t^n\}^{\forall n}$ 的笛卡儿乘积，即

$$\mathcal{T}_{\Delta x,\Delta t} = \mathcal{T}_{\Delta x} \otimes \mathcal{T}_{\Delta t} = \{(x_j, t^n)\}_{\forall j}^{\forall n}, \tag{2.1}$$

其中 Δx 称为空间步长，Δt 称为时间步长，符号 $\forall j$ 和 $\forall n$ 模糊指定了网格点的编号范围。为简单起见，默认时空网格 $\mathcal{T}_{\Delta x,\Delta t}$ 是等距的，相应的空间网格点和时间网格点分别定义为

$$x_j = x_0 + j\Delta x, \quad t^n = t^0 + n\Delta t,$$

其中 (x_0, t^0) 是参考网格点。

位于时空网格 $\mathcal{T}_{\Delta x,\Delta t}$ 或相应子集上的离散函数①，通常称为**网格函数**。基于逐层推进的策略，**空间网格函数**

$$u^n = \{u_j^n\}_{\forall j}, \quad \forall n, \tag{2.2}$$

是备受关注的研究对象。除简单直观的逐点描述之外，空间网格函数还可以借用**离散范数**进行整体度量。本书主要使用两种离散范数，即

$$\|u^n\|_\infty \equiv \|u^n\|_{\infty,\Delta x} = \max_{\forall j} |u_j^n|, \tag{2.3a}$$

$$\|u^n\|_2 \equiv \|u^n\|_{2,\Delta x} = \left[\sum_{\forall j} |u_j^n|^2 \Delta x\right]^{\frac{1}{2}}. \tag{2.3b}$$

前者称为 (离散) 最大模，后者称为 (离散)L^2 模。要注意：**离散范数的定义同空间网格密切相关**。

注释 2.1 依据空间网格的覆盖区间是否有界，网格函数的性质存在微弱的差异：

(1) 若覆盖区间有界，则空间网格点的个数总是有限的。相应的网格函数可视为有限维数的向量。当空间网格加密的时候，空间网格点的个数 (或向量的维数) 将趋于无穷。

---

①在本书中，离散和连续是相对的两个概念。离散 (型) 函数是指定义域集合的元素是有限的，或是可数的；连续 (型) 函数是指定义域集合的元素同实数域等势。

2.1 预备知识

(2) 对于无界区间[①]，空间网格点的个数总是无限的，相应的网格函数可视为无穷序列或无穷维向量。

通常，数值概念或者数值结论不会因此而产生明显变化，但是相应的理论分析过程有可能因此而出现明显变化。

差分格式有两种描述方式。其一是直观的局部描述，也就是位于不同网格点的一个个差分方程。例如，差分方程 (1.5a) 是全显格式在内部网格点的局部描述，差分方程 (1.7a) 是全隐格式在内部网格点的局部描述；它们的离散对象非常清晰，都是热传导方程 (1.1a)。对于前一章的三个模型问题 (HD)、(HI) 和 (HP) 而言，古典格式在内部网格点的局部描述都是相同的，同初边值条件无关。

注释 2.2 对于初边值条件，差分方程也具有相应的局部描述；参见 §3.4 的内容，此处略。

注释 2.3 在模型问题 (HD) 中，关于边值条件的两个差分方程非常简单，可以直接吸收在偏微分方程的数值离散中。因此，在靠近边界点的两个空间网格点处，差分方程的局部描述略有不同。

其二是严谨的整体描述，即逼近模型问题的一个完整离散系统。回顾古典格式的构造过程，不难发现下面的事实：经过某些等价变形 (例如数乘、消元或局部的可逆变换等) 之后，相关网格点的差分方程可以汇总为如下形式的差分格式

$$\mathbb{B}_1 u^{n+1} = \mathbb{B}_0 u^n + \Delta t G^n, \quad \forall n, \tag{2.4}$$

其中 Δt 是时间步长，$u^n \equiv \{u_j^n\}_{\forall j}$ 是 t^n 时刻的未知网格函数，G^n 是已知网格函数，$\mathbb{B}_1$ 和 $\mathbb{B}_0$ 是网格函数空间的两个线性算子[②]。

为简单起见，不妨将 (2.4) 作为双层格式的抽象定义。基于可行性要求，默认 $\mathbb{B}_1$ 是可逆的，定义相应的**规范形式**

$$u^{n+1} = \mathbb{B} u^n + \Delta t H^n, \quad \forall n, \tag{2.5}$$

其中 $\mathbb{B} = \mathbb{B}_1^{-1} \mathbb{B}_0$ 和 $H^n = \mathbb{B}_1^{-1} G^n$。若差分格式具有相同的规范形式，则它们是相同的。

事实上，差分格式是指依赖网格参数的一族差分格式。在网格加密的过程中，它呈现出来的数值现象是重要的研究内容。网格参数 Δx 和 Δt 可以独自趋于零，相应的理论分析将略显烦琐和困难。为此，通常假定两个网格参数沿着**加密路径**

$$\Delta x = \mathcal{G}(\Delta t) \tag{2.6}$$

趋于零，其中 $\mathcal{G}(\cdot)$ 是满足 $\mathcal{G}(0) = 0$ 的连续函数。具体实例参见图 2.1。

若某个数值现象或数值概念 (例如即将介绍的相容性、稳定性和收敛性) 同加密路径无关，则称其是**无条件**的；否则，称其是**有条件**的。

[①]理论分析无须考虑无界区域的截断问题。
[②]事实上，$\mathbb{B}_0$ 和 $\mathbb{B}_1$ 还可以同时间层数和网格函数有关。若同网格函数有关，则差分格式是非线性的。

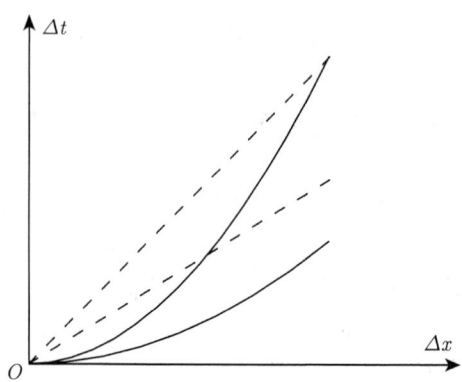

图 2.1 加密路径: 实线表示 $\Delta t/(\Delta x)^2$ 是常数, 虚线表示 $\Delta t/\Delta x$ 是常数

2.2 相 容 性

相容性概念描述差分格式同离散对象的逼近程度。定义方式有两种, 其一是逐点相容性, 其二是整体相容性。前者基于局部描述, 具有简单直观的优势, 应用较为广泛。后者基于整体描述, 具有理论严谨的优点, 但是相应的推导和分析过程略显烦琐。事实上, 两种相容性概念具有密切的联系, 均通过**局部截断误差**来展现。

2.2.1 逐点相容性

面对不同的离散对象, 逐点相容性的定义略有不同, 但基本含义是相同的。由于差分格式的主要离散对象是偏微分方程

$$\mathcal{L}[u] = g, \tag{2.7}$$

我们不妨以其为例, 介绍逐点相容性的概念。

定义 2.1 若差分方程在网格点 (x_j, t^n) 处具有局部描述

$$\mathcal{L}_{\Delta x, \Delta t} u_j^n = g_j^n, \tag{2.8}$$

则相应的**局部截断误差**是

$$\tau_j^n = \mathcal{L}_{\Delta x, \Delta t}[u]_j^n - g_j^n, \tag{2.9}$$

其中 $[u]$ 是满足偏微分方程 (2.7) 的充分光滑函数。当 Δx 和 Δt 趋于零[①]时, 若

$$\tau_j^n \to 0,$$

则称差分方程 (2.8) **逐点相容**于偏微分方程 (2.7)。若存在不可改善的两个正数 m_1 和 m_2, 使得

$$\tau_j^n = \mathcal{O}((\Delta x)^{m_1} + (\Delta t)^{m_2}),$$

则称差分方程 (2.8) 的**局部截断误差阶**是 (m_1, m_2)。

---

① Δx 和 Δt 趋于零的默认含义是指, 它们沿着某条加密路径趋于零。

2.2 相容性

换言之，局部截断误差就是数值离散过程中丢弃的那些无穷小量。要强调指出，在逐点相容性概念中，**差分方程要同其离散对象具有清楚的逐项对应关系**。在格式设计过程中，这个要求常常是自动满足的。但是，当我们面对一个陌生的差分方程及其离散对象时，差分方程常常需要进行适当的等价变形，确保上述要求成立。一个相对简便的处理原则是，只要差分方程同离散对象具有相同的物理量纲①，相应的局部截断误差阶就是正确的。

论题 2.1 计算全显格式 (1.5a) 的局部截断误差阶。

答：由于差分方程 (1.5a) 同热传导方程 (1.1a) 具有清晰的逐项对应关系，相应的局部截断误差为

$$\tau_j^n = \frac{[u]_j^{n+1} - [u]_j^n}{\Delta t} - a\frac{[u]_{j+1}^n - 2[u]_j^n + [u]_{j-1}^n}{(\Delta x)^2} - f_j^n, \tag{2.10}$$

其中 $[u]$ 满足热传导方程 (1.1a)。假设 $[u]$ 足够光滑，使得下面的 Taylor 展开操作都是合法的。以 (x_j, t^n) 为展开中心，有

$$[u]_{j\pm 1}^n = [u]_j^n \pm [\mathcal{D}_x u]_j^n \Delta x + \frac{1}{2}[\mathcal{D}_x^2 u]_j^n (\Delta x)^2$$
$$\pm \frac{1}{6}[\mathcal{D}_x^3 u]_j^n (\Delta x)^3 + \frac{1}{4!}[\mathcal{D}_x^4 u]_j^n (\Delta x)^4 + \cdots,$$
$$[u]_j^{n+1} = [u]_j^n + [\mathcal{D}_t u]_j^n \Delta t + \frac{1}{2}[\mathcal{D}_t^2 u]_j^n (\Delta t)^2 + \cdots,$$

其中 $\mathcal{D}$ 是微分算子符号，其下标指明操作变量的名称，上标表示求导运算的阶数。将上述展开式代入 (2.10)，整理可得

$$\tau_j^n = \left[\mathcal{D}_t + \frac{1}{2}\Delta t \mathcal{D}_t^2 + \cdots\right][u]_j^n$$
$$- a\left[\frac{2}{2!}\mathcal{D}_x^2 + \frac{2}{4!}(\Delta x)^2 \mathcal{D}_x^4 + \cdots\right][u]_j^n - f_j^n.$$

注意到 $[\mathcal{D}_t - a\mathcal{D}_x^2][u]_j^n = f_j^n$，可知 τ_j^n 的零阶项部分等于零。换言之，

$$\tau_j^n = \frac{1}{2}\mathcal{D}_t^2[u]_j^n \Delta t - \frac{a}{12}\mathcal{D}_x^4[u]_j^n (\Delta x)^2 + \cdots = \mathcal{O}((\Delta x)^2 + \Delta t). \tag{2.11}$$

一般而言，这个结果已经是最优的；由于它同加密路径无关，故而全显格式无条件具有 $(2,1)$ 阶局部截断误差。 □

类似地，全隐格式 (1.7a) 也无条件具有 $(2,1)$ 阶局部截断误差。

注释 2.4 事实上，局部截断误差概念的真正含义是差分方程同离散对象 (偏微分方程) 的逼近程度，原始定义应当是

$$\tau_j^n = \mathcal{L}_{\Delta x, \Delta t} w(x_j, t^n) - \mathcal{L}w(x_j, t^n) + g(x_j, t^n) - g_j^n, \tag{2.12}$$

其中 $w(x,t)$ 是任意的光滑函数。若 $w(x,t)$ 满足 (2.7)，则 (2.12) 可以诱导出 (2.9)。因此，局部截断误差概念也可以理解为微分方程的通解满足差分方程的准确程度。

强调指出：**局部截断误差阶同推导过程无关**。换言之，在任意 (一个或多个) 位置执行 Taylor 展开，最终得到的结果都是一样的。

---
①物理量纲是指米、秒和千克等物理单位。

2.2.2 整体相容性‡

在一个差分格式中，位于不同网格点的差分方程可能具有明显的差异，比如离散对象不同，或者离散方式不同。逐点相容性概念无法描述这些差分方程的交互影响，只有整体相容性概念才能真正刻画差分格式的整体离散效果。

♣ 定义 2.2 考虑差分格式 (2.4) 或其规范形式 (2.5)。若存在网格函数 $\Phi^n = \{\Phi_j^n\}_{\forall j}$，使得

$$[u]^{n+1} = \mathbb{B}[u]^n + \Delta t H^n + \Delta t \Phi^n, \tag{2.13}$$

其中 $[u]$ 是满足偏微分方程定解问题的充分光滑函数，则称 Φ^n 是差分格式的**局部截断误差**(网格函数)。

设 $\|\cdot\|$ 是给定的离散范数。当 Δx 和 Δt 趋于零时，若有

$$\|\Phi^n\| = \|\Phi^n\|_{\Delta x} \to 0, \quad \forall n,$$

则称差分格式 (2.4) 按 $\|\cdot\|$ 模**整体相容**于偏微分方程定解问题。若存在不可改善的两个正数 m_1 和 m_2，使得

$$\|\Phi^n\| = \mathcal{O}((\Delta x)^{m_1} + (\Delta t)^{m_2}), \quad \forall n,$$

则称差分格式 (2.4) 的 $\|\cdot\|$ 模相容阶是 (m_1, m_2)。

事实上，逐点相容性概念和整体相容性概念存在密切的联系。通常，局部截断误差网格函数都要通过局部截断误差进行组装。假设差分格式 (2.4) 具有规范形式 (2.5)，对应的左端算子可使

$$\frac{1}{\Delta t}\mathbb{B}_1 u^{n+1} = \frac{1}{\Delta t}\mathbb{B}_0 u^n + G^n$$

的第 j 个差分方程恰好就是推导局部截断误差 τ_j^n 所需的局部描述。换言之，

$$\frac{1}{\Delta t}\mathbb{B}_1[u]^{n+1} - \frac{1}{\Delta t}\mathbb{B}_0[u]^n - G^n = \tau^n,$$

其中 $\tau^n \equiv \{\tau_j^n\}_{\forall j}$。注意到 (2.13)，可知整体相容性的局部截断误差网格函数是

$$\Phi^n = \mathbb{B}_1^{-1}\tau^n. \tag{2.14}$$

正是由于 $\mathbb{B}_1^{-1}$ 的存在，两个相容性概念存在着细微的区别。为简单起见，不妨假设局部截断误差 τ_j^n 具有明确的阶数，且处处相同。换言之，存在不可改善的两个常数 m_1 和 m_2，使得

$$\tau_j^n = \mathcal{O}((\Delta x)^{m_1} + (\Delta t)^{m_2}), \quad \forall j, \forall n.$$

为行文简便，称 (m_1, m_2) 是差分格式的逐点相容阶。要指明整体相容阶和逐点相容阶相同，我们还需验证算子范数 $\|\mathbb{B}_1^{-1}\|$ 关于空间网格的一致有界性，即当 Δx 适当小时，有

$$\|\mathbb{B}_1^{-1}\| = \sup_{\|v\|=1}\|\mathbb{B}_1^{-1}v\| \leqslant M, \tag{2.15}$$

其中界定常数 $M > 0$ 同 Δx 无关。

2.2 相容性

论题 2.2 建立模型问题 (HD)、(HP) 和 (HI) 的古典格式在最大模度量下的整体相容性结果。

答: 对于三个模型问题，全显格式的 $\mathbb{B}_1$ 都是恒等算子。相应的一致有界性结论 (2.15) 是显然的。因此，全显格式的最大模整体相容阶是 $(2,1)$。

对于三个模型问题，全隐格式的 $\mathbb{B}_1$ 具有不同的定义，相应的论证过程也是不同的。为节省篇幅，这里以纯初值问题 (HI) 为例。此时，左端算子 $\mathbb{B}_1$ 可以表示为

$$\mathbb{B}_1 = (1+2\mu a)\mathbb{E}^0 - \mu a[\mathbb{E} + \mathbb{E}^{-1}],$$

其中 $\mathbb{E}^s$ 是移位算子，即

$$\mathbb{E}^s w_j = w_{j+s}, \quad \forall j, \qquad s = 0, \pm 1,$$

其中 $w = \{w_j\}_{\forall j}$ 是任意的网格函数。由于 $\|\mathbb{E}^s w\|_\infty = \|w\|_\infty$ 恒成立，利用三角不等式可知

$$\|\mathbb{B}_1 w\|_\infty \geq (1+2\mu a)\|w\|_\infty - \mu a\big[\|\mathbb{E}w\|_\infty + \|\mathbb{E}^{-1}w\|_\infty\big] = \|w\|_\infty.$$

换言之，可得同 Δx 无关的一致估计

$$\|\mathbb{B}_1^{-1}\|_\infty = \Big[\inf_{\|v\|_\infty = 1}\|\mathbb{B}_1 v\|_\infty\Big]^{-1} \leq 1.$$

因此，在最大模度量下，模型问题 (HI) 的全隐格式具有 $(2,1)$ 阶整体相容性。 □

注释 2.5 绝大多数的差分格式都满足一致有界性结论 (2.15)，具有相同的整体相容阶和逐点相容阶。若无特别声明，本书忽略两个相容性概念的差异，以逐点相容性概念为主要讨论目标。

2.2.3 导数的差商离散

差分方法的核心工作是离散各阶导数，它同相容性概念紧密相关。限于差分方法的框架之下，主要的设计策略有两种，其一是差商离散方法，其二是积分插值方法。前者是最基本的离散技术，也是本小节的讨论目标。

在差商离散方法中，除了 Newton 差商理论，下面介绍的三种技术也是广泛使用的。

1. **待定系数法**

假设 $p(x)$ 足够光滑，相应的 m 阶导数记为 $\mathcal{D}^m p(x)$，其中 $\mathcal{D}$ 是微分算子。为简单起见，设离散模板 $\{x_{j+s}\}_{s=-l:r}$ 是等距的，即

$$x_{j+s} = x_j + s\Delta x, \quad s = -l:r,$$

其中 l 和 r 是非负整数。设 $x_\star = x_j + \theta\Delta x$ 为离散焦点，其中 $\theta \in [0,1)$。下面，我们利用待定系数法确定 $\mathcal{D}^m p(x_\star)$ 的差商公式

$$\mathcal{D}^m p(x_\star) = \sum_{s=-l}^{r} \alpha_s p(x_{j+s}) + \mathcal{O}((\Delta x)^\sigma), \tag{2.16}$$

其中 α_s 是差商系数，$\sigma > 0$ 是相容阶。

操作过程如下：以离散焦点 $x_\star$ 为展开中心，写出右端每个函数值的 Taylor 级数。由 (2.16)，可得

$$\mathcal{D}^m p(x_\star) = \sum_{k=0}^{\infty} \beta_k (\Delta x)^k D^k p(x_\star) + \mathcal{O}((\Delta x)^\sigma), \tag{2.17a}$$

其中

$$\beta_k = \sum_{s=-l}^{r} \alpha_s \frac{(s-\theta)^k}{k!}, \quad k = 0, 1, 2, \cdots. \tag{2.17b}$$

比较 (2.17a) 两端的各阶导数系数，可知

$$\beta_0 = \beta_1 = \cdots = \beta_{m-1} = 0, \quad \beta_m = 1/(\Delta x)^m. \tag{2.18}$$

它构成一个线性方程组。若能解出 $\{\alpha_s\}_{s=-l}^{r}$，即可建立相应的差商公式 (2.16)。用 (2.17b) 计算后续的 β_k，可知导数离散的相容阶是

$$\sigma = \min\{k : k > m, \beta_k \neq 0\} - m. \tag{2.19}$$

请注意，(2.18) 可能多解或者无解。若其无解，则说明离散模板的宽度不足，需增加 l 或者 r 的值。

论题 2.3 设三个网格点 x_{j-1}, x_j 和 x_{j+1} 是等距分布的，相应的间距是 Δx。建立二阶导数 $p_{xx}(x_j)$ 的差商离散，使相容阶尽可能地高。

答：显然，$\theta = 0$ 和 $l = r = 1$。简单计算，可知

$$\beta_0 = \alpha_{-1} + \alpha_0 + \alpha_1, \quad \beta_1 = -\alpha_{-1} + \alpha_1, \quad \beta_2 = (\alpha_{-1} + \alpha_1)/2,$$
$$\beta_3 = (-\alpha_{-1} + \alpha_1)/6, \quad \beta_4 = (\alpha_{-1} + \alpha_1)/24, \quad \cdots$$

令 $m = 2$，由 (2.18) 可知答案就是二阶中心差商，即

$$p_{xx}(x_j) \approx \frac{\delta_x^2 [p]_j}{(\Delta x)^2}. \tag{2.20}$$

由 $\beta_3 = 0$ 和 $\beta_4 \neq 0$ 可知，它具有 $\mathcal{O}((\Delta x)^2)$ 的逼近程度。 □

2. 函数逼近理论

假设 $p(x)$ 足够光滑。在局部区域（通常是离散模板的覆盖区域）上，构造相应的近似函数 $p_{\Delta x}(x)$，例如 Lagrange 多项式、Hermite 多项式、样条多项式、最佳逼近多项式或者三角多项式等。经典的函数逼近理论表明，$p(x)$ 和 $p_{\Delta x}(x)$ 的两个导函数也具有近似关系。因此，只要准确计算出近似函数 $p_{\Delta x}(x)$ 在离散焦点的导数，即可建立相应的差商离散。

论题 2.4 在等距分布的三个网格点 x_{j-1}, x_j, x_{j+1} 上，利用局部的抛物线插值过程，给出 $p_{xx}(x_j)$ 的有限差商离散。

答：$p(x)$ 在三个网格点上插值而成的抛物函数是

$$p_{\Delta x}(x) = p(x_j) + p[x_j, x_{j+1}](x - x_j)$$
$$+ \frac{1}{2} p[x_{j-1}, x_j, x_{j+1}](x - x_j)(x - x_{j-1}),$$

2.2 相容性

其中 $p[x_j, x_{j+1}]$ 和 $p[x_{j-1}, x_j, x_{j+1}]$ 分别是一阶和二阶 Newton 差商。基于函数插值理论，有

$$p_{xx}(x_j) \approx p''_{\Delta x}(x_j) = p[x_{j-1}, x_j, x_{j+1}] = \frac{\delta_x^2 [p]_j}{(\Delta x)^2}. \tag{2.21}$$

显然，右端就是二阶中心差商离散，具有二阶相容性。 □

利用函数插值理论，还有

$$p_{xx}(x_{j+1}) \approx p''_{\Delta x}(x_{j+1}) = p[x_{j-1}, x_j, x_{j+1}],$$

它给出 $p_{xx}(x_{j+1})$ 的二阶偏心差商。简单计算可知，它仅仅具有一阶相容性。请读者自行验证。

3. 符号演算方法

设 h 是给定的移位距离，比如 $h = \Delta x$ 是空间步长。定义移位算子半群 $\{\mathbb{E}^s\}_{s \in \Re}$，其中

$$\mathbb{E}^s p(x) = p(x + sh), \quad \forall p(x). \tag{2.22}$$

特别地，$\mathbb{E} = \mathbb{E}^1$ 是 (正向) 移位算子，$\mathbb{E}^0 = \mathbb{1}$ 是恒等算子，$\mathbb{E}^{-1}$ 是反向移位算子。注意到

$$\mathbb{E}^{a+b} = \mathbb{E}^a \cdot \mathbb{E}^b, \quad \forall a, b \in \Re, \tag{2.23}$$

可知 $\mathbb{E}^{-1}$ 是 $\mathbb{E}$ 的逆。

在差分方法中，移位算子扮演着重要的作用。首先，差分离散算子均可以用移位算子表示，例如

(1) 一阶向前差分算子：$\Delta_+ \equiv \Delta = \mathbb{E} - \mathbb{1}$；
(2) 一阶向后差分算子：$\Delta_- = \mathbb{1} - \mathbb{E}^{-1}$；
(3) 一步中心差分算子：$\Delta_0 = \mathbb{E} - \mathbb{E}^{-1}$；
(4) 半步中心差分算子：$\delta = \mathbb{E}^{1/2} - \mathbb{E}^{-1/2}$；
(5) 二阶中心差分算子：$\delta^2 = \mathbb{E} - 2\mathbb{1} + \mathbb{E}^{-1}$。

若要强调具体的操作变量，通常将其标注在算子符号的右下角。其次，借用符号演算技巧，差商离散的设计及其相容阶的推演，均可以得到简化。换言之，我们可以直接将算子符号视为普通变量，将算子运算转化为函数运算。具体内容可参见 Hildebrand (1956) 的工作。

例 1. 利用符号演算技巧，移位算子的 Taylor 级数是

$$\mathbb{E} = \sum_{k=0}^{\infty} \frac{1}{k!} (h\mathcal{D})^k = e^{h\mathcal{D}}, \tag{2.24}$$

其中 $\mathcal{D}$ 是微分算子。注意到 $\mathbb{E} = \mathbb{1} + \Delta$，有

$$\mathcal{D} = \frac{1}{h} \ln \mathbb{E} = \frac{1}{h} \ln(\mathbb{1} + \Delta). \tag{2.25}$$

显然 $\Delta^m = \mathcal{O}(h^m)$,其中 m 是任意的正整数。利用函数 $\ln(1+z)$ 的 Taylor 展开公式,可得

$$\mathcal{D} = \frac{1}{h}\Delta + \mathcal{O}(h), \tag{2.26a}$$

$$\mathcal{D} = \frac{1}{h}(\Delta - \frac{1}{2}\Delta^2) + \mathcal{O}(h^2). \tag{2.26b}$$

借用函数 $\ln(1+z)$ 的有理逼近技术①,有

$$\mathcal{D} = \frac{1}{h}\frac{\Delta}{\mathbb{1}+\Delta/2} + \mathcal{O}(h^2), \tag{2.27}$$

其中除法运算应当理解为左逆运算。 □

例 2. 注意到 $\delta = \mathrm{e}^{h\mathcal{D}/2} - \mathrm{e}^{-h\mathcal{D}/2}$,有

$$\mathcal{D} = \frac{2}{h}\sinh^{-1}\left(\frac{1}{2}\delta\right). \tag{2.28}$$

显然 $\delta^m = \mathcal{O}(h^m)$,其中 m 是任意的正整数。利用函数 $\sinh^{-1}(z/2)$ 的 Taylor 展开公式,可得

$$\mathcal{D} = \frac{1}{h}\left[\delta - \frac{1}{24}\delta^3 + \frac{3}{640}\delta^5\right] + \mathcal{O}(h^6), \tag{2.29a}$$

$$\mathcal{D}^2 = \frac{1}{h^2}\left[\delta^2 - \frac{1}{12}\delta^4 + \frac{1}{90}\delta^6\right] + \mathcal{O}(h^6). \tag{2.29b}$$

利用函数 $\sinh^{-1}(z/2)$ 的有理逼近技术,有

$$\mathcal{D} = \frac{1}{2h}\frac{\Delta_0}{\mathbb{1}+\delta^2/6} + \mathcal{O}(h^4), \quad \mathcal{D}^2 = \frac{1}{h^2}\frac{\delta^2}{\mathbb{1}+\delta^2/12} + \mathcal{O}(h^4), \tag{2.30}$$

其中除法运算也应当理解为左逆运算。 □

注释 2.6 记 $\mathrm{i} = \sqrt{-1}$。指数函数 $\mathrm{e}^{\mathrm{i}kx}$ 可以用于快速检验差商离散的相容阶,其中 k 是任意的实数。例如,简单计算可知

$$\Delta \mathrm{e}^{\mathrm{i}kx} = \mathrm{e}^{\mathrm{i}kx}[\mathrm{i}kh + \mathcal{O}(k^2h^2)] = h\mathcal{D}\mathrm{e}^{\mathrm{i}kx} + \mathcal{O}(k^2h^2),$$

$$\delta^2 \mathrm{e}^{\mathrm{i}kx} = \mathrm{e}^{\mathrm{i}kx}[-(kh)^2 + \mathcal{O}(k^4h^4)] = h^2\mathcal{D}^2\mathrm{e}^{\mathrm{i}kx} + \mathcal{O}(k^4h^4).$$

因此说,向前差商 Δ/h 是一阶导数 $\mathcal{D}$ 的一阶相容,中心差商 δ^2/h^2 是二阶导数 $\mathcal{D}^2$ 的二阶相容。

2.3 稳 定 性

数值计算的主要工具是计算机。由于字节位长有限,舍入误差的影响是无法回避的。如果在大量浮点数据的四则运算中,舍入误差的积累 (或者膨胀) 没有得到有效的控制,则近似计算的最终结果可能严重偏离差分格式的准确 (数值) 解。

---

①有理逼近也称为 Páde 逼近,即 $f(x) \approx Q_m(x)/Q_n(x)$,其中 $Q_m(x)$ 和 $Q_n(x)$ 分别是 m 次多项式和 n 次多项式。

2.3 稳定性

论题 2.5 基于向后误差分析理论,舍入误差的积累可视为定解数据发生扰动后的精确计算。考虑初值为零的全显格式

$$u_j^{n+1} = u_j^n + \mu \delta_x^2 u_j^n,$$

显然它的准确数值解是处处为零的网格函数。假设初值仅仅在零点产生微小扰动,其他点保持不变,即

$$u_j^0 = 0, \quad j \neq 0; \qquad u_0^0 = \varepsilon \neq 0.$$

取网比分别为 $\mu = 1/2$ 和 $\mu = 1$,观察初始扰动的演变过程。

答:参见表 2.1。

当 $\mu = 1/2$ 时,初始扰动以单减方式向外扩展,中心位置的绝对值逐渐减小。换言之,初始扰动得到了有效控制,相应的差分格式称为稳定的。

当 $\mu = 1$ 时,初始扰动以正负交替的方式向外扩展,给定位置的绝对值逐渐变大。事实上,扰动位置的数值解将以最快的速度趋于无穷。换言之,初始扰动无法得到控制,计算结果毫无价值,相应的差分格式是不稳定的。 □

表 2.1 全显格式的数值扰动影响

n	$\cdots$	x_{-3}	x_{-2}	x_{-1}	x_0	x_1	x_2	x_3	$\cdots$
\multicolumn{10}{c}{$\mu = 1/2$}
0					ε				
1				$\frac{1}{2}\varepsilon$		$\frac{1}{2}\varepsilon$			
2			$\frac{1}{4}\varepsilon$		$\frac{1}{2}\varepsilon$		$\frac{1}{4}\varepsilon$		
3		$\frac{1}{8}\varepsilon$		$\frac{3}{8}\varepsilon$		$\frac{3}{8}\varepsilon$		$\frac{1}{8}\varepsilon$	
4	$\frac{1}{16}\varepsilon$		$\frac{1}{4}\varepsilon$		$\frac{3}{8}\varepsilon$		$\frac{1}{4}\varepsilon$		$\frac{1}{16}\varepsilon$

n	$\cdots$	x_{-3}	x_{-2}	x_{-1}	x_0	x_1	x_2	x_3	$\cdots$
\multicolumn{10}{c}{$\mu = 1$}
0					ε				
1				ε	$-\varepsilon$	ε			
2			ε	-2ε	3ε	-2ε	ε		
3		ε	-3ε	6ε	-7ε	6ε	-3ε	ε	
4	ε	-4ε	10ε	-16ε	19ε	-16ε	10ε	-4ε	ε

因此说,计算结果要具有可靠性,扰动的影响必须得到有效控制,差分格式必须具有良好的稳定性表现。事实上,稳定性概念同微分方程定解问题的真解无关,它是差分格式的固有性质,用于刻画数值解关于定解数据的连续依赖性。考虑线性差分格式 (2.5) 或者

$$u^{n+1} = \mathbb{B} u^n + \Delta t H^n, \quad n = 0 : N - 1, \tag{2.31}$$

其中 $N = \lfloor T/\Delta t \rfloor$ 是不超过 $T/\Delta t$ 的最大整数,$T > 0$ 是给定的终止时刻。基于线性叠加原理,差分格式 (2.31) 的稳定性常常分解为下面两个基本概念。

定义 2.3 令 $H^n \equiv 0$，对应 (2.31) 的齐次线性差分格式是

$$u^{n+1} = \mathbb{B}u^n, \quad n = 0 : N-1. \tag{2.32}$$

给定离散范数 $\|\cdot\| = \|\cdot\|_{\Delta x}$。当 Δx 和 Δt 趋于零时，若 (2.32) 的数值解满足

$$\|u^n\| \leqslant K\|u^0\|, \quad \forall n = 0 : N, \tag{2.33}$$

其中界定常数 $K > 0$ 同 $\Delta x, \Delta t$ 和 u^0 均无关[①]，则称差分格式 (2.31) 按 $\|\cdot\|$ 模具有**初值稳定性**。

事实上，(2.33) 仅仅指明数值解关于初值的有界性。注意到差分格式的线性结构，若 $\{u^n\}_{n=0:N}$ 和 $\{w^n\}_{n=0:N}$ 均满足差分格式 (2.31)，则由初值稳定性的定义 2.3 可知

$$\|u^n - w^n\| \leqslant K\|u^0 - w^0\|, \quad n = 0 : N. \tag{2.34}$$

换言之，初值扰动不会造成数值解的巨变，数值解连续依赖于初值。这才是初值稳定性的根本含义。

论题 2.6 当且仅当 $\mu a \leqslant 1/2$ 时，模型问题 (HP) 的全显格式具有最大模初值稳定性。

答：作为连续问题的数值离散，差分格式的稳定性表现最好能够继承或者接近连续问题的适定性表现。为简单起见，设 $f \equiv 0$，即连续问题和差分格式都是齐次的。由偏微分方程的经典理论可知，此时的模型问题 (HP) 满足**最大模原理**，即真解的最大模不增。因此，我们希望全显格式也满足**离散最大模原理**，即数值解的离散最大模也是不增的。

当 $\mu a \leqslant 1/2$ 时，位于任意网格点的差分方程

$$u_j^{n+1} = \mu a(u_{j-1}^n + u_{j+1}^n) + (1 - 2\mu a)u_j^n, \quad \forall j, \tag{2.35}$$

都具有显式的凸组合系数结构，即右侧的差分系数都是非负的，且总和不超过 1。此时，有

$$|u_j^{n+1}| \leqslant \max(|u_{j-1}^n|, |u_j^n|, u_{j+1}^n|), \quad \forall j.$$

因此，数值解满足 $\|u^{n+1}\|_\infty \leqslant \|u^n\|_\infty$，全显格式具有最大模初值稳定性。

事实上，$\mu a \leqslant 1/2$ 也是必要条件。否则，(2.35) 的等号右端出现负系数，凸组合的系数结构不复存在，离散最大模原理遭到破坏。下面给出一个反例。设 $2J\Delta x = 1$，定义

$$u_j^0 = (-1)^j, \quad j = 0 : 2J.$$

利用数学归纳法，可知模型问题 (HP) 的全显格式具有数值解

$$u_j^n = (1 - 4\mu a)^n(-1)^j. \tag{2.36}$$

由于 $|1 - 4\mu a| > 1$，数值解将随着 n 的增加趋于无穷，故而全显格式是不稳定的。证毕。 □

[①] 若界定常数 K 同 T 有关，则称差分格式具有**短时间**的初值稳定性。若界定常数同 T 无关，则称差分格式具有**长时间**的初值稳定性。

2.3 稳定性

论题 2.7 模型问题 (HP) 的全隐格式无条件具有最大模初值稳定性。

答：设 $f \equiv 0$，即连续问题和差分格式都是齐次的。此时，对于任意的网比 μ，全隐格式的差分方程

$$(1+2\mu a)u_j^{n+1} = u_j^n + \mu a(u_{j-1}^{n+1} + u_{j+1}^{n+1})$$

在所有网格点都具有隐式的凸组合系数结构，即右端系数都是正的，且左端（离散焦点）系数不低于右端系数之和。因此，模型问题 (HP) 的全隐格式满足离散最大模原理。

相对直白的论证过程如下：设最大模在某个网格点取到，不妨设 $|u_{j_0}^{n+1}| = \|u^{n+1}\|_\infty$。利用 j_0 点的差分方程，有

$$(1+2\mu a)|u_{j_0}^{n+1}| = |u_{j_0}^n + \mu a(u_{j_0-1}^{n+1} + u_{j_0+1}^{n+1})|$$
$$\leqslant \|u^n\|_\infty + 2\mu a\|u^{n+1}\|_\infty.$$

因此，数值解满足 $\|u^{n+1}\|_\infty \leqslant \|u^n\|_\infty$。换言之，全隐格式无条件具有最大模初值稳定性。□

对于模型问题 (HI) 和零边值的模型问题 (HD)，相应的古典格式具有完全相同的最大模初值稳定性结论：**当且仅当 $\mu a \leqslant 1/2$ 时，全显格式稳定；全隐格式是无条件稳定的**。相关证明是简单的，除了全显格式的必要性条件。具体而言，是

(1) 对于模型问题 (HI)，必要条件的证明有两步。首先，证明

$$u_j^n = \sum_{k=0}^\infty \mathrm{e}^{-2^k}\left[1 - 4\mu a\sin^2(2^{k-1}\pi\Delta x)\right]^n \cos(2^k\pi j\Delta x)$$

是全显格式的数值解。然后，令 $\Delta x = 2^{-m}$，证明：当 $\mu a > 1/2$ 时，在 $x_0 = 0$ 点的数值解满足 $\lim\limits_{m\to\infty} u_0^m = \infty$，故而全显格式是不稳定的。具体内容可参见文献 [12]，详略。

(2) 对于零边值的模型问题 (HD)，必要条件可以利用直接矩阵方法给出。具体内容参见后面的论题 2.8。

事实上，上述三种模型问题的古典格式具有类似的 L^2 模稳定性结论：**当且仅当 $\mu a \leqslant 1/2$ 时，全显格式稳定；全隐格式是无条件稳定的**。对于模型问题 (HI) 和 (HP)，Fourier 方法堪称是最简便的论证方式；对于零边值的模型问题 (HD)，直接矩阵方法是有效的论证方式。具体内容将稍后给出。

定义 2.4 设差分格式 (2.31) 的初值是零，即 $u^0 \equiv 0$。给定离散范数 $\|\cdot\| = \|\cdot\|_{\Delta x}$。若当 Δt 和 Δx 趋于零时，数值解满足

$$\|u^n\| \leqslant M\sum_{m=0}^{n-1}\|H^m\|\Delta t, \quad \forall n = 1:N, \tag{2.37}$$

其中界定常数 $M > 0$ 同 Δx 和 Δt 均无关，则称差分格式 (2.31) 具有**右端项稳定性**。

对于线性差分格式而言，初值稳定性概念是最为重要的。若无特别声明，本书重点关注初值稳定性，不再过多讨论右端项稳定性。相应的理论依据如下。

定理 2.1 齐次线性差分格式 (2.32) 的初值稳定性，蕴含非齐次线性差分格式 (2.31) 的右端项稳定性。

证明 平行于线性微分方程的 Duhamel 原理,线性差分格式也具有类似的结论。作为 Duhamel 原理的离散表述,非齐次差分格式 (2.31) 的数值解具有分裂形式

$$u^n = \sum_{m=0}^{n-1} v_{(m)}^n, \quad n = 1, 2, \cdots, \tag{2.38}$$

其中网格函数 $v_{(m)} = \{v_{(m)}^\ell\}_{\forall \ell}$ 满足齐次差分格式

$$v_{(m)}^{\ell+1} = \mathbb{B} v_{(m)}^\ell, \quad \ell > m; \tag{2.39a}$$

$$v_{(m)}^{\ell+1} = \Delta t H^m, \quad \ell = m; \tag{2.39b}$$

$$v_{(m)}^{\ell+1} = 0, \quad \ell < m. \tag{2.39c}$$

注意到齐次差分格式 (2.32) 的初值稳定性,由式 (2.38) 可得

$$\|u^n\| \leqslant \sum_{m=0}^{n-1} \|v_{(m)}^n\| \leqslant K \sum_{m=0}^{n-1} \|v_{(m)}^{m+1}\| \leqslant K \sum_{m=0}^{n-1} \|H^m\| \Delta t, \tag{2.40}$$

即证。 □

同相容性概念相比,稳定性概念较难论证。时至今日,各种类型的稳定性分析技术被创建和完善,并在不同场合得到广泛应用。较为常见的方法,有

(1) **离散最大模原理**:若任意网格点的差分方程均满足 (显式或隐式) 凸组合系数结构,则差分格式满足离散最大模原理,进而具有最大模稳定性。具体实例已经在前面给出,此处不再赘述。强调指出:离散最大模原理只是最大模稳定的充分条件,不一定是必要条件。

(2) **Fourier 方法**:设时空网格是等距的,考虑线性常系数差分格式的纯初值问题或者周期边值问题。由于差分方程在任意网格点都形式相同,相应的 L^2 模稳定性可以采用 Fourier 方法进行分析。事实上,Fourier 方法是分离变量方法针对上述特殊问题的简化,可以快捷地给出 L^2 模稳定的充要条件。详细内容见 §2.4。

(3) **能量方法**:作为相对普适的分析技术,能量方法可以克服非等距网格、非周期边界条件、线性变系数和非线性等因素带来的理论分析困难,严格地建立差分格式 L^2 模稳定的充分条件。同 Fourier 方法相比,能量方法的推导过程略显烦琐,用到的理论分析工具也较多。给出的时空约束条件较为苛刻。详细内容见 §4.1.3 和 §9.3。

(4) **修正方程方法**[①]:作为一种启发式分析方法,其核心工作是推导数值格式的修正方程,即含有网格参数的偏微分方程。相应的推导过程可视为局部截断误差的反向计算过程。同原有的偏微分方程相比,差分方程更加相容于修正方程,两者的性质和表现也更加接近。因此,我们可以利用修正方程的适定性结论,模糊断定数值格式的稳定性。详细内容见 §9.2。

(5) **直接矩阵方法**:它是一种代数分析方法,可以明确数值边界条件对于格式稳定性的影响。由于空间区域是有界的,对于任意的空间步长,空间网格的点数是有限的,空间网格函数是有限维的向量,差分格式是有限规模的线性方程组。网格函数的离散范数等同于向量范数,相应的算子范数等同于矩阵范数。因此,各种熟知的矩阵工具都可以发挥出应有的作用。此时,理论推导的关键是建立同网格参数无关的一致估计。具体实例见后面的论题 2.8。

[①] 也称为 Hirt 启示方法。

2.3 稳 定 性

(6) **分离变量方法**：它基于差分格式数值解的精确表达，堪称最原始的分析技术。通常，精确表达的目标是难以实现的，使得分离变量方法的应用范围较为有限。具体实例见论题 2.9。

(7) **GKS 方法**：它是由 Kreiss (1968) 最早提出，而后由 Gustafson、Kreiss 和 Sundstrafom (1972) 发展和完善起来的分析技术，可以精确指出数值边界条件对于格式稳定性的细微影响。不同于 Fourier 方法，它的理论基础是半无界区间的 Laplace 变换。具体内容可参见文献 [6]，详略。

论题 2.8 考虑零边值的模型问题 (HD)，其中 $f \equiv 0$。利用直接矩阵方法，讨论全显格式的初值稳定性。

答：利用全显格式的矩阵表示，其数值解满足
$$u^{n+1} = \mathbb{B}u^n = \cdots = \mathbb{B}^{n+1}u^0,$$
其中 $\mathbb{B} = \text{tridiag}(\mu a, 1 - 2\mu a, \mu a)$ 是 $J-1$ 阶三对角矩阵。若将网格函数视为 $J-1$ 维的向量，则有
$$\|u^n\|_M \leqslant \|\mathbb{B}^n\|_M \|u^0\|_M \leqslant \|\mathbb{B}\|_M^n \|u^0\|_M, \tag{2.41}$$
其中 $\|\cdot\|_M$ 表示向量范数或者与其相容的矩阵范数。

当 $\mu a \leqslant 1/2$ 时，矩阵范数满足 $\|\mathbb{B}\|_{\infty, M} \leqslant 1$，由 (2.41) 可知向量范数满足 $\|u^n\|_{\infty, M} \leqslant \|u^0\|_{\infty, M}$。显然，上述估计同矩阵阶数无关，向量的最大模范数和网格函数的最大模范数是相同的。因此，全显格式具有最大模稳定性。

参见附录或文献 [9]，矩阵 $\mathbb{B}$ 的特征值可以精确表示，即
$$\lambda_s = 1 - 4\mu a \sin^2\left(\frac{s\pi}{2J}\right), \quad s = 1 : J-1.$$

当 $\mu a \leqslant 1/2$ 时，矩阵谱范数满足
$$\|\mathbb{B}\|_{2, M} = \max_{s=1:J-1} |\lambda_s| = \left|1 - 4\mu a \sin^2\left(\frac{\pi \Delta x}{2}\right)\right| \leqslant 1.$$

因此，由 (2.41) 可知向量范数满足 $\|u^n\|_{2, M} \leqslant \|u^0\|_{2, M}$。上述估计同矩阵阶数无关，向量的 l_2 范数和网格函数的 L^2 范数仅仅相差 $\sqrt{\Delta x}$ 倍，故而全显格式也是 L^2 模稳定的。

事实上，$\mu a \leqslant 1/2$ 也是必要条件。否则，当 Δx 足够小时，矩阵 $\mathbb{B}$ 的某个特征值将按模严格大于 1。若选取相应的特征向量作为初值，则全显格式的数值解将演化到无穷。换言之，当 $\mu a > 1/2$ 时，全显格式是不稳定的。 □

论题 2.9 考虑零边值的模型问题 (HD)。利用分离变量方法，证明全隐格式 (1.12) 无条件具有 L^2 模初值稳定性。

答：设 $f \equiv 0$，即连续问题和差分格式都是齐次的。在全隐格式中，$\mathbb{B}_1$ 是由 (1.13) 给出的 $J-1$ 阶三对角对称矩阵，$\mathbb{B}_0$ 是单位矩阵。参见附录或文献 [9] 可知，矩阵 $\mathbb{B}_1$ 具有特征值
$$\lambda_k = 1 + 4\mu a \sin^2\left(\frac{k\pi}{2J}\right), \quad k = 1 : J-1,$$

相应的特征向量 $\{\boldsymbol{v}_k\}_{k=1:J-1}$ 构成单位正交系。利用分离变量法，全隐格式的数值解可以表示为

$$u^n = \sum_{k=1}^{J-1} \alpha_k \lambda_k^{-n} \boldsymbol{v}_k,$$

其中 α_k 由初值确定。注意到 $\lambda_k \geqslant 1$ 和 $\boldsymbol{v}_k$ 的正交性，计算离散 L^2 模，可得

$$\|u^n\|_2 = \left(\sum_{k=1}^{J-1} \alpha_k^2 \lambda_k^{-2n} \Delta x\right)^{\frac{1}{2}} \leqslant \left(\sum_{k=1}^{J-1} \alpha_k^2 \Delta x\right)^{\frac{1}{2}} = \|u^0\|_2.$$

即证。 □

论题 2.9 仅用到特征向量系的正交性质，没有明确它们的具体表示。同传统的分离变量方法相比，上述推导过程略有简化。

2.4 Fourier 方法

设时空网格 $\mathcal{T}_{\Delta x, \Delta t}$ 是等距的，考虑线性常系数双层格式

$$\sum_{s=-l_1}^{r_1} a_s u_{j+s}^{n+1} = \sum_{s=-l_0}^{r_0} b_s u_{j+s}^n, \quad \forall j \forall n, \tag{2.42}$$

其中 l_0, l_1, r_0 和 r_1 是非负整数，$\{a_s\}_{s=-l_1}^{r_1}$ 和 $\{b_s\}_{s=-l_0}^{r_0}$ 是给定的差分系数，同网格函数和网格点位置无关，但可能同网格参数相关。换言之，在任意网格点的差分方程都具有相同的形式。对应空间网格的覆盖区域是否有界，(2.42) 是一个纯初值问题或者周期边值问题。此时，简单快捷的 Fourier 方法是格式 L^2 模稳定性① 的分析利器。

本节简要介绍 Fourier 方法的理论背景和操作流程。若不关心理论背景，读者可以直接跳到第二小节。

2.4.1 理论背景‡

Fourier 方法是分离变量方法对于某些特殊问题的简化。其理论基础是网格函数及其离散 L^2 模的 Fourier 诠释过程，其中 **Fourier 积分理论**用于速降函数，而 **Fourier 级数理论**用于周期函数。简单来说，上述理论都可以将复杂的微分运算转化为简单的代数运算，建立时域函数和频域函数的一一对应关系。特别地，Parseval 恒等式是至关重要的联系纽带。记 $\mathrm{i} = \sqrt{-1}$。

1. 速降网格函数

设 $\mathcal{T}_{\Delta x} = \{x_m = m\Delta x\}_{m=-\infty}^{\infty}$ 是定义在整个数轴上的等距空间网格，相应的空间步长是 Δx。显然，它所含的网格点数总是无限的。假设网格函数 $u = \{u_m\}_{m=-\infty}^{\infty}$ 的离散 L^2 模有限，即

$$\|u\|_2 = \|u\|_{2,\Delta x} = \left(\sum_{m=-\infty}^{+\infty} |u_m|^2 \Delta x\right)^{1/2} < +\infty,$$

---

①差分格式的稳定性也常常简称为差分方程的稳定性。

2.4 Fourier 方法

相应的诠释方式主要有两种。

其一是将 u 视为无穷序列 $\tilde{u} = \{u_m\}_{m=-\infty}^{\infty}$，相应的 l^2 范数是

$$\|\tilde{u}\|_{l^2} \equiv \Big(\sum_{m=-\infty}^{+\infty} |u_m|^2\Big)^{1/2} = \|u\|_2 (\Delta x)^{-1/2}. \tag{2.43}$$

利用 Fourier 级数理论可知，存在周期函数 $\hat{u}(\hat{x}) : [-\pi, \pi] \to \mathbb{C}$，使得

$$\hat{u}(\hat{x}) = \frac{1}{\sqrt{2\pi}} \sum_{m=-\infty}^{+\infty} e^{im\hat{x}} u_m, \quad \hat{x} \in [-\pi, \pi], \tag{2.44a}$$

$$u_m = \frac{1}{\sqrt{2\pi}} \int_{-\pi}^{\pi} e^{-im\hat{x}} \hat{u}(\hat{x}) d\hat{x}, \quad m = 0, \pm 1, \pm 2, \cdots, \tag{2.44b}$$

其中 $\hat{u}(-\pi) = \hat{u}(\pi)$。换言之，无穷序列 $\tilde{u}$ 同周期函数 $\hat{u}(\hat{x})$ 是一一对应的。利用 Parseval 恒等式，可知

$$\|u\|_2^2 (\Delta x)^{-1} = \|\tilde{u}\|_{L^2}^2 = \|\hat{u}\|_{L^2(-\pi,\pi)}^2 \equiv \int_{-\pi}^{\pi} |\hat{u}|^2(\hat{x}) d\hat{x}. \tag{2.45}$$

其二是逐点常值延拓 u，得到 (连续型) 阶梯函数 $\tilde{u}(x) : \mathfrak{R} \to \mathfrak{R}$。换言之，

$$\tilde{u}(x) = u_m, \quad x \in I(x_m), \quad \forall m,$$

其中 $I(x_m) = ((m-1/2)\Delta x, (m+1/2)\Delta x)$ 是 x_m 的控制区间。显然，函数 $\tilde{u}(x)$ 是平方可积的，即

$$\|\tilde{u}\|_{L^2(\mathfrak{R})} \equiv \Big[\int_{-\infty}^{\infty} |\tilde{u}(x)|^2 dx\Big]^{\frac{1}{2}} = \|u\|_{2,\Delta x} < +\infty.$$

利用 Fourier 积分理论可知，存在平方可积函数 $\hat{u}(k) : \mathfrak{R} \to \mathbb{C}$，使得

$$\hat{u}(k) = \mathcal{F}\tilde{u}(x) = \frac{1}{\sqrt{2\pi}} \int_{-\infty}^{\infty} e^{-ikx} \tilde{u}(x) dx, \tag{2.46a}$$

$$\tilde{u}(x) = \mathcal{F}^{-1}\hat{u}(k) = \frac{1}{\sqrt{2\pi}} \int_{-\infty}^{\infty} e^{ikx} \hat{u}(k) dk, \tag{2.46b}$$

其中 $\mathcal{F}$ 和 $\mathcal{F}^{-1}$ 分别称作 Fourier 变换算子和逆变换算子，$\hat{u}(k)$ 和 $\tilde{u}(x)$ 是一一对应的。利用 Parseval 恒等式，可知

$$\|u\|_{2,\Delta x}^2 = \|\tilde{u}\|_{L^2(\mathfrak{R})}^2 = \|\hat{u}\|_{L^2(\mathfrak{R})}^2 \equiv \int_{-\infty}^{\infty} |\hat{u}(k)|^2 dk. \tag{2.47}$$

注释 2.7 逐点常值延拓的 Fourier 诠释方法更加直观，可以轻松地推广到高维网格函数或者周期网格函数。

注释 2.8 在 Fourier 理论中，$\tilde{u}(x)$ 称为时域函数，$\hat{u}(k)$ 称为频域函数。注意到

$$\phi_k(x) = \frac{1}{\sqrt{2\pi}} e^{ikx} : \mathfrak{R} \to \mathbb{C} \tag{2.48}$$

是波数为 k 的单位 (振幅或能量) 简谐波，我们可以将 (2.46b) 形象地理解为时域函数 $\tilde{u}(x)$ 在频域空间的分解，其中 $|\hat{u}(k)|$ 是波数为 k 的简谐波振幅。Parseval 恒等式表明：时域函数的能量等于所含简谐波的能量之和。

2. 周期网格函数

不妨设周期是 2π, 相应的有界区间是 $[-\pi, \pi]$; 定义等距空间网格

$$\mathcal{T}_{\Delta x} = \{x_j = j\Delta x\}_{j=-J}^{J}, \tag{2.49}$$

其中 $\Delta x = \pi/J$ 是空间步长, J 是正整数。设 $u = \{u_m\}_{m=-J}^{J}$ 是周期网格函数, 且离散 L^2 模有限, 即 $u_{-J} = u_J$, 且

$$\|u\|_{2,\Delta x} \equiv \left[\sum_{m=-J}^{J}{}' |u_m|^2 \Delta x\right]^{\frac{1}{2}} < +\infty, \tag{2.50}$$

其中求和号右上角的撇号表示下标为 $\pm J$ 的两个 (相等的) 求和项被折半处理。显然, 空间网格 (2.49) 具有 $2J+1$ 个网格点, 相应的周期网格函数只有 $2J$ 个自由度。

利用周期延拓和逐点常值延拓方法, 将网格函数 u 拓展为具有相同周期的阶梯函数 $\tilde{u}(x): \Re \to \Re$。显然, 在任意一个空间周期内, $\tilde{u}(x)$ 都是平方可积的。由 Fourier 级数理论[①], 可知

$$\tilde{u}(x) = \frac{1}{\sqrt{2\pi}} \sum_{k=-\infty}^{\infty} e^{ikx} \hat{u}_k, \quad x \in [-\pi, \pi], \tag{2.51a}$$

其中

$$\hat{u}_k = \frac{1}{\sqrt{2\pi}} \int_{-\pi}^{\pi} e^{-ikx} \tilde{u}(x) dx, \quad k = 0, \pm 1, \pm 2, \cdots. \tag{2.51b}$$

利用 Parseval 恒等式, 可得

$$\|u\|_{2,\Delta x}^2 = \|\tilde{u}\|_{L^2[-\pi,\pi]}^2 = \sum_{k=-\infty}^{+\infty} |\hat{u}_k|^2, \tag{2.52}$$

其中 $|\hat{u}_k|$ 是 k 波数的简谐波振幅。

有时, (2.51) 并不是最佳的诠释方式, 因为它将周期网格函数拆解为无穷多简谐波, 即

$$u_m = \frac{1}{\sqrt{2\pi}} \sum_{k=-\infty}^{\infty} e^{imk\Delta x} \hat{u}_k, \quad m = -J : J. \tag{2.53}$$

显然, 有限个网格点信息不可能同无限个简谐波成分建立一一对应关系。实际上, 波数同余的单位简谐波

$$\phi_{k+2qJ}(x) = e^{i(k+2qJ)x}, \quad k \in \mathbb{Z}, q \in \mathbb{Z},$$

在离散网格 (2.49) 上是无法辨识的, 因为

$$\phi_{k+2qJ}(x_j) = \phi_k(x_j), \quad j = -J : J.$$

[①] Fourier 积分变换和 Fourier 级数具有相似性, 即定义在整个数轴的速降函数可理解为周期无限大的周期函数。

2.4 Fourier 方法

换言之，离散网格 (2.49) 只能辨识出 $2J$ 个不同波数的简谐波[①]。由于高波数 (高频) 简谐波的作用可以隐藏在同余的低波数 (低频) 简谐波中，于是 (2.53) 可以重新理解为有限个简谐波的叠加过程，即

$$u_m = \frac{1}{\sqrt{2\pi}} {\sum_{k=-J}^{J}}' e^{imk\Delta x} \check{u}_k, \quad m = -J : J, \tag{2.54a}$$

其中系数[②]是

$$\check{u}_k = \frac{1}{\sqrt{2\pi}} {\sum_{m=-J}^{J}}' e^{-imk\Delta x} u_m \Delta x, \quad k = -J : J. \tag{2.54b}$$

显然，$\check{u}_{-J} = \check{u}_J$。可以证明，(2.54) 给出了两个周期网格函数 $\{u_m\}_{m=-J}^J$ 和 $\{\check{u}_k\}_{k=-J}^J$ 的一一对应关系。通常，称它为离散 Fourier 变换，相应的 Parseval 恒等式是

$$\|u\|_{2,\Delta x}^2 \equiv {\sum_{m=-J}^{J}}' |u_m|^2 \Delta x = {\sum_{k=-J}^{J}}' |\check{u}_k|^2. \tag{2.55}$$

离散 Fourier 变换的严格理论是连续周期函数在等距网格 (2.49) 上的三角多项式插值理论，相关内容可参见附录。

注释 2.9 随着空间网格的加密，有界区间内的网格点总数也将趋于无穷，相应的网格函数表现也将越来越接近无界区间的网格函数。无论区间是否有界，关键的 Parseval 恒等式总是有效，离散 l^2 模的诠释不会受到影响。无论是纯初值问题，还是周期边值问题，差分格式 (2.42) 的 Fourier 方法具有类似的操作过程，最终的 L^2 模稳定性结论也是相同的。

2.4.2 操作过程

下面以纯初值问题为例，介绍双层格式 (2.42) 的 Fourier 方法。操作过程主要包括两步，即计算增长因子 (amplification factor) 和判定 von Neumann 条件。

增长因子的计算 按照前面介绍的诠释方法，将任意时刻的网格函数 u^n 逐点常值延拓为阶梯函数 $\tilde{u}^n(x)$。由差分方程 (2.42) 可知，在整个数轴上几乎处处成立

$$\sum_{s=-l_1}^{r_1} a_s \tilde{u}^{n+1}(x + s\Delta x) = \sum_{s=-l_0}^{r_0} b_s \tilde{u}^n(x + s\Delta x).$$

对此进行 Fourier 积分变换，有

$$\sum_{s=-l_1}^{r_1} a_s \mathcal{F}[\tilde{u}^{n+1}(x + s\Delta x)] = \sum_{s=-l_0}^{r_0} b_s \mathcal{F}[\tilde{u}^n(x + s\Delta x)].$$

[①]若要刻画出周期函数的基本形态，每个周期至少要含有 π 个网格点。在实际计算中，通常要求 5~10 个网格点，以获得良好的数值效果。

[②](2.54b) 可视为 (2.51b) 的复合型梯形积分公式。对于无穷光滑的周期函数而言，复合型梯形积分公式是准确的。由于 $\tilde{u}$ 是非光滑的阶梯函数，其展开系数 $\check{u}_k$ 和 $\hat{u}_k$ 是不同的，包含所有同族高频波的"衍生效应"。

利用 Fourier 变换的平移性质

$$\mathcal{F}[\tilde{u}^n(x+s\Delta x)] = \mathrm{e}^{\mathrm{i}sk\Delta x}\mathcal{F}[\tilde{u}^n(x)] = \mathrm{e}^{\mathrm{i}sk\Delta x}\hat{u}^n(k),$$

可得差分格式的**增长因子**

$$\lambda(k) \equiv \frac{\hat{u}^{n+1}(k)}{\hat{u}^n(k)} = \frac{\sum_{s=-l_0}^{r_0} b_s \mathrm{e}^{\mathrm{i}sk\Delta x}}{\sum_{s=-l_1}^{r_1} a_s \mathrm{e}^{\mathrm{i}sk\Delta x}}, \quad \forall k \in \Re. \tag{2.56}$$

注意到 $\hat{u}^n(k)$ 的物理含义，可知 $|\lambda(k)|$ 是 k 波数的简谐波在单步时间推进之后的振幅变化率。

注释 2.10 若差分格式 (2.42) 对应周期边值问题，相应的增长因子可以利用 Fourier 级数理论导出，具体形式依旧是 (2.56)。

下面简化增长因子的计算过程。任取波数 $k \in \Re$，将模态解

$$u_j^n = \lambda^n \mathrm{e}^{\mathrm{i}kj\Delta x}, \quad \forall j \forall n \tag{2.57}$$

代入到差分方程 (2.42)。利用简单的代数演算，即可导出增长因子 $\lambda = \lambda(k)$，其表达式就是前面导出的 (2.56)。

在 (2.57) 中，λ^n 的本意是 t^n 时刻的简谐波振幅[①]。但是，由于 λ 是一个数字而已，它也可以理解为增长因子的 n 次幂。

von Neumann 条件的判定 利用 Parseval 恒等式 (2.47) 和增长因子的定义 (2.56)，可知双层格式 (2.42) 的数值解满足

$$\begin{aligned}\|u^n\|_{2,\Delta x} = \|\hat{u}^n\|_{L^2(\Re)} &\leqslant \sup_{k\in\Re}|\lambda(k)|\|\hat{u}^{n-1}\|_{L^2(\Re)} \leqslant \cdots \\ &\leqslant \left[\sup_{k\in\Re}|\lambda(k)|\right]^n \|\hat{u}^0\|_{L^2(\Re)} = \left[\sup_{k\in\Re}|\lambda(k)|\right]^n \|u^0\|_{2,\Delta x}.\end{aligned} \tag{2.58}$$

它是 L^2 模稳定性分析的关键。

设 $T > 0$ 是给定的终止时刻。若存在一个 (可能依赖 T 的) 固定常数 $K > 0$，使得

$$|\lambda(k)|^n \leqslant K, \quad \forall k \in \Re, \quad \forall n : n\Delta t \leqslant T, \tag{2.59}$$

则 (2.58) 蕴含双层格式 (2.42) 的 L^2 模稳定性，即

$$\|u^n\|_{2,\Delta x} \leqslant K \|u^0\|_{2,\Delta x}, \quad \forall n : n\Delta t \leqslant T. \tag{2.60}$$

任取某个波数的简谐波作为初值，双层格式 (2.42) 的数值解在任意时刻都是同波数的简谐波，并且保证 (2.58) 是等号成立的。因此，由 (2.60) 可以反推出 (2.59)。

综上所述，我们可以建立下面的重要结论。

定理 2.2 双层格式 (2.42) 具有 L^2 模稳定性的充要条件是 (2.59)。

[①]事实上，$|\lambda^n|/\sqrt{2\pi}$ 才是真正的简谐波振幅。

通常, (2.59) 是较难验证的。为寻找相对简单的必要条件, 考虑如下的不等式: 设 L 是给定正数, 有

$$L^x \leqslant 1 + Lx, \quad x \in (0,1). \tag{2.61}$$

证明非常简单, 略。记 $N = \lfloor T/\Delta t \rfloor$。当 Δt 适当小时[①], 必有 $N\Delta t \geqslant T/2$。由 (2.59) 和 (2.61), 可得

$$|\lambda(k)| \leqslant K^{\frac{1}{N}} \leqslant 1 + \frac{K}{N} \leqslant 1 + \frac{2K\Delta t}{T}, \quad \forall k \in \Re.$$

利用定理 2.2, 即可导出 L^2 模稳定的必要条件: 当 Δt 适当小时, 有

$$|\lambda(k)| \leqslant 1 + C\Delta t, \quad \forall k \in \Re, \tag{2.62}$$

其中界定常数 $C > 0$ 同 k 和 Δt 均无关。这就是著名的 **von Neumann 条件**。

既然增长因子 $\lambda(k)$ 是一个数, von Neumann 条件 (2.62) 自然地保证 (2.59) 或者 (2.60) 成立, 其界定常数是

$$K = \mathrm{e}^{CT}. \tag{2.63}$$

换言之, 双层格式 (2.42) 具有 L^2 模稳定性。

至此, Fourier 方法的重要结论表述如下。

定理 2.3 von Neumann 条件 (2.62) 是 (标量) 双层格式 (2.42) 具有 L^2 模稳定性的充要条件。

若区间是有界的, 则任意的空间网格仅仅可见有限个波数的简谐波成分。但是, 随着离散网格的加密, 可见成分越来越多。因此, 对于周期边值问题的差分格式, von Neumann 条件依旧要求波数遍历整个实轴。换言之, 对于周期边值问题或者纯初值问题, 差分格式的 L^2 模稳定性结论是一模一样的。

若增长因子的表达式没有显式包含时间步长, 则 von Neumann 条件 (2.62) 的界定常数可以取作 $C = 0$, 即

$$|\lambda(k)| \leqslant 1, \quad \forall k \in \Re. \tag{2.64}$$

以示区别, 称其为严格的 von Neumann 条件。在相应的稳定性结论 (2.60) 中, 界定常数是 $K = 1$。

⇕ **论题 2.10** 考虑模型问题 (HP) 和 (HI) 的两个古典格式, 其中 $f \equiv 0$。利用 Fourier 方法, 建立相应的 L^2 模初值稳定性结论。

答: 将模态解 $u_j^n = \lambda^n \mathrm{e}^{\mathrm{i}kj\Delta x}$ 代入全显格式, 简单计算可得

$$\begin{aligned}\lambda(k) &= 1 + \mu a(\mathrm{e}^{\mathrm{i}k\Delta x} - 2 + \mathrm{e}^{-\mathrm{i}k\Delta x}) \\ &= 1 - 4\mu a \sin^2\left(\frac{1}{2}k\Delta x\right).\end{aligned} \tag{2.65}$$

增长因子没有显式出现 Δt, 相应的 von Neumann 条件是

$$-1 \leqslant 1 - 4\mu a \sin^2\left(\frac{1}{2}k\Delta x\right) \leqslant 1, \quad \forall k.$$

[①] "Δt 适当小" 是指 $\Delta t \leqslant \Delta t_0$, 其中 Δt_0 是某个适当小的正数。

它等价于时空约束条件 $\mu a \leqslant 1/2$。由于增长因子是一个数,它也是全显格式具有 L^2 模稳定性的充要条件。

类似地,全隐格式的增长因子是

$$\lambda(k) = \left[1 + 4\mu a \sin^2\left(\frac{1}{2}k\Delta x\right)\right]^{-1}. \tag{2.66}$$

对于任意的网比,von Neumann 条件都是恒成立的。因此,全隐格式无条件具有 L^2 模初值稳定性。 □

注释 2.11 注意到增长因子关于 $k\Delta x$ 具有周期性,不妨假定 $k\Delta x \in [-\pi, \pi]$。若 $|k|\Delta x \approx \pi$,相应的简谐波具有高波数,称为高频波;若 $|k|\Delta x \approx 0$,相应的简谐波具有低波数,称为低频波。由 (2.65) 和 (2.66) 可知:在古典格式中,高频波的增长因子远离 ± 1,相应的简谐波振幅快速衰减,数值解呈现出强烈的磨光效应。参见图 2.2 可知,剧烈抖动的波形快速地变得光滑起来。

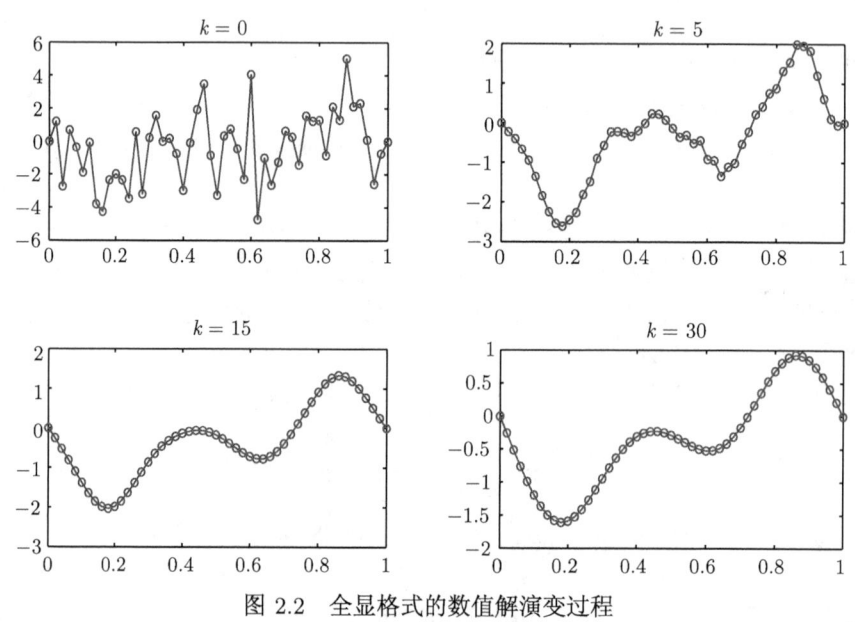

图 2.2 全显格式的数值解演变过程

2.5 收 敛 性

一个差分格式是否有用,最终要看数值解在计算机上的近似结果,是否有效地逼近连续问题的真解。这个问题的回答,涉及两个方面。其一是前节给出的稳定性概念,即差分格式的近似数值解是否接近差分格式的 (准确) 数值解。其二是本节关注的收敛性概念,即差分格式的 (准确) 数值解是否逼近连续问题的真解。前者同舍入误差密切相关,是差分格式的固有性质。后者同方法误差相关,没有考虑舍入误差的影响。这种理想化的假设,也是收敛性概念同稳定性概念的本质区别之一。

2.5 收敛性

2.5.1 基本概念

类似于相容性概念,收敛性概念也有两种定义方式。

定义 2.5 设 u 是差分格式的数值解,$[u]$ 是定解问题的真解。当网格参数 Δx 和 Δt 趋于零[①]时,若对于计算区域的任意位置 $(x_\star, t^\star)$,均存在相应的网格点序列及其数值解序列,使得

$$x_{j(\Delta t)} \to x_\star, \quad t^{n(\Delta t)} \to t^\star, \quad u^{n(\Delta t)}_{j(\Delta t)} \to [u](x_\star, t^\star), \tag{2.67}$$

则称差分格式 **(逐点) 收敛** 于定解问题。

当 Δx 和 Δt 趋于零时,离散网格点必将逐渐充满计算区域。若任意网格点的数值解均收敛到相应位置的真解,则真解 $[u]$ 的连续性足以保证差分格式具有逐点收敛性。因此,定义 2.5 常常被简化为:当 Δx 和 Δt 趋于零时,有

$$e^n_j \equiv [u]^n_j - u^n_j \to 0, \quad \forall j \forall n, \tag{2.68}$$

即数值误差在任意网格点上都趋于零。

引进范数度量数值误差,差分格式的 (整体) 收敛性定义如下。

定义 2.6 给定离散范数 $\|\cdot\| = \|\cdot\|_{\Delta x}$。当 Δx 和 Δt 趋于零时,若数值误差 (空间) 网格函数 $e^n = \{e^n_j\}_{\forall j}$ 满足

$$\|e^n\| \to 0, \quad \forall n,$$

则称差分格式按 $\|\cdot\|$ 模**收敛**于定解问题。若存在不可改善的两个正数 m_1 和 m_2,使得

$$\|e^n\| = \mathcal{O}((\Delta x)^{m_1} + (\Delta t)^{m_2}), \quad \forall n,$$

则称差分格式按 $\|\cdot\|$ 模具有 (m_1, m_2) **阶精度**(或者误差)。

针对收敛性概念,收敛分析 (convergence analysis) 和误差估计 (error estimate) 是常常被混用的两个术语。事实上,它们存在细微的差别,特别是真解的光滑性假定。通常,收敛分析的要求偏低,而误差估计的要求偏高。

论题 2.11 设模型问题 (HP)、(HD) 和 (HI) 的真解足够光滑,建立相应古典格式的最大模误差估计。

答:以模型问题 (HP) 的全显格式为例。注意到差分格式的线性结构,利用逐点相容性概念,可得误差方程

$$e^{n+1}_j = \mu a(e^n_{j-1} + e^n_{j+1}) + (1 - 2\mu a)e^n_j + \Delta t \tau^n_j, \quad \forall j \forall n, \tag{2.69}$$

其中 τ^n_j 是局部截断误差,参见 (2.11)。假设 $[u_{xxxx}]$ 在 $[0,1] \times [0,T]$ 上连续有界,则

$$\max_{\forall j \forall n} |\tau^n_j| = \mathcal{O}((\Delta x)^2 + \Delta t).$$

[①] Δt 应理解为趋于零的任意序列,且 Δx 和 Δt 沿着某条路径趋于零。

注意到误差方程 (2.69) 同数值格式的表述极其相似, 我们可以仿照右端稳定性概念的论证过程, 建立相邻时刻的误差度量递推关系式。

当 $\mu a \leqslant 1/2$ 时, 位于 (2.69) 右端关于误差函数的三个系数都是非负的, 且总和不超过 1。注意到误差函数的周期性, 有

$$\|e^{n+1}\|_\infty \leqslant \|e^n\|_\infty + \Delta t \max_{\forall j} |\tau_j^n|.$$

利用数学归纳法, 可知①

$$\|e^n\|_\infty \leqslant \|e^0\|_\infty + \sum_{m=0}^{n-1} \max_{\forall j} |\tau_j^m| \Delta t, \quad n\Delta t \leqslant T.$$

注意到 $\|e^0\|_\infty = 0$ 和 $n\Delta t \leqslant T$, 模型问题 (HP) 的全显格式满足

$$\max_{n\Delta t \leqslant T} \|e^n\|_\infty = \mathcal{O}((\Delta x)^2 + \Delta t). \tag{2.70}$$

换言之, 全显格式的最大模误差阶是 (2,1), 恰好等于它的相容阶。 □

注释 2.12 若真解的光滑性很差, 例如四阶空间导数在整个求解区域上是无界的, 则上述误差分析路线将会失效。此时需要采用其他策略, 具体内容参见 §3.3.2。

2.5.2 Lax-Richtmyer 等价定理

至此, 双层格式的相容性、稳定性和收敛性概念, 都已经介绍完毕。下面给出三个重要的注释。

(1) **它们同加密路径有关**。若上述三个数值概念同加密路径无关, 则称其是无条件的; 否则, 称其是有条件的。

(2) **它们和网格函数的度量方式有关**。一个差分格式可以在某个范数的度量下是相容/稳定/收敛的, 但是在其他范数的度量下却是不相容/不稳定/不收敛的。

(3) **它们的分析难度不同**。通常来讲, 相容性概念是最易的, 而收敛性概念是最难的。

在结束本章内容之前, 让我们指出上述三个数值概念的重要联系。也许, 有些读者已经发现: 古典格式的收敛性和稳定性具有相似的论证过程, 且它们的时空约束条件相同, 误差阶和相容阶也相同。事实上, 这个结论不是偶然的, 而是普遍成立的。早在 1956 年, 著名的 **Lax-Richtmyer 等价定理**②就已经指出:

> 假设线性微分方程定解问题是适定的。若线性差分格式是相容的, 则稳定性和收敛性是等价的, 且误差阶不低于相容阶。

简而言之, 相容性和稳定性蕴含收敛性。

---

①若求和号的上标大于下标, 则它等于零。

②Lax P D, Richtmyer R D. *Survey of the stability of linear finite difference equations*. Communications on Pure and Applied Mathematics, 1956, 9: 267~293.

📌 **注释 2.13** 对于 Lax-Richtmyer 等价定理，其充分性证明比较简单，类似于前面的误差分析过程；因篇幅限制，此处不再赘述。但是，其必要性证明则略显复杂，需要利用泛函分析的共鸣定理。详细证明可参见文献[12]。

本书以相容性和稳定性两个概念为主要分析目标。若无特殊原因，烦琐的收敛性证明常常被省略。

习 题

2.1 计算全隐格式 (1.7) 的局部截断误差阶。

2.2 任意取定 Taylor 展开的中心，证明全显格式 (1.5) 的局部截断误差阶是不变的。

2.3 考虑模型问题 (HD)，讨论全隐格式 (1.10) 分别在最大模和 L^2 模度量下的整体相容性。

2.4 对于高阶格式，右端项的数值离散需要小心谨慎。考虑带源项的热传导方程 $u_t = u_{xx} + f$，其中 f 是已知函数。证明：若网比 μ 是固定的常数，则 Hermite 格式

$$\left(1 + \frac{1}{12}\delta_x^2\right)(u_j^{n+1} - u_j^n) = \frac{1}{2}\mu\delta_x^2(u_j^{n+1} + u_j^n) + \frac{1}{2}\Delta t\left[f_j^{n+1} + \left(1 + \frac{1}{6}\delta_x^2\right)f_j^n\right] \quad (2.71)$$

的局部截断误差是 $\mathcal{O}((\Delta x)^4)$。

2.5 考虑零边值的模型问题 (HD)，建立古典格式的最大模初值稳定性结论。

2.6 验证 (2.38)。

2.7 补充论题 2.11 未给出的误差证明过程。

2.8 已知非等距分布的离散模板 $\{x_{j-1}, x_j, x_{j+1}\}$，其中

$$x_{j-1} = x_j - s_{-1}\Delta x, \quad x_{j+1} = x_j + s_1\Delta x.$$

这里，$s_{\pm 1} \in (0, 1]$ 为给定的两个正数，Δx 是空间步长。利用待定系数方法，建立 $[u_{xx}]_j$ 的有限差商离散，并验证其相容阶。

2.9 给定等距分布的网格点 x_{j-1}, x_j, x_{j+1} 和 x_{j+2}，设空间步长是 Δx。利用待定系数方法，分别建立 $[u_{xxx}]$ 在 x_j 和 $x_j + \Delta x/2$ 处的差商离散。

2.10 验证 (2.29) 和 (2.30)。

2.11 当 $f \equiv 0$ 时，Hermite 格式 (2.71) 也称为 Douglas 格式。证明：当网比 $\mu \in [1/6, 5/6]$ 时，Douglas 格式保持离散最大模原理。

2.12 考虑零边值的模型问题 (HD)，其中 $f \equiv 0$。分别利用直接矩阵方法和分离变量方法，讨论全显格式 (1.9) 的 L^2 模稳定性。

2.13 证明 Parseval 恒等式 (2.55)。

2.14 利用 Fourier 方法，判断全隐格式 $u_j^{n+1} = u_j^n + \mu a \delta_x^2 u_j^{n+1}$ 的 L^2 模稳定性。

2.15 考虑一维反应扩散方程 $u_t = u_{xx} + \alpha u$ 的纯初值问题或周期边值问题，其中 $\alpha = \pm 1$。回答以下问题：

(1) 基于等距时空网格，构造它的全显格式和全隐格式；

(2) 建立相应的 L^2 模稳定性;

(3) 检验数值格式的稳定性表现同偏微分方程的适定性表现是否一致? 若不一致, 能否给出简单的解决方案。

✎ **2.16** 补充论题 2.11 对应其他情形的证明。

第 3 章

热传导方程

本章继续探讨线性常系数热传导方程

$$u_t = au_{xx}, \quad a > 0 \tag{3.1}$$

及其各种定解问题的差分方法。若未指出边界条件，默认它是纯初值问题或者周期边值问题。本章将重点关注相容性、稳定性、计算效率以及初边界条件的离散技术等。为简单起见，设时空网格 $\mathcal{T}_{\Delta x, \Delta t}$ 是等距的，其中 Δx 和 Δt 分别是空间步长和时间步长。网比依旧记为 $\mu = \Delta t/(\Delta x)^2$。

3.1 相 容 性

古典格式的相容阶不高，仅仅是 (2,1) 而已。要达到指定的数值精度，空间网格需足够的密集。对于全显格式，时间步长还需要处于空间步长的平方量级。换言之，古典格式的计算效率差强人意。本节关注于数值格式相容阶的改善，希望利用较粗的网格和较少的工作量，就获得满意的数值结果。

3.1.1 加权平均格式

设 $\theta \in [0,1]$ 是给定的权重。将热传导方程 (3.1) 的两个古典格式组合起来，可得加权平均格式

$$\Delta_t u_j^n = \theta \mu a \delta_x^2 u_j^{n+1} + (1-\theta)\mu a \delta_x^2 u_j^n. \tag{3.2}$$

当 $\theta = 0$ 时，它是全显格式；当 $\theta = 1$ 时，它是全隐格式。由于权重常用 θ 表示，它也称为 θ 格式；参见图 3.1，由于离散模板含有 6 个网格点，它有时也称为六点格式。在某些文献中，它还称作 Rose 格式。

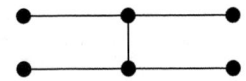

图 3.1 加权平均格式的离散模板

加权平均格式的设计动机是非常朴素的：全显格式和全隐格式在时间方向的局部截断误差主项具有相反的符号，两个格式的线性组合应当可以正负抵消部分低阶误差。

论题 3.1 计算加权平均格式 (3.2) 的局部截断误差。

答：将网格点值按照某种对称方式进行分组，相应的推导过程可以略显轻松。此时，加权平均格式的局部截断误差是

$$\tau_j^n = \frac{1}{\Delta t}\left([u]_j^{n+1} - [u]_j^n\right)$$
$$- \frac{a}{(\Delta x)^2}\left[\frac{1}{2}\delta_x^2\left([u]_j^{n+1} + [u]_j^n\right) + \left(\theta - \frac{1}{2}\right)\delta_x^2\left([u]_j^{n+1} - [u]_j^n\right)\right],$$

其中 $[u]$ 是热传导方程 (3.1) 的真解。

以 $(x_j, t^{n+1/2})$ 为展开中心，其中 $t^{n+1/2} = (t^n + t^{n+1})/2$ 是中间时刻。利用移位算子和符号演算技巧，有

$$[u]_j^{n+1} - [u]_j^n = \left[e^{\frac{\Delta t}{2}\mathcal{D}_t} - e^{-\frac{\Delta t}{2}\mathcal{D}_t}\right][u]_j^{n+\frac{1}{2}},$$

$$\delta_x^2([u]_j^{n+1} \pm [u]_j^n) = \left[e^{\frac{\Delta t}{2}\mathcal{D}_t} \pm e^{-\frac{\Delta t}{2}\mathcal{D}_t}\right]\left[e^{-\Delta x \mathcal{D}_x} - 2 + e^{\Delta x \mathcal{D}_x}\right][u]_j^{n+\frac{1}{2}},$$

其中 $\mathcal{D}_t$ 和 $\mathcal{D}_x$ 是相应方向的微分算子。利用符号演算技巧，写出所有指数的 Taylor 展开公式。代入局部截断误差的定义，利用热传导方程 (3.1) 进行化简和整理，可得

$$\tau_j^n = -\Delta t \left(\theta - \frac{1}{2}\right)[\mathcal{D}_t^2 u]_j^{n+\frac{1}{2}} - \frac{a(\Delta x)^2}{12}[\mathcal{D}_x^4 u]_j^{n+\frac{1}{2}} + \mathcal{O}((\Delta x)^4 + (\Delta t)^2).$$

换言之，加权平均格式至少具有 (2,1) 阶局部截断误差。 □

在局部截断误差的表达式中，等号右端的前两项就是主项部分。若采取适当的方式，让前两项整体或者部分消失为零，即可得到高阶相容的差分格式：

(1) 令 $\theta = 1/2$，相应的加权平均格式

$$\Delta_t u_j^n = \frac{1}{2}\mu a(\delta_x^2 u_j^{n+1} + \delta_x^2 u_j^n) \tag{3.3}$$

就是著名的 Crank-Nicolson (CN) 格式①。它无条件具有 (2,2) 阶局部截断误差。

事实上，CN 格式的构造可以解读如下：在中心 $(x_j, t^{n+1/2})$ 处，利用**算术平均和中心离散技术**，建立时间导数和空间导数的对称离散。换言之，对称离散在精度阶方面具有优势。

(2) 注意到 $[\mathcal{D}_t^2 u] = a^2[\mathcal{D}_x^4 u]$，将局部截断误差的表达式改写为

$$\tau_j^n = -\Delta t \left[\frac{1}{12\mu a} + \theta - \frac{1}{2}\right][\mathcal{D}_t^2 u]_j^{n+1/2} + \mathcal{O}((\Delta x)^4 + (\Delta t)^2).$$

若等距时空网格满足

$$\mu a = [6(1 - 2\theta)]^{-1}, \tag{3.4}$$

则相应的加权平均格式就是著名的 Douglas 格式②③。其局部截断误差满足 $\tau_j^n = \mathcal{O}((\Delta x)^4)$，达到**整体四阶相容**。

利用 Lax-Richtmyer 等价定理可知：若 CN 格式和 Douglas 格式是稳定的，则它们将具有高阶精度。

⌇ 论题 3.2 讨论加权平均格式 (3.2) 的 L^2 模稳定性。

---

①Crank J, Nicolson P. *A practical method for numerical evaluation of solutions of partial differential equations of the heat-conduction type*. Proc. Camb. Philos. Soc., 1947, 43: 50~67.

②Crandall S H. *An optimum implicit recurrence formula for the heat conduction equation*. Quarterly of Applied Mathematics, 1955, 13(1): 318~320.

③Douglas J J. *The solution of the diffusion equation by a high order correct difference equation*. Studies in Applied Mathematics, 1956, 35(1-4): 145~151.

3.1 相容性

答：设 $k \in \Re$ 是任意波数。将模态解 $u_j^n = \lambda^n e^{ikj\Delta x}$ 代入 (3.2)，简单计算可得增长因子

$$\lambda = \lambda(k) = \frac{1 - 4\mu a(1-\theta)\sin^2(\frac{1}{2}k\Delta x)}{1 + 4\mu a\theta\sin^2(\frac{1}{2}k\Delta x)}. \tag{3.5}$$

注意到增长因子没有显式出现 Δt，加权平均格式具有 L^2 模稳定性的充要条件是严格的 von Neumann 条件，即 $|\lambda(k)| \leqslant 1$ 或者等价的

$$-1 - 4\mu a\theta s \leqslant 1 - 4\mu a(1-\theta)s \leqslant 1 + 4\mu a\theta s,$$

其中 $s = \sin^2\left(\frac{1}{2}k\Delta x\right) \in [0,1]$。显然，右端不等式恒成立，而左端不等式成立的充要条件是

$$\mu a(1 - 2\theta) \leqslant 1/2. \tag{3.6}$$

因此，当且仅当 (3.6) 成立时，加权平均格式 (3.2) 具有 L^2 模稳定性。具体来说，就是：当 $\theta < 1/2$ 时，它称作偏显格式，是有条件稳定的；当 $\theta \geqslant 1/2$ 时，它称作偏隐格式，是无条件稳定的。 □

特别地，CN 格式无条件具有 L^2 模稳定性和高阶相容性，是非常理想的数值格式。因此，它的应用相当广泛。

论题 3.3 讨论加权平均格式 (3.2) 的最大模稳定性。

答：仿照古典格式的论证过程，继续采用离散最大模原理，探讨加权平均格式的最大模稳定性。为此，将 (3.2) 改写为

$$(1 + 2\theta\mu a)u_j^{n+1} = \theta\mu a\left[u_{j-1}^{n+1} + u_{j+1}^{n+1}\right] \\ + \left[1 - 2(1-\theta)\mu a\right]u_j^n + (1-\theta)\mu a\left[u_{j-1}^n + u_{j+1}^n\right]. \tag{3.7}$$

若网比满足

$$\mu a(1-\theta) \leqslant 1/2, \tag{3.8}$$

则差分方程 (3.7) 的右端系数都是非负的。设 $|u_{j_\star}^{n+1}| = \|u^{n+1}\|_\infty$，有

$$(1 + 2\theta\mu a)\|u^{n+1}\|_\infty = (1 + 2\theta\mu a)|u_{j_\star}^{n+1}| \\ \leqslant 2\theta\mu a\|u^{n+1}\|_\infty + \left[|1 - 2(1-\theta)\mu a| + 2|(1-\theta)\mu a|\right]\|u^n\|_\infty \\ \leqslant 2\theta\mu a\|u^{n+1}\|_\infty + \|u^n\|_\infty,$$

即离散最大模原理成立。因此，当 (3.8) 成立时，有

$$\|u^{n+1}\|_\infty \leqslant \|u^n\|_\infty \leqslant \cdots \leqslant \|u^0\|_\infty, \quad \forall n,$$

加权平均格式具有最大模稳定性[①]。具体来讲，就是：只有全隐格式 ($\theta = 1$) 是无条件的，其他格式都是有条件的。 □

上述两个论题表明：加权平均格式的稳定性结论同网格函数的度量方式有关，这个性质明显地不同于前面的古典格式。

---

① 此时，离散最大模原理仅仅是格式最大模稳定的充分条件。事实上，时空约束条件 (3.8) 可以放宽到 (3.6)。但是，相应的稳定性结论要放宽到 $\|u^n\|_\infty \leqslant K\|u^0\|_\infty$，其中的界定常数要大于 1。已知的最佳结果是 $K = 23$。

注释 3.1　对于 Dirichlet 边值问题 (HD)，若真解的二阶时间导数保持符号不变，则古典格式的数值误差也具有固定的符号，形成所谓的单侧逼近性质[①]。全显格式和全隐格式的数值误差具有截然不同的符号，正负误差的相互抵消可以提高数值解的准确程度。这也是加权平均格式的设计动机之一。

注释 3.2　无论是局部截断误差阶，还是单侧逼近性质，都充分展现出下面的数值观点：细致的数值观察和理论分析，不仅可以挖掘已有格式的优点，还可以提供相应的改良途径。

在结束本节之前，不妨简单讨论一下高阶格式相对于低阶格式的数值优势。面对实际问题，数值计算的首要任务是建立或者选择恰当的数值格式。数值精度、计算效率、编程难度以及当前的计算环境，都是值得考虑的重要因素。

论题 3.4　就数值精度而言，最直接的一个问题是：当时空网格给定时，高阶格式的数值误差肯定小于低阶格式吗？

答：答案是否定的。例如，当 $\mu a = 1/4$ 时，全显格式 ($\theta = 0$) 和 Douglas 格式 ($\theta = 1/6$) 都是稳定的。由 Lax-Richtmyer 等价定理可知，全显格式的数值误差 $e_{\exp}$ 和 Douglas 格式的数值误差 e_{Douglas}，可以用相应的局部截断误差来控制，即

$$\|e^n_{\exp}\| \approx C_1(\Delta x)^2, \quad \|e^n_{\text{Douglas}}\| \approx C_2(\Delta x)^4, \quad \forall n,$$

其中界定常数 C_1 同真解的四阶空间导数有关，而界定常数 C_2 同真解的六阶空间导数有关。若真解的光滑度较差，使得 $C_1 \ll C_2$，则粗糙网格可以导致 $C_1(\Delta x)^2 < C_2(\Delta x)^4$，造成 Douglas 格式的数值误差更大。只有当离散网格足够密集时，高阶格式的数值优势才会真正体现出来。 □

上述论证说明：根据已有的偏微分方程理论、实验数据或者数值经验，事先判断出真解的光滑程度，找到同计算环境匹配的最佳 (或者理想的) 格式，是一个非常重要的前期准备工作。

[①] 关于全显格式的证明就是简单的数学归纳法，详略。关于全隐格式的证明是由 Saúyet(1963) 最早给出的，需要利用差分格式的**强最大值原理**：

> 考虑空间网格 $\{x_j\}_{j=0}^J$ 上的差分格式
> $$-a_j u_{j-1} + b_j u_j - c_j u_{j+1} = f_j, \quad j = 1:J-1,$$
> 其中 a_j, b_j, c_j 均为正数，且 $b_j \geqslant a_j + c_j$。若 f_j 处处非正 (负)，则正 (负) 的最大 (小) 值不会出现在内部网格点。

记 τ_j^n 是局部截断误差，全隐格式的数值误差 $\{e_j^n\}_{j=0:J}^{n=0:N}$ 满足

$$-\mu a e_{j-1}^{n+1} + (1+2\mu a)e_j^{n+1} - \mu a e_{j+1}^{n+1} = e_j^n + \Delta t \tau_j^n, \quad j = 1:J-1. \tag{3.9}$$

设真解充分光滑，且具有保号性质 $[u_{tt}] > 0$。因此，当 Δx 和 Δt 适当小时，必有 $\tau_j^n \leqslant 0$。下面利用数学归纳法，证明 $e_j^n \leqslant 0$ 恒成立。显然 $e_j^0 \equiv 0$。假设已证 $e_j^n \leqslant 0$，则 (3.9) 的右端项是非正的。注意到 (3.9) 满足强最大值原理，由 $e_0^{n+1} = e_J^{n+1} = 0$ 可知 $e_j^{n+1} \leqslant 0$，其中 $j = 1:J-1$。即证。

3.1.2 三层格式

要改善差分格式的相容性,主要策略有两种。其一是直接提高各个导数的离散相容阶;其二是综合考虑多个导数离散的相互影响,例如 CN 格式和 Douglas 格式。第一种设计思路是相对简单的。理论上讲,只要扩张离散模板,即可实现导数离散的高阶相容。对于空间导数而言,离散模板的扩张可以轻松实现。对于时间导数而言,离散模板的扩张将导致多个时间层出现在差分格式中,相应的格式将产生崭新的数值问题。

1. Richardson 格式及其 Fourier 方法

最简单的多层格式是三层格式。对于热传导方程 (3.1),非常自然的想法是利用一阶中心差商离散时间导数,利用二阶中心差商离散空间导数,可得 Richardson (1910) 格式

$$u_j^{n+1} = u_j^{n-1} + 2\mu a \delta_x^2 u_j^n. \tag{3.10}$$

显然,它是显式格式,无条件具有 (2,2) 阶局部截断误差。参见图 3.2 的离散模板,它也称为实心十字架格式。

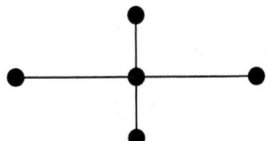

图 3.2 格式的离散模板

虽然 Richardson 格式是高阶相容的,但是它无法用于大规模的数值计算。作为一个著名的反面教材,它让数值工作者充分意识到**数值稳定**的重要性。换言之,数值格式不能一味追求高阶相容性表现,还要同时兼顾良好的稳定性表现。

要建立 Richardson 格式的 L^2 模稳定性结论,不妨采用三层格式的 Fourier 方法。在等距时空网格上,线性常系数标量型三层格式可以表示为

$$\sum_{s=-l_1}^{r_1} a_s^{(1)} u_{j+s}^{n+1} = \sum_{s=-l_0}^{r_0} a_s^{(0)} u_{j+s}^n + \sum_{s=-l_{-1}}^{r_{-1}} a_s^{(-1)} u_{j+s}^{n-1}, \quad \forall j \forall n, \tag{3.11}$$

其中 $\{l_\kappa, r_\kappa\}_{\kappa=-1:1}$ 是给定的非负整数,$\{a_s^{(\kappa)}\}_{\kappa=-1:1}^{s=-l_\kappa:r_\kappa}$ 是差分系数,同网格函数和网格点位置均无关,但可能同网格参数有关。无论它对应纯初值问题或者周期边值问题,相应的 Fourier 方法都包括下面三个操作步骤:

第一步是双层格式的转化过程。 引进辅助网格函数 v^n,定义向量型网格函数

$$\boldsymbol{w}^n = (u^n, v^n)^{\mathrm{T}},$$

将标量型三层格式 (3.11) 改写为等价的向量型双层格式

$$\sum_{s=-l_1'}^{r_1'} \mathbb{A}_s^{(1)} \boldsymbol{w}_{j+s}^{n+1} = \sum_{s=-l_0'}^{r_0'} \mathbb{A}_s^{(0)} \boldsymbol{w}_{j+s}^n, \tag{3.12}$$

其中 $\{\mathbb{A}_s^{(\kappa)}\}_{\kappa=0:1}^{s=-l'_\kappa:r'_\kappa}$ 是给定的二阶矩阵, 同网格函数 $\boldsymbol{w}$ 和网格点位置均无关, 但可能同网格参数有关.

辅助网格函数的定义是不唯一的, 最常用的是 $v^n = u^{n-1}$.

标量型三层格式 (3.11) 的 L^2 模稳定性概念表述如下: 存在固定的正常数 K_1, 使得

$$\|u^n\|_2 \leqslant K_1(\|u^0\|_2 + \|u^1\|_2), \quad \forall n. \tag{3.13a}$$

向量型双层格式 (3.12) 的 L^2 模稳定性概念表述如下: 存在固定的正常数 K_2, 使得

$$\|\boldsymbol{w}^n\|_2 \leqslant K_2 \|\boldsymbol{w}^0\|_2, \quad \forall n, \tag{3.13b}$$

其中

$$\|\boldsymbol{w}^n\|_2 = (\|u^n\|_2^2 + \|v^n\|_2^2)^{1/2}.$$

注意到辅助网格函数的定义, 可知 (3.13) 的两个不等式可以互相导出. 换言之, 标量型三层格式 (3.11) 同向量型双层格式 (3.12) 的 L^2 模稳定性是彼此等价的.

第二步是确定 L^2 模稳定的必要条件. 将 (向量型) 模态解

$$\boldsymbol{w}_j^n = \hat{\boldsymbol{w}}^n \mathrm{e}^{\mathrm{i}kj\Delta x}, \quad k \in \Re \tag{3.14}$$

代入到向量型双层格式 (3.12), 其中 $\hat{\boldsymbol{w}}^n = \hat{\boldsymbol{w}}^n(k) = (\hat{u}^n, \hat{v}^n)^\mathrm{T}$ 是 k 波数的简谐波在 t^n 时刻的振幅①向量, 可得

$$\hat{\boldsymbol{w}}^{n+1} = \mathbb{G}\hat{\boldsymbol{w}}^n, \quad \forall n, \tag{3.15}$$

其中 $\mathbb{G} = \mathbb{G}(k; \Delta t)$ 称为数值格式的**增长矩阵**.

设 $T > 0$ 是给定的终止时刻. 回顾 §2.4 的 Fourier 方法基本理论, 可知向量型双层格式 (3.12) 具有 L^2 模稳定性的充要条件是: 存在 (可能同 T 有关) 的固定常数 $K > 0$, 使得当 Δt 充分小时, 有

$$\|\mathbb{G}^n\|_{2,M} \leqslant K, \quad \forall n : n\Delta t \leqslant T, \quad \forall k, \tag{3.16}$$

其中

$$\|\mathbb{G}^n\|_{2,M} = \max_{g \neq 0} \frac{\|\mathbb{G}^n g\|_{2,M}}{\|g\|_{2,M}} = \sqrt{\rho((\mathbb{G}^n)^\mathrm{H} \mathbb{G}^n)}$$

是增长矩阵的谱范数.

注意到增长矩阵 $\mathbb{G}$ 的特征信息, 由 (3.16) 可得著名的 **von Neumann 条件**: 当 Δt 适当小时, 恒有

$$\rho(\mathbb{G}) \leqslant 1 + C\Delta t, \quad \forall k, \tag{3.17}$$

其中的界定常数 $C > 0$ 同 k 和 Δt 均无关. 它是向量型双层格式 (3.12) 具有 L^2 模稳定性的必要条件.

类似地, 若增长矩阵的表达式没有显式出现时间步长 Δt, 则 von Neumann 条件 (3.17) 的界定常数可取为 $C = 0$. 以示区别, 称其为严格的 von Neumann 条件, 即任意波数的增长矩阵特征值按模均不超过 1, 永远不会落在复平面的闭单位圆外面.

---

① 略去了因子 $1/\sqrt{2\pi}$.

3.1 相 容 性

论题 3.5 Richardson 格式 (3.10) 是无条件线性 L^2 模不稳定的。换言之，对于任意的网比 $\mu > 0$，它都不具有 L^2 模稳定性。

答：令 $v^n = u^{n-1}$，定义向量型函数 $\boldsymbol{w}^n = (u^n, v^n)^{\mathrm{T}}$，将标量型三层 Richardson 格式 (3.10) 改写为向量型双层格式

$$\boldsymbol{w}_j^{n+1} = \begin{bmatrix} 2\mu a & 0 \\ 0 & 0 \end{bmatrix} (\boldsymbol{w}_{j-1}^n + \boldsymbol{w}_{j+1}^n) + \begin{bmatrix} -4\mu a & 1 \\ 1 & 0 \end{bmatrix} \boldsymbol{w}_j^n. \tag{3.18}$$

代入模态解 (3.14)，简单计算可得增长矩阵

$$\mathbb{G}(k; \Delta t) = \begin{bmatrix} -8\mu a \sin^2(\frac{1}{2} k\Delta x) & 1 \\ 1 & 0 \end{bmatrix},$$

相应的两个特征值为

$$\lambda_{1,2} = -4\mu a \sin^2\left(\frac{1}{2} k\Delta x\right) \pm \sqrt{1 + 16\mu^2 a^2 \sin^4\left(\frac{1}{2} k\Delta x\right)}.$$

显然，存在某些波数 k，使得 $\sin^2\left(\frac{1}{2} k\Delta x\right) > \frac{1}{2}$。因此，有

$$\max(|\lambda_1|, |\lambda_2|) > \mu a + \sqrt{1 + \mu^2 a^2} > 1 + \mu a.$$

换言之，von Neumann 条件不成立，Richardson 格式在 L^2 模度量下是不稳定的。 □

第三步是确定 L^2 模稳定的充分条件。通常，von Neumann 条件 (3.17) 仅仅是向量型差分格式 (或者多层格式) 具有 L^2 模稳定性的必要条件，不是充分条件。只有在适当的条件下，von Neumann 条件才会导出 (3.16)，使得格式具有 L^2 模稳定性。

基于上述目标，Kreiss (1962) 和 Buchanan (1963) 建立了一系列的研究结果，统称为 Kreiss 定理。因篇幅有限，下面仅仅罗列部分结果。

定理 3.1 当 Δt 充分小时，二阶增长矩阵 $\mathbb{G}(k; \Delta t)$ 是正规的，即

$$\mathbb{G}^{\mathrm{H}} \mathbb{G} = \mathbb{G} \mathbb{G}^{\mathrm{H}},$$

则 von Neumann 条件 (3.17) 可以导出 (3.16)。

定理 3.2 当 Δt 充分小时，二阶增长矩阵 $\mathbb{G}(k; \Delta t)$ 的所有元素关于波数 k 保持一致有界，且按模较小的特征值满足条件

$$|\lambda_2| \leqslant \delta < 1, \quad \forall k \in \Re,$$

其中 δ 是给定的正数，则 von Neumann 条件 (3.17) 可以导出 (3.16)。

定理 3.3 当 Δt 充分小时，二阶增长矩阵 $\mathbb{G}(k; \Delta t)$ 具有完备的单位特征向量组，按列组合形成矩阵 $\mathbb{Q}(k, \Delta t)$。若行列式满足

$$|\det \mathbb{Q}(k, \Delta t)| \geqslant \delta > 0, \quad \forall k \in \Re,$$

其中 δ 是给定的正数，则 von Neumann 条件 (3.17) 可以导出 (3.16)。

定理 3.4　假设增长矩阵同 Δt 无关，即 $\mathbb{G}(k;\Delta t)=\widetilde{\mathbb{G}}(\xi)$，其中

$$\xi = k\Delta x,$$

且 $\Delta x=\sqrt{\Delta t/\mu}$ 或者 $\Delta x=\Delta t/\nu$。这里，μ 和 ν 是给定的正常数，前者是抛物型方程的网比，后者是双曲型方程的网比。对于任意给定的 $\xi\in\Re$，如果下列条件之一成立：

(1) $\widetilde{\mathbb{G}}(\xi)$ 的特征值是互异的；

(2) 存在某个正整数 s，使得：

— 当 $m=0:s-1$ 时，导数矩阵 $\widetilde{\mathbb{G}}^{(m)}(\xi)$ 都是数量矩阵；

— $\widetilde{\mathbb{G}}^{(s)}(\xi)$ 有互异的特征值；

(3) 谱半径满足 $\rho(\widetilde{\mathbb{G}}(\xi))<1$，

则 von Neumann 条件 (3.17) 可以导出 (3.16)。

Kreiss 定理 3.1 ∼ 3.3 的证明是容易的，请自行补充或参阅文献 [9]。Kreiss 定理 3.4 的证明略繁，有兴趣的读者可参见文献 [4]。

注释 3.3　当严格的 von Neumann 条件成立时，三层格式依旧产生 L^2 模不稳定现象的主要原因有两点：

(1) 单位圆周上的重特征值造成特征空间的亏欠。相应的简谐波振幅将按照 $\mathcal{O}(n)$ 的方式趋于无穷。

(2) 增长矩阵对角化过程的相似变换矩阵缺乏整体的一致性。例如，定理 3.3 的条件不成立。

利用 Lax-Richtmyer 等价定理可知：若数值解收敛，则它一定不会收敛到真解。不同于违背 von Neumann 条件的数值表现，此时的振幅增长速度是缓慢的，相应的数值不稳定现象常常被忽略，相应的数值结果被错误地认为是可信的。

注释 3.4　直接将模态解 $u_j^n=\lambda^n \mathrm{e}^{\mathrm{i}kj\Delta x}$ 代入多层格式，利用简单的代数演算可知，不同时刻的简谐波振幅 $\{\lambda^n\}_{\forall n\geqslant 0}$ 满足某个高阶差分方程。例如，对于 Richardson 格式，有

$$\lambda^{n+1}+8\mu a\sin^2\left(\frac{1}{2}k\Delta x\right)\lambda^n-\lambda^{n-1}=0.$$

此时，由差分方程导出的特征方程

$$\lambda^2+8\mu a\sin^2\left(\frac{1}{2}k\Delta x\right)\lambda-1=0$$

就是增长矩阵的特征方程，它的根就是增长矩阵的特征值。但是，在某些临界状态 (例如模为 1 的重特征根) 下，特征方程给出的特征值信息无法准确刻画简谐波振幅的变化情况，特别是出现模 1 的重特征值时。此时，我们可以借用常微分方程的多步法分析技巧，判断 λ^n 的真实增长情况。相应的分析过程等同于多层格式的 Fourier 方法。

事实上，Fourier 方法适用于任意层数的格式。当然，Kreiss 定理要推广到相应的高阶增长矩阵。详略。

3.1 相容性

2. Du Fort-Frankel 格式

下面给出一些实用的三层格式。最著名的格式是虚化 Richardson 格式的中心点值 u_j^n，将其替换为相邻时刻网格点值的算术平均值 $(u_j^{n+1}+u_j^{n-1})/2$，即 Du Fort-Frankel (DF) 格式[①]

$$u_j^{n+1} = u_j^{n-1} + 2\mu a(u_{j-1}^n - u_j^{n+1} - u_j^{n-1} + u_{j+1}^n). \tag{3.19}$$

注意到离散模板的形状，它也称作空心十字架格式。

论题 3.6 讨论 DF 格式 (3.19) 的局部截断误差。

答：DF 格式是 Richardson 格式的修正，即

$$\frac{u_j^{n+1} - u_j^{n-1}}{2\Delta t} = a\frac{\delta_x^2 u_j^n}{(\Delta x)^2} - \frac{a(\Delta t)^2}{(\Delta x)^2}\frac{\delta_t^2 u_j^n}{(\Delta t)^2}. \tag{3.20}$$

利用 Richardson 格式的相容性结果可知，DF 格式的局部截断误差是

$$\tau_j^n = \mathcal{O}\Big((\Delta x)^2 + (\Delta t)^2 + \frac{(\Delta t)^2}{(\Delta x)^2}\Big).$$

当 $\Delta t/(\Delta x)^2$ 固定时，局部截断误差是 $\mathcal{O}((\Delta x)^2)$；当 $\Delta t/\Delta x$ 固定时，局部截断误差是 $\mathcal{O}(1)$。换言之，相容性结论依赖于加密路径，即 DF 格式是有条件相容的。 □

观察 (3.20) 的局部截断误差，可知：同热传导方程 (3.1) 相比，DF 格式更加靠近一个含有网格参数的偏微分方程，即

$$u_t = au_{xx} - \mu a \Delta t u_{tt}.$$

对于给定的网格参数 Δx 和 Δt，它属于电报方程，具有更加健壮的适定性结果，故而我们可以大胆猜测 DF 格式的稳定性表现要强于 Richardson 格式。事实上，上述论证已经展现出修正方程的基本思想；详细内容见 §9.2。

论题 3.7 DF 格式 (3.19) 无条件具有 L^2 模稳定性。

答：令 $v_j^n = u_j^{n-1}$，定义向量型网格函数 $\boldsymbol{w}_j^n = (u_j^n, v_j^n)^\mathrm{T}$，将 DF 格式改写为向量型双层格式

$$\begin{bmatrix} 1+2\mu a & 0 \\ 0 & 1 \end{bmatrix}\boldsymbol{w}_j^{n+1} = \begin{bmatrix} 2\mu a & 0 \\ 0 & 0 \end{bmatrix}(\boldsymbol{w}_{j-1}^n + \boldsymbol{w}_{j+1}^n) + \begin{bmatrix} 0 & 1-2\mu a \\ 1 & 0 \end{bmatrix}\boldsymbol{w}_j^n.$$

简单计算可得增长矩阵

$$\mathbb{G}(k,\Delta t) = \frac{1}{1+2\mu a}\begin{bmatrix} 4\mu a\cos k\Delta x & 1-2\mu a \\ 1+2\mu a & 0 \end{bmatrix}$$

和特征方程

$$\lambda^2 - \frac{4\mu a\cos k\Delta x}{1+2\mu a}\lambda - \frac{1-2\mu a}{1+2\mu a} = 0. \tag{3.21}$$

[①] Du Fort E C, Frankel S P. *Stability conditions in the numerical treatment of parabolic differential equations*. Math. Tables and Other Aids to Computation, 1953, 7(43): 135~152.

此时，利用特征值的具体表达式，或者利用特征方程的系数结构①，都可以建立两个特征值按模均不超过 1 的充要条件。由于特征方程 (3.21) 的系数满足

$$\left|\frac{4\mu a \cos k\Delta x}{1+2\mu a}\right| \leqslant 1 - \frac{1-2\mu a}{1+2\mu a} < 2,$$

故而严格 von Neumann 条件无条件成立。利用韦达定理，由 (3.21) 可知

$$|\lambda_1||\lambda_2| = \left|\frac{1-2\mu a}{1+2\mu a}\right| < 1,$$

换言之，Kreiss 定理 3.2 成立，严格 von Neumann 条件是 L^2 模稳定的充要条件。因此，DF 格式无条件具有 L^2 模稳定性。□

注释 3.5 同 Richardson 格式相比，DF 格式展示了算术平均的稳定化作用。这个过程也说明了数值方法研究的特色：数值格式的微弱变化可能造成数值表现的明显差异。

利用 Lax-Richtmyer 等价定理可知，当网比 μ 固定时，DF 格式具有整体二阶误差。因此说，DF 格式是可用的三层格式。

3. 基于双层平均的三层格式

设 $\theta \in [1/2,1]$ 是给定的权重。基于不同的线性插值方式，加权平均两个相邻时刻的空间导数离散，可得下面的三层格式。

(1) 基于内插方式[3]，有

$$u_j^{n+1} = u_j^{n-1} + 2\mu a\left[(1-\theta)\delta_x^2 u_j^n + \theta\delta_x^2 u_j^{n-1}\right]. \tag{3.22}$$

当且仅当 $4\theta\mu a \leqslant 1$ 且与 $\theta \geqslant \dfrac{1}{2}$ 不同时取等号时，它具有 L^2 模稳定性。

(2) 基于外插方式，有

$$u_j^{n+1} = u_j^n + \mu a\left[(1+\theta)\delta_x^2 u_j^n - \theta\delta_x^2 u_j^{n-1}\right]. \tag{3.23}$$

当且仅当 $2(1+2\theta)\mu a \leqslant 1$ 时，它具有 L^2 模稳定性。

这两个格式均无条件具有 $(2,1)$ 阶局部截断误差。特别地，当 $\theta = 1/2$ 时，显式格式 (3.23) 称为外插 Crank-Nicolson 格式，无条件具有 $(2,2)$ 阶局部截断误差。

4. 基于三层平均的三层格式

设 $\theta \in [0,1/2]$ 是给定的权重。将三个相邻时刻的空间导数离散进行对称加权平均，可得加权平均三层格式

$$u_j^{n+1} - u_j^{n-1} = 2\mu a\left[\theta\delta_x^2 u_j^{n+1} + (1-2\theta)\delta_x^2 u_j^n + \theta\delta_x^2 u_j^{n-1}\right]. \tag{3.24}$$

当 $\theta = 0$ 时，它是 Richardson 格式；当 $\theta = 1/2$ 时，它是对应时间步长为 $2\Delta t$ 的 Crank-Nicolson 格式。

显然，加权平均三层格式 (3.24) 无条件具有 $(2,2)$ 阶局部截断误差。可以证明：当且仅当 $\theta \in [1/4,1/2]$ 时，它无条件具有 L^2 模稳定性。否则，它是不稳定的。

---

①对于实系数二次方程 $x^2 + bx + c = 0$，两个根按模均不超过 1 的充要条件是 $|b| \leqslant 1 + c \leqslant 2$。对于复系数二次方程，相应的充要条件较繁；可参阅文献 [3] 中的引理 5.2。

5. BDF 格式

利用常微分方程的 BDF(backward difference formula) 技术离散时间导数,可得热传导方程 (3.1) 的 BDF 格式

$$(1+\theta)(u_j^{n+1} - u_j^n) - \theta(u_j^n - u_j^{n-1}) = \mu a \delta_x^2 u_j^{n+1}, \tag{3.25}$$

其中 $\theta > 0$ 是给定的权重。特别地,当 $\theta = 1/2$ 时,它称为 Richtmyer 格式,无条件具有 $(2,2)$ 阶局部截断误差和 L^2 模稳定性。

6. 三层格式的数值启动

定解问题仅仅提供一个初值 $u(x,0) = u_0(x)$,而三层格式需要两个初值。这是三层格式乃至多层格式无法回避的启动困难。

通常,第零层的初值设置是容易的,譬如 $u_j^0 = u_0(x_j)$。但是,第一层的初值设置需要借用其他方法,例如:

(1) 假设真解充分光滑,偏微分方程在初始时刻也成立。利用时间方向的 Taylor 公式,将初始时刻的时间导数转化为相应的空间信息,定义

$$u_j^1 = u_0(x_j) + a\Delta t u_0''(x_j). \tag{3.26}$$

若二阶导数采用中心差商进行离散,则它恰好就是热传导方程 (3.1) 的全显格式 $u_j^1 = u_j^0 + \mu a \delta_x^2 u_j^0$。

(2) 利用双层格式,数值计算出第一层的初值。事实上,若三层格式具有时间方向的二阶局部截断误差,则启动格式在时间方向达到一阶相容性即可。因此,对于 DF 格式、CN 格式、全显、全隐或者加权平均格式都是可行的选择。

由于使用次数有限,启动格式无须满足时空约束条件。例如,用全显格式启动时,网比可以满足 $\mu a > 1/2$。

上述启动策略是普适的,可以用于任意层数的格式。若无必要,后续内容将不再赘述这个主题。

3.2 计算效率

要想数值格式获得广泛应用,其计算效率也是非常重要的。调整实现细节,重组操作流程以及引入并行机制,都是常用的典型策略。本节重点介绍三个实例:其一,循环交替使用不同的时间步长,改善全显格式的时间推进速度;其二,杂交使用全显格式和全隐格式,降低或者回避隐式计算的操作时间;其三,以非对称格式为补丁结构,改变全隐格式的耦合求解规模,引入相应的本质并行属性。

3.2.1 时间步长的轮替策略

通常,等距网格不是数值计算的最佳选择。如果能够依据真解的局部光滑程度,疏密相间地设置时空网格点[①],则利用同一类型格式达到用户精度要求的整体计算量将会显著地减

[①]换言之,在局部光滑区域设置较为粗糙的网格,而在局部陡峭区域设置较为细密的网格。当然,相应的差分方程也要发生变化。

少，相应的 CPU 时间将会得到大幅度的降低。具体实现过程同网格生成技术和自适应技术紧密相关；因篇幅有限，详略。

下面以热传导方程 (3.1) 的全显格式为例，从时间推进效率的角度，展示非等距网格的数值优势。为简单起见，设空间网格 $\mathcal{T}_{\Delta x}$ 是等距的，时间网格可能是非等距的。对于给定的空间网格，全显格式的单步推进工作量是固定的。若到达终止时刻的时间层数越少，则整体的计算效率越高。

⚓ 论题 3.8 在保证全显格式 L^2 模稳定的前提下，若采用等距时间网格，则可用的最大时间步长是

$$\Delta t_{\max} = (\Delta x)^2/(2a). \tag{3.27}$$

若循环交替使用两个时间步长 Δt_1 和 Δt_2，则可用的 (平均) 时间步长 $(\Delta t_1 + \Delta t_2)/2$ 可以达到 $2\Delta t_{\max}$。

答: 利用 Fourier 方法的基本原理，可知: 在 $\Delta t_1 + \Delta t_2$ 时间发展之后，k 波数的简谐波振幅变化率是

$$\lambda_1(k)\lambda_2(k) = (1 - 4\mu_1 ar)(1 - 4\mu_2 ar),$$

其中 $r = \sin^2(k\Delta x/2) \in [0, 1]$，对应不同时间步长的两个网比是

$$\mu_\ell = \Delta t_\ell/(\Delta x)^2, \quad \ell = 1, 2.$$

格式 L^2 模稳定的充要条件是 von Neumann 条件成立，即

$$\max_{k \in \Re} |\lambda_1(k)\lambda_2(k)| = \max_{r \in [0,1]} |(1 - 4\mu_1 ar)(1 - 4\mu_2 ar)| \leqslant 1. \tag{3.28}$$

在区间 $[0, 1]$ 上，常数项单位化的 Chebyshev 最佳逼近多项式

$$(1 - 4\mu_1 ar)(1 - 4\mu_2 ar) = 8r^2 - 8r + 1$$

就满足 (3.28)。比较两端的系数，可知它蕴含的两个网比满足

$$\mu_{1,2} a = 1 \pm \frac{\sqrt{2}}{2}, \tag{3.29}$$

相应的平均时间步长是 $(\Delta x)^2/a = 2\Delta t_{\max}$。即证。 □

事实上，若时间步长序列越长，则平均时间步长越大。比如，循环交替使用三个时间步长，可使全显格式的最大平均时间步长达到 $3\Delta t_{\max}$。请读者自行推导。

3.2.2 显隐格式的交替使用

数值计算不必局限于单一格式，可以同时使用多个格式。本节以两个古典格式混合使用为例，介绍杂交算法的数值优点。换言之，我们将时空网格点按照奇偶属性分为两组，其中一组使用全显格式，另一组使用全隐格式。依据不同的奇偶分类方式，具体操作模式有三种。

3.2 计算效率

1. 按空间标号进行分组

若网格点的空间指标是奇 (偶) 数，则称其是奇 (偶) 数点。若奇数点采用全显格式，偶数点采用全隐格式，则有

$$u_{2m+1}^{n+1} = u_{2m+1}^n + \mu a \delta_x^2 u_{2m+1}^n, \tag{3.30a}$$

$$u_{2m}^{n+1} = u_{2m}^n + \mu a \delta_x^2 u_{2m}^{n+1}. \tag{3.30b}$$

显然，杂交格式 (3.30) 没有破坏古典格式的局部截断误差阶。

杂交的显著效果是计算流程可以显式进行，因此 (3.30) 也称为**半隐格式**①。具体实现过程如下：先利用 (3.30a) 显式计算全部的奇数点值 u_{2m+1}^{n+1}，再使用 (3.30b) 计算余下的偶数点值 u_{2m}^{n+1}。虽然 (3.30b) 是隐式的，但是由于目标时间层的奇数点值已经计算出来，偶数点值的求解过程可以显式完成 (图 3.3)。

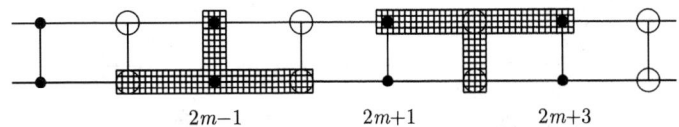

图 3.3 半隐格式的网格模板：偶数点 (○) 奇数点 (●)

论题 3.9 当且仅当 $\mu a \leqslant 1$ 时，半隐格式 (3.30) 具有 L^2 模稳定性。

答：由于奇数点值和偶数点值对应不同的差分方程，故而不妨将它们视为两个不同的网格函数，将半隐格式 (3.30) 视为向量型的双层格式。设 $k \in \Re$ 是任意的波数，代入模态解

$$u_{2m+1}^n = \hat{w}_1^n e^{ik(2m+1)\Delta x}, \quad u_{2m}^n = \hat{w}_2^n e^{ik(2m)\Delta x}, \tag{3.31}$$

可得振幅向量的递推规律

$$\begin{bmatrix} \hat{w}_1^{n+1} \\ \hat{w}_2^{n+1} \end{bmatrix} = \mathbb{G}(k) \begin{bmatrix} \hat{w}_1^n \\ \hat{w}_2^n \end{bmatrix},$$

相应的增长矩阵是

$$\mathbb{G}(k) = \begin{bmatrix} 1 - 2\mu a & 2\mu a \cos(k\Delta x) \\ \dfrac{2\mu a(1 - 2\mu a)\cos(k\Delta x)}{1 + 2\mu a} & \dfrac{1 + 4(\mu a)^2 \cos^2(k\Delta x)}{1 + 2\mu a} \end{bmatrix}.$$

格式 L^2 模稳定的必要条件是严格的 von Neumann 条件，即

$$\lambda^2 - \frac{2 - 4(\mu a)^2 \sin^2(k\Delta x)}{1 + 2\mu a}\lambda + \frac{1 - 2\mu a}{1 + 2\mu a} = 0, \quad \forall k \in \Re$$

的两个特征根按模均不超过 1。利用二次方程的系数结构可知，它等价于

$$\left| \frac{2 - 4(\mu a)^2 \sin^2(k\Delta x)}{1 + 2\mu a} \right| \leqslant 1 + \frac{1 - 2\mu a}{1 + 2\mu a} \leqslant 2, \quad \forall k \in \Re,$$

或者 $\mu a \leqslant 1$。利用韦达定理，由特征方程可知两个特征根的乘积按模严格小于 1。换言之，按模较小的特征根满足 Kreiss 定理 3.2 的条件，von Neumann 条件也是充分的。因此，论题得证。 □

---

①通常，可以显式计算的隐式格式均称为半隐格式。

同全显格式相比,半隐格式 (3.30) 具有宽松的 L^2 模稳定性条件,时间推进的最大速度可以提升两倍。由于单步推进效率是基本相同的,故而半隐格式的计算效率可以达到全显格式的两倍左右。

2. 按时空指标之和进行分组

若网格点的时空指标之和是奇 (偶) 数,则称其是奇 (偶) 数点。若奇数点采用全显格式,偶数点采用全隐格式,可得跳点 (hopscotch) 格式①

$$u_j^{n+1} = u_j^n + \mu a \delta_x^2 u_j^n, \qquad 若 \ n+j = 奇数, \tag{3.32a}$$

$$u_j^{n+1} = u_j^n + \mu a \delta_x^2 u_j^{n+1}, \qquad 若 \ n+j = 偶数. \tag{3.32b}$$

显然,它保持古典格式的局部截断误差阶。它的计算过程也是显式的: 先利用 (3.32a) 计算后续时刻的偶数点值,再利用 (3.32b) 计算后续时刻的奇数点值。因此说,跳点格式 (3.32) 也是半隐的 (图 3.4)。

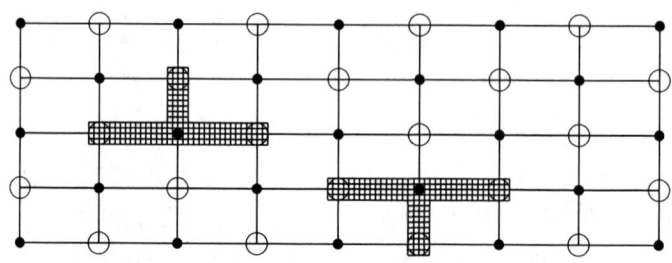

图 3.4 跳点格式的网格模板: 偶数点 (○) 奇数点 (●)

论题 3.10 跳点格式 (3.32) 等同于偶数点集上的 DF 格式。因此,跳点格式无条件具有 L^2 模稳定性。

答: 当 $n+j$ 为偶数时,由 (3.32a) 可得差分方程

$$u_j^{n+2} = u_j^{n+1} + \mu a \delta_x^2 u_j^{n+1}. \tag{3.33}$$

将 (3.33) 同 (3.32b) 相加或者相减,有

$$u_j^{n+2} - u_j^n = 2\mu a \delta_x^2 u_j^{n+1}, \tag{3.34a}$$

和

$$u_j^{n+2} = 2u_j^{n+1} - u_j^n. \tag{3.34b}$$

当 $n+j$ 是偶数的时候,两式联立,消去 (3.34a) 中的奇数点值 u_j^{n+1},可得

$$u_j^{n+2} = u_j^n + 2\mu a \left[u_{j-1}^{n+1} - u_j^n - u_j^{n+2} + u_{j+1}^n \right].$$

它构成偶数点集上的 DF 格式。当网比固定时,跳点格式具有二阶相容性。 □

数值计算可以不用保留奇数点值,只需在偶数点集上执行相应的 DF 格式即可。虽然跳点格式 (3.32) 同 DF 格式具有偶数集上的等价性,但是它成功回避了多层格式的初值启动困难。这是一个非常有趣的数值现象。

---
①首先由 Gordon(1965) 提出,而后被 Gourlay(1970) 命名为跳点格式。

3.2 计算效率

3. 按时间标号进行分组

若网格点的时间指标是奇 (偶) 数，则称其是奇 (偶) 数点。在两个网格点集上 (或时间推进过程中) 交替使用全显格式和全隐格式，即可得到著名的显隐交替格式。由于执行的次序略有不同，它有两个版本：其一是先显再隐的方式

$$u_j^{2m+1} = u_j^{2m} + \mu a \delta_x^2 u_j^{2m}, \tag{3.35a}$$

$$u_j^{2m+2} = u_j^{2m+1} + \mu a \delta_x^2 u_j^{2m+2}; \tag{3.35b}$$

其二是先隐再显的方式

$$u_j^{2m+1} = u_j^{2m} + \mu a \delta_x^2 u_j^{2m+1}, \tag{3.36a}$$

$$u_j^{2m+2} = u_j^{2m+1} + \mu a \delta_x^2 u_j^{2m+1}, \tag{3.36b}$$

其中 $m \geqslant 0$ 是任意的整数。

⚓ **论题 3.11** 显隐交替格式无条件具有 L^2 模稳定性。换言之，间或使用的全显格式没有毁坏全隐格式的稳定性表现。

答：利用 Fourier 方法的基本思想可知，两个显隐交替格式的增长因子都是全显格式与全隐格式的两个增长因子乘积，即

$$\lambda(k) = \frac{1 - 4\mu a \sin^2 \sigma}{1 + 4\mu a \sin^2 \sigma}, \quad \sigma = \frac{k\Delta x}{2}.$$

格式 L^2 模稳定的充要条件是严格的 von Neumann 条件，即

$$|\lambda(k)| \leqslant 1, \quad \forall k.$$

显然，它是无条件成立的。因此，论题得证。 □

固定时空网格，比较全隐格式和显隐交替格式的计算效率。显然，后者的计算效率更高，因为它缩减了 50% 的隐式求解层数，进而节省了约 25% 的乘除法运算次数。事实上，显隐交替格式还可以使用更大的时间步长，获得相同的数值误差。理由如下。

⚓ **论题 3.12** 同古典格式相比，显隐交替方法的相容性更好。

答：以显隐交替格式 (3.35) 为例。将 (3.35) 的两个差分方程相加，消去位于奇数时间层的数值解，可得

$$u_j^{2m+2} - u_j^{2m} = \mu a \left[\delta_x^2 u_j^{2m} + \delta_x^2 u_j^{2m+2} \right].$$

它对应偶数时间层的 Crank-Nicolson 格式，其离散焦点是 (x_j, t^{2m+1})。增加第一个差分方程的时间指标，再同第二个差分方程相加，有

$$u_j^{2m+3} - u_j^{2m+1} = 2\mu a \delta_x^2 u_j^{2m+2}.$$

它同 Richardson 格式具有相同的表述，相应的离散焦点是 (x_j, t^{2m+2})。因此说，显隐交替格式 (3.35) 在任意网格点都具有 $(2,2)$ 阶局部截断误差。 □

注释 3.6 前面的推导指出：在某些网格点，显隐交替格式形式上等同于 Richardson 格式。但是，Richardson 格式是无条件不稳定的，而显隐交替方法却是无条件稳定的，与"两个格式等同"矛盾！请读者思考其原因。

显隐交替格式再次展现了对称离散的数值优势：将离散模板对称互补的两个古典格式混合起来，不仅计算复杂度得到下降，而且计算精度也获得提高。此外，显隐交替格式还具有足够的灵活性，可以局部调整时间步长。基于上述理由，显隐交替格式具有极其广泛的应用范围。

注释 3.7 显隐交替方法的数值优势，也可以解读为全显格式和全隐格式的单侧逼近性质截然相反；具体内容见注释 3.1。

3.2.3 Saul'ev 格式及其应用

以全隐格式为基础格式，重新理解半隐格式和跳点格式引进的变化，我们可以总结出下面的设计思路：引入配套格式，改变基础格式的隐式计算流程，提高整体的计算效率。本小节将以 Saul'ev 格式[①]为配套格式，建立两个具有并行属性的高效格式。

1. Saul'ev 格式

参见图 3.5；在 Saul'ev 格式的离散模板中，网格点呈现出左低右高或者左高右低的姿态，不再具有左右对称的结构。因此，Saul'ev 格式也称为非对称格式。

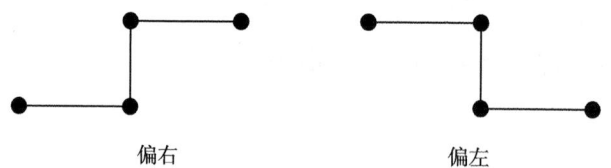

偏右　　　　　偏左

图 3.5　Saul'ev 格式的网格模板

不妨以左低右高的离散模板为例，解释 Saul'ev 格式的构造过程。取 $(x_j, t^{n+1/2})$ 为离散焦点，其中 $t^{n+1/2} = (t^n + t^{n+1})/2$。利用半步中心差商离散时间导数，有

$$[u_t]_j^{n+\frac{1}{2}} = \frac{[u]_j^{n+1} - [u]_j^n}{\Delta t} + \mathcal{O}((\Delta t)^2).$$

利用一阶空间导数的半步中心差商，并上下迁移其时间离散位置，可得二阶空间导数的非对称离散，即

$$\begin{aligned}[u_{xx}]_j^{n+\frac{1}{2}} &= \frac{[u_x]_{j+1/2}^{n+\frac{1}{2}} - [u_x]_{j-1/2}^{n+\frac{1}{2}}}{\Delta x} + \mathcal{O}((\Delta x)^2) \\ &= \frac{[u_x]_{j+1/2}^{n+1} - [u_x]_{j-1/2}^n + \mathcal{O}(\Delta t)}{\Delta x} + \mathcal{O}((\Delta x)^2).\end{aligned}$$

[①] Saul'ev V K. *A method of numerical integration of diffusion equations*. (Russian) Dokl. Akad. Nauk. SSSR, 1957, 115: 1077~1079.

继续采用中心差商离散一阶空间导数,有

$$[u_x]_{j+\frac{1}{2}}^{n+1} = \frac{[u]_{j+1}^{n+1} - [u]_j^{n+1}}{\Delta x} - \frac{1}{24}[u_{xxx}]_{j+\frac{1}{2}}^{n+1}(\Delta x)^2 + \mathcal{O}((\Delta x)^4),$$

$$[u_x]_{j-\frac{1}{2}}^{n} = \frac{[u]_j^{n} - [u]_{j-1}^{n}}{\Delta x} - \frac{1}{24}[u_{xxx}]_{j-\frac{1}{2}}^{n}(\Delta x)^2 + \mathcal{O}((\Delta x)^4),$$

其中的三阶导数可以迁移到离散焦点,即

$$[u_{xxx}]_{j\pm\frac{1}{2}}^{n+\frac{1}{2}\pm\frac{1}{2}} = [u_{xxx}]_j^{n+\frac{1}{2}} + \mathcal{O}(\Delta x + \Delta t).$$

综上所述,略去无穷小量,用数值解代替真解,即得热传导方程 (3.1) 的差分方程

$$u_j^{n+1} = u_j^n + \mu a(u_{j+1}^{n+1} - u_j^{n+1} - u_j^n + u_{j-1}^n). \tag{3.37a}$$

它称为 Saul'ev 格式的偏右版本。

类似地,Saul'ev 格式还具有偏左版本:

$$u_j^{n+1} = u_j^n + \mu a(u_{j+1}^n - u_j^n - u_j^{n+1} + u_{j-1}^{n+1}). \tag{3.37b}$$

设计过程是类似的,此处不再赘述。

由离散过程可知,两种版本的 Saul'ev 格式均具有局部截断误差

$$\tau_j^n = \mathcal{O}\left((\Delta t)^2 + (\Delta x)^2 + \frac{\Delta t}{\Delta x}\right). \tag{3.38}$$

因此说,Saul'ev 格式是有条件相容的。当网比 μ 固定时,它仅仅具有整体一阶的相容性。

⇕ 论题 3.13 Saul'ev 格式 (3.37) 无条件具有 L^2 模稳定性。

答:由于离散模板不再左右对称,增长因子不是一个实数。以 (3.37a) 为例,有

$$\lambda(k) = \frac{1 - 2\mu a \sin^2(\xi/2) - \mathrm{i}\mu a \sin\xi}{1 + 2\mu a \sin^2(\xi/2) - \mathrm{i}\mu a \sin\xi},$$

其中 $\xi = k\Delta x$。显然,对于任意的网比 μ,严格的 von Neumann 条件都成立。论题得证。□

一般而言,Saul'ev 格式是隐式的。但是,当面对 Dirichlet 边值问题时,它可以转化为半隐格式,显式地进行计算。换言之,它特别适用于那些带有"方向性"的数值计算,其中 (3.37a) 可用于反向 (从右到左) 扫描,(3.37b) 可用于正向 (从左到右) 扫描。

Saul'ev 格式很少单独使用某个版本,而是常常综合运用它的两个版本。下面的两种组合策略[①]极具代表性。

(1) 循环扫描策略:在连续两次的时间推进过程中,交替使用 Saul'ev 格式的两个版本,形成如下的计算组件

$$u_j^{n+1} = u_j^n + \mu a(u_{j+1}^n - u_j^n - u_j^{n+1} + u_{j-1}^{n+1}), \tag{3.39a}$$

$$u_j^{n+2} = u_j^{n+1} + \mu a(u_{j+1}^{n+2} - u_j^{n+2} - u_j^{n+1} + u_{j-1}^{n+1}). \tag{3.39b}$$

[①]Larkin B K. *Some stable explicit difference approximations to the diffusion equation*. Mathematics of Computation, 1964, 18(86): 196~202.

消去组件内部 (中间时间层) 的网格函数 $\{u_j^{n+1}\}_{\forall j}$，可得

$$u_j^{n+2} - u_j^n = \mu a \delta_x^2 (u_j^{n+2} + u_j^n) + (\mu a)^2 \delta_x^2 (u_j^{n+2} - u_j^n).$$

简单计算可知，其局部截断误差是

$$\tau_j^n = \mathcal{O}\left((\Delta t)^2 + (\Delta x)^2 + \left(\frac{\Delta t}{\Delta x}\right)^2\right). \tag{3.40}$$

(2) **平均策略**：利用 Saul'ev 格式的两个版本，给出后续时刻的两个网格函数 P^{n+1} 和 Q^{n+1}，即

$$P_j^{n+1} = u_j^n + \mu a(u_{j+1}^n - u_j^n - P_j^{n+1} + P_{j-1}^{n+1}), \tag{3.41a}$$

$$Q_j^{n+1} = u_j^n + \mu a(Q_{j+1}^{n+1} - Q_j^{n+1} - u_j^n + u_{j-1}^n), \tag{3.41b}$$

定义后续时刻的数值解为

$$u_j^{n+1} = \frac{1}{2}(P_j^{n+1} + Q_j^{n+1}). \tag{3.41c}$$

消去辅助网格函数 $\{P_j^{n+1}\}_{\forall j}$ 和 $\{Q_j^{n+1}\}_{\forall j}$，可得

$$u_j^{n+1} - u_j^n = \mu a \delta_x^2 u_j^{n+1} + (\mu a)^2 \delta_x^2 (u_j^{n+1} - u_j^n) - \frac{1}{2}(\mu a)^2 \delta_x^4 u_j^n.$$

简单计算可知，其局部截断误差是

$$\tau_j^n = \mathcal{O}\left(\Delta t + (\Delta x)^2 + \left(\frac{\Delta t}{\Delta x}\right)^2\right). \tag{3.42}$$

换言之，固定网比 μ 时，上述两种组合策略均具有整体二阶的局部截断误差，强于 Saul'ev 格式的单独版本。

注释 3.8 在局部截断误差 (3.40) 和 (3.42) 的推导过程中，辅助网格函数的消去操作是必需的。

2. 分组格式

下面构造两个有趣的格式。参见图 3.6，考虑目标时间层的两个相邻网格点。为简单起见，设左侧网格点的空间下标是偶数 $2m$。在两个网格点，分别搭建 Saul'ev 格式的两个版本，即可建立热传导方程 (3.1) 的显式分组格式

$$(1+\mu a)u_{2m+1}^{n+1} - \mu a u_{2m}^{n+1} = (1-\mu a)u_{2m+1}^n + \mu a u_{2m+2}^n, \tag{3.43a}$$

$$-\mu a u_{2m+1}^{n+1} + (1+\mu a)u_{2m}^{n+1} = \mu a u_{2m-1}^n + (1-\mu a)u_{2m}^n. \tag{3.43b}$$

它是由 Evans 和 Abdullah[①] 最早提出的。

[①] Evans D J, Abdullah A R. *A new explicit method for the diffusion equation*. International Conference on Numerical Methods in Thermal Problems, 1983, 330~347.

3.3 误差估计或收敛分析

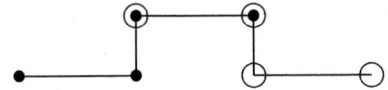

图 3.6 显式分组格式的网格模板: ◦ 和 • 对应不同的格式

利用 (3.43) 局部解出 u_{2m}^{n+1} 和 u_{2m+1}^{n+1}，可得计算公式

$$u_{2m}^{n+1} = \kappa_1 u_{2m-1}^n + \kappa_2 u_{2m}^n + \kappa_3 u_{2m+1}^n + \kappa_4 u_{2m+2}^n, \tag{3.44a}$$

$$u_{2m+1}^{n+1} = \kappa_4 u_{2m-1}^n + \kappa_3 u_{2m}^n + \kappa_2 u_{2m+1}^n + \kappa_1 u_{2m+2}^n, \tag{3.44b}$$

其中差分系数具有反向对称结构，分别是

$$\kappa_1 = \frac{\mu a(1+\mu a)}{1+2\mu a}, \quad \kappa_2 = \frac{1-(\mu a)^2}{1+2\mu a}, \quad \kappa_3 = \frac{\mu a(1-\mu a)}{1+2\mu a}, \quad \kappa_4 = \frac{(\mu a)^2}{1+2\mu a}.$$

将空间网格点两两分组，各组的时间推进可以分配给不同的 CPU 同时执行。因此，显式分组格式具有本质并行机制，计算效率较高。

利用 (3.44) 可以证明，显式分组格式 (3.43) 和 Saul'ev 格式具有相同的相容阶。将 (空间方向的) 奇偶点值视为不同的网格函数，利用向量型双层格式的 Fourier 方法，可以证明：当且仅当 $\mu a \leqslant 1$ 时，显式分组格式 (3.43) 具有 L^2 模稳定性。换言之，它的时间步长仍要受到较强的限制。

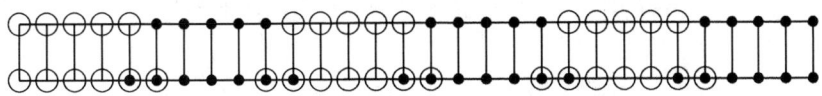

图 3.7 隐式分组格式的网格模板: ◦ 和 • 对应不同的分组

为提高时间推进的速度，我们将显式分组格式的思想推广到多个网格点，建立相应的隐式分组格式。参见图 3.7，其实现过程如下：将空间网格点分割成若干个小规模的网格点组。在网格点组的内部使用全隐格式，在网格点组的边界位置配以 Saul'ev 格式的某个版本。经过这样的处理，全隐格式的耦合规模获得明显下降，网格点组的信息更替对应若干个小规模的线性方程组，其求解过程可以独立地同步进行。因此说，隐式分组格式也具有本质并行机制。由于每个网格点组只需相邻点组提供两个公共数据而已，故而隐式分组格式的数据交换量非常小，具有很高的并行效率。同显式分组格式相比，全隐分组格式还可以使用更大的时间步长。

3.3 误差估计或收敛分析

明确数值误差的真正来源和具体表现，保证数值结果的可靠性，是误差估计或收敛分析的主要工作。作为重要的理论研究，它还指明了数值格式的高效性和健壮性，具体分析路线同真解的光滑程度密切相关。

3.3.1 基于强正则性假设

最常见的误差估计基于强正则性假设，即偏微分方程定解问题的真解足够光滑。换言之，真解在整个计算区域上具有所需的高阶导数，使得差分格式处处具有清晰可见的局部截断误差阶。此时，误差估计可视为 Lax-Richtmyer 等价定理充分性证明部分的直接表述。具体而言，设线性差分格式是

$$\mathcal{L}_{\Delta x,\Delta t} u_j^n = f_j^n, \quad \forall j \forall n, \tag{3.45}$$

误差估计的基本操作步骤如下：

(1) 利用局部截断误差概念和线性叠加原理，可知差分格式 (3.45) 满足同型的误差方程

$$\mathcal{L}_{\Delta x,\Delta t} e_j^n = \tau_j^n, \quad \forall j \forall n, \tag{3.46}$$

其中 $e_j^n = [u]_j^n - u_j^n$ 是数值误差，τ_j^n 是局部截断误差。

(2) 基于误差方程 (3.46)，建立误差函数 $e^n = \{e_j^n\}_{\forall j}$ 在某种离散范数度量下的逐层演化规律。利用数学归纳法或者离散 Gronwall 不等式 (参见附录)，由逐层演化规律导出最终的误差估计。整个推导过程类似于差分格式的右端项稳定性分析过程。

简而言之，误差估计的核心内容是局部截断误差和右端项稳定性概念的推导。

在论题 2.11 中，两个古典格式的最大模误差估计已经建立。下面再次以 CN 格式为例，介绍加权平均格式的最大模误差估计。

论题 3.14 假设热传导方程 (3.1) 周期边值问题的真解足够光滑，建立 CN 格式的最大模误差估计。

答：不妨设 $(0,1)$ 是有界区间，T 是终止时刻。相应的离散网格是

$$\mathcal{T}_{\Delta x,\Delta t} = \{(x_j, t^n) : x_j = j\Delta x, t^n = n\Delta t\}_{j=0:J}^{n=0:N},$$

其中 J 和 N 是给定的正整数，$\Delta x = 1/J$ 是空间步长，$\Delta t = T/N$ 是时间步长。简单计算可得 CN 格式的误差方程

$$(1+\mu a)e_j^{n+1} = \frac{1}{2}\mu a \sum_{\substack{\ell \in \{-1,1\} \\ s \in \{0,1\}}} e_{j+\ell}^{n+s} + (1-\mu a)e_j^n + \Delta t \tau_j^n, \tag{3.47}$$

其中 $j = 1:J$。既然真解足够光滑，局部截断误差满足

$$\max_{\forall j \forall n} |\tau_j^n| \equiv \max_{\forall n} \|\tau^n\|_\infty \leqslant C((\Delta x)^2 + (\Delta t)^2), \tag{3.48}$$

其中界定常数 C 同 Δx 和 Δt 均无关。

设 $\|e^{n+1}\|_\infty \equiv \max_{j=1:J} |e_j^{n+1}| = |e_{j_\star}^{n+1}|$，其中 $1 \leqslant j_\star \leqslant J$。在误差方程 (3.47) 中，令 $j = j_\star$，注意到误差函数的周期性，有

$$(1+\mu a)|e_{j_\star}^{n+1}| \leqslant \left[\mu a + |1-\mu a|\right]\|e^n\|_\infty + \mu a |e_{j_\star}^{n+1}| + \Delta t |\tau_j^n|.$$

当 $\mu a \leqslant 1$ 时，可得

$$\|e^{n+1}\|_\infty \leqslant \|e^n\|_\infty + \Delta t \|\tau^n\|_\infty \leqslant \cdots \leqslant \|e^0\|_\infty + \sum_{m=0}^{n} \|\tau^m\|_\infty \Delta t.$$

3.3 误差估计或收敛分析

注意到 $e_j^0 = 0$ 和 $(n+1)\Delta t \leqslant T$，由 (3.48) 可知

$$\|e^{n+1}\|_\infty \leqslant CT((\Delta x)^2 + (\Delta t)^2).$$

因此说，CN 格式无条件具有 $(2,2)$ 阶最大模误差。 □

有时候，直接基于 Lax-Richtmyer 等价定理给出的误差估计可能过于宽泛，同实际的数值表现存在明显的偏差。若要消除两者的差距，我们需采用特殊的分析路线。具体实例参见 §3.4 或者 §10.2。

▲ **注释 3.9** 对于有界区间的差分格式，最大模误差估计蕴含 L^2 模误差估计。当然，我们也可以仿照前面的技术路线，利用 L^2 模稳定性的推导技巧，例如能量方法或者直接矩阵方法，直接建立相应的 L^2 模误差估计。推导过程较为烦琐，详略。

强正则性假设过于苛刻。很多的定解问题无法满足此要求。换言之，相应的误差估计存在明显的局限。尽管如此，它依旧是一项非常重要的研究工作，因为它至少严格地理论证明了差分格式在某个范畴内的数值可靠性。

3.3.2 弱正则性假设 ‡

当强正则性假设无法满足的时候，差分格式还能给出可靠的数值结果吗？事实上，数值格式的健壮性也是它能否应用的关键因素之一。

要回答这个问题，不妨举例说明。考虑热传导方程 (3.1) 的周期边值问题，相应的初值是间断函数

$$u_0(x) = u_0^{(1)}(x) = \begin{cases} 1, & x \in \left[-\dfrac{\pi}{2}, \dfrac{\pi}{2}\right], \\ 0, & x \in \left[-\pi, -\dfrac{\pi}{2}\right) \cup \left(\dfrac{\pi}{2}, \pi\right]; \end{cases} \qquad (3.49\text{a})$$

或者导数间断的连续函数

$$u_0(x) = u_0^{(2)}(x) = \pi - |x|, \quad x \in [-\pi, \pi]. \qquad (3.49\text{b})$$

由于初值没有达到二阶连续可微的光滑度，在初始时刻附近的真解导数不再有界。为行文简便，上述两个定解问题统称为模型问题 (HP-WEAK)。

为简单起见，设扩散系数为 $a = 1$，终止时刻为 $T = 1$。利用全显格式模拟模型问题 (HP-WEAK)。给定正整数 J，定义等距空间网格

$$\mathcal{T}_J = \{x_j = j\pi/J\}_{j=-J}^{J}, \quad J = 18, 36, 72, \cdots,$$

相应的初值是 $u_j^0 = u_0(x_j)$。在网格加密的过程中，网比 $\mu = 0.4$ 保持不变。换言之，若空间网格是 $\mathcal{T}_J$，则相应的时间步长是

$$(\Delta t)_J = \mu(\Delta x)_J^2 = \mu\left(\dfrac{\pi}{J}\right)^2.$$

当然，最后一步的时间步长可能需要调整，使得 $t^{N_J} = T$，即最后一个时间层恰好就是给定的终止时刻。在表 3.1 中，我们给出了全显格式在终止时刻的 L^2 模误差

$$\mathcal{E}_J = \|e(T)\|_{2,\pi/J} = \left(\sum_{j=-J}^{J}{}' \left[u_j^{N_J} - [u]_j^{N_J}\right]^2 \Delta x\right)^{\frac{1}{2}},$$

和相应的 L^2 模误差阶

$$o_J = \frac{1}{\ln 2}\Big[\ln \mathcal{E}_{J/2} - \ln \mathcal{E}_J\Big].$$

表格数据清楚说明数值解收敛到真解, 甚至还呈现出一阶或二阶的精度[①]。换言之, 全显格式具有满意的健壮性。

表 3.1 全显格式的 L^2 模误差和误差阶

J	$u_0 = u_0^{(1)}$		$u_0 = u_0^{(2)}$	
	误差	误差阶	误差	误差阶
18	6.970×10^{-2}		8.557×10^{-4}	
36	3.483×10^{-2}	1.00	2.110×10^{-4}	2.02
72	1.741×10^{-2}	1.00	5.273×10^{-5}	2.00
144	8.707×10^{-3}	1.00	1.317×10^{-5}	2.00
288	4.353×10^{-3}	1.00	3.293×10^{-6}	2.00

上述数值现象的理论证明却是较为困难的。主要原因是真解的高阶导数 (例如时间二阶导数或空间四阶导数) 在 $[-\pi,\pi]\times[0,T]$ 上无界, 全显格式的局部截断误差缺乏清晰明了的整体控制。即使采用宽松的离散 L^2 范数作为度量, 局部截断误差也没有阶数。此时, 基于强正则性假设的误差分析路线不再奏效。

⚓ **论题 3.15** 假设初值函数 $u_0(x)$ 平方可积且有界。当 $\mu a \leqslant 1/2$ 时, 模型问题 (HP-WEAK) 的全显格式是收敛的。

答: 借助于分离变量法, 问题的真解可以准确地表示为

$$[u]_j^n = \frac{1}{\sqrt{2\pi}}\sum_{k=-\infty}^{+\infty} a_k \mathrm{e}^{\mathrm{i}kj\Delta x}[\mathrm{e}^{-ak^2\Delta t}]^n, \tag{3.50a}$$

其中 $\mathrm{e}^{-ak^2\Delta t}$ 是真实增长因子, 按模不超过 1; 类似地, 借助于 Fourier 方法 (或者分离变量方法), 全显格式的数值解也可以精确地表示为

$$u_j^n = \frac{1}{\sqrt{2\pi}}\sum_{k=-\infty}^{+\infty} A_k \mathrm{e}^{\mathrm{i}kj\Delta x}[\lambda(k)]^n, \tag{3.50b}$$

其中 $\lambda(k) = 1 - 4\mu a \sin^2(\frac{1}{2}k\Delta x)$ 是数值增长因子。当 $\mu a \leqslant 1/2$ 时, 它按模也不超过 1。在 (3.50) 中, 相应的展开系数是

$$\begin{aligned} a_k &= \frac{1}{\sqrt{2\pi}}\int_{-\pi}^{\pi} \mathrm{e}^{-\mathrm{i}kx} u_0(x)\mathrm{d}x, \\ A_k &= \frac{1}{\sqrt{2\pi}}\int_{-\pi}^{\pi} \mathrm{e}^{-\mathrm{i}kx} \tilde{u}_0(x)\mathrm{d}x, \end{aligned} \tag{3.51}$$

其中 $\tilde{u}_0(x): [-\pi,\pi] \to \Re$ 是初值 $\{u_j^0 = u_0(x_j)\}_{j=-J}^{J}$ 逐点常值延拓而成的周期阶梯函数。

[①] 补充定义 (3.49a) 在间断点的取值为 0.5, 全显格式依旧呈现出二阶精度。

3.3 误差估计或收敛分析

设 ε 是任意给定的正数。选取适当的正整数 $M \leqslant J$, 将数值误差分裂为三部分, 即

$$e_j^n = [u]_j^n - u_j^n = \Pi_j^n + \Theta_j^n + \Upsilon_j^n, \tag{3.52}$$

其中

$$\Pi_j^n = \frac{1}{\sqrt{2\pi}} \sum_{k=-\infty}^{+\infty} (a_k - A_k) \mathrm{e}^{\mathrm{i}kj\Delta x} [\lambda(k)]^n, \tag{3.53a}$$

$$\Theta_j^n = \frac{1}{\sqrt{2\pi}} \sum_{|k|>M} a_k \mathrm{e}^{\mathrm{i}kj\Delta x} \left[\mathrm{e}^{-ak^2 n\Delta t} - (\lambda(k))^n \right], \tag{3.53b}$$

$$\Upsilon_j^n = \frac{1}{\sqrt{2\pi}} \sum_{|k|\leqslant M} a_k \mathrm{e}^{\mathrm{i}kj\Delta x} \left[\mathrm{e}^{-ak^2 n\Delta t} - (\lambda(k))^n \right]. \tag{3.53c}$$

每个部分对应一个网格函数。下面证明: 当网格充分密集 (等价于 J 充分大) 的时候, 上面三个网格函数的 L^2 模均小于 ε。

利用 Fourier 级数理论, 前两个网格函数的讨论是容易的。由初值设置方式[①] 可知, 当网格充分密集时, 有

$$\|u_0 - \tilde{u}_0(x)\|_{\mathrm{L}^2[-\pi,\pi]} < \varepsilon.$$

注意到数值增长因子的模不超过 1, 利用 Parseval 恒等式可得

$$\|\Pi^n\|_{2,\Delta x} \leqslant \left[\sum_{k=-\infty}^{\infty} |a_k - A_k|^2 \right]^{\frac{1}{2}} = \|u_0 - \tilde{u}_0(x)\|_{\mathrm{L}^2[-\pi,\pi]} < \varepsilon, \tag{3.54}$$

其中 $\Pi^n = \{\Pi_j^n\}_{\forall j}$。类似地, 注意到 $u_0(x)$ 是平方可积的速降函数, 可知: 当 M 充分大 (蕴含网格充分密集) 时, 也有

$$\|\Theta^n\|_{2,\Delta x} \leqslant 2 \left[\sum_{|k|>M} a_k^2 \right]^{1/2} < \varepsilon, \tag{3.55}$$

其中 $\Theta^n = \{\Theta_j^n\}_{\forall j}$。当然, J 和 M 的取值都依赖 $u_0(x)$ 的光滑程度。

网格函数 $\Upsilon^n = \{\Upsilon_j^n\}_{\forall j}$ 反映数值格式局部误差[②] 的累积。利用 Taylor 展开公式可知, 真实增长因子和数值增长因子的差距满足

$$|\lambda(k) - \mathrm{e}^{-ak^2 \Delta t}| \leqslant Ck^4 (\Delta t)^2, \quad \forall |k| \leqslant M, \tag{3.56}$$

其中界定常数 $C = C(\mu a; M)$ 同网格参数无关。因此说, 全显格式具有 $\mathcal{O}(\Delta t)^2$ 的局部误差。利用 $n\Delta t \leqslant T$ 和简单的不等式

$$|a^n - b^n| \leqslant n|a - b|, \quad 若 |a| \leqslant 1, |b| \leqslant 1,$$

[①] 选取合适的空间网格, 可以使 $\tilde{u}_0^{(1)}(x) = u_0^{(1)}(x)$; 参见前注。
[②] 假设当前时刻的数值计算是精确的, 即数值解就是真解。当数值格式推进一个时间步长之后, 相应的数值误差称为局部误差。

可知

$$\|\Upsilon^n\|_{2,\Delta x} \leqslant \left[\sum_{|k|\leqslant M}|a_k|^2\big|[\lambda(k)]^n - \mathrm{e}^{-ak^2n\Delta t}\big|^2\right]^{1/2}$$

$$\leqslant \left[\sum_{|k|\leqslant M}|a_k|^2 k^8\right]^{1/2} CT\Delta t. \tag{3.57}$$

无论 $u_0(x)$ 是否具有四阶导数，抑或 $\|\mathcal{D}_x^4 u_0\|_{L^2[-\pi,\pi]}$ 是否有限，均可断言 $\sum_{|k|\leqslant M}|a_k|^2 k^8 < +\infty$。因此，只要时间步长 Δt 充分小，就有

$$\|\Upsilon^n\|_{2,\Delta x} < \varepsilon. \tag{3.58}$$

网比 μ 固定时，Δt 充分小等价于 Δx 充分小，或者说离散网格充分密集。

综上所述，利用 (3.52) 和三角不等式，即可证明命题结论。 □

表达式 (3.52) 指明了影响数值误差的三个主要因素：真解的光滑度、初值误差以及局部误差。在三者之中，局部误差是最为重要的，它同数值增长因子和真实增长因子的差距密切相关。

事实上，边界条件离散方式也会影响数值误差。下一节将以有界区间的热传导方程定解问题为例，详细介绍抛物型 (或者椭圆型) 方程关于导数边界条件的数值离散方法；§6.4 将以对流方程入流边值问题为例，简要介绍双曲型方程的人工边界条件。

3.4 导数边界条件

对于热传导方程 (3.1) 而言，Dirichlet、Neumann 和 Robin 边界条件都是常见的定解条件，其中第一种称为本质边界条件，后两种称为自然边界条件。为节省篇幅，本节直接考虑 (3.1) 的混合边值问题 (HX)，设初值条件是

$$u(x,0) = u_0(x), \quad x \in [0,1], \tag{3.59}$$

混合边界条件是

$$-au_x(0,t) + \sigma u(0,t) = \phi_0(t), \quad t \in (0,T], \tag{3.60a}$$

$$u(1,t) = \phi_1(t), \quad t \in (0,T], \tag{3.60b}$$

其中 $u_0(x), \phi_0(t)$ 和 $\phi_1(t)$ 是已知函数，$\sigma \geqslant 0$ 是给定常数，$T > 0$ 是终止时刻。由偏微分方程的经典理论可知，混合边值问题 (HX) 是适定的。

下面构造模型问题 (HX) 的差分格式。为简单起见，设时空网格是等距的，热传导方程 (3.1) 采用简单的全显格式或全隐格式进行离散。它们可以作为显式离散格式或者隐式离散格式的代表。对于本质边界条件 (3.60b)，数值离散是简单的，只需将其设置为空间网格点，进行简单赋值即可。但是，对于自然边界条件 (3.60a)，我们需要解决两个关键问题。其一是

3.4 导数边界条件

边界导数的差商离散方式,其二是差分格式的相容性、稳定性[①] 和收敛性概念是否受到影响。

3.4.1 单侧离散方式

对于自然边界条件,单侧离散方式是最直接的选择。此时,自然边界点也要设置为空间网格点。因此,适用于混合边界条件 (3.60) 的等距空间网格是

$$\mathcal{T}_{\Delta x}^{(1)} = \{x_j = j\Delta x\}_{j=0}^{J}, \tag{3.61}$$

其中 J 是给定的正整数,$\Delta x = 1/J$ 是空间步长。

在 $t^n = n\Delta t$ 时刻,本质边界条件 (3.60b) 的差分方程是

$$u_J^n = \phi_1(t^n). \tag{3.62}$$

既然在端点 $x = 0$ 的左侧没有其他网格点,我们自然选用单侧差商离散边界导数,得到自然边界条件 (3.60a) 的差分方程

$$-a\frac{u_1^n - u_0^n}{\Delta x} + \sigma u_0^n = \phi_0(t^n). \tag{3.63}$$

若以全显格式离散热传导方程 (3.1),则位于内部 (空间) 网格点的差分方程是

$$u_j^{n+1} = u_j^n + \mu a \delta_x^2 u_j^n, \quad j = 1 : J - 1. \tag{3.64}$$

将其同数值边界条件 (3.62) 和 (3.63) 联立,即可得到一个封闭的离散系统。通常,称其为模型问题 (HX) 的全显格式。

模型问题 (HX) 的全隐格式可类似定义。换言之,以全隐格式离散热传导方程 (3.1),则位于内部 (空间) 网格点的差分方程是

$$u_j^{n+1} = u_j^n + \mu a \delta_x^2 u_j^{n+1}, \quad j = 1 : J - 1. \tag{3.65}$$

将其同数值边界条件 (3.62) 和 (3.63) 联立,所得的封闭离散系统称为模型问题 (HX) 的全隐格式。

1. 双层格式的描述

通常,差分格式只需建立内部 (空间) 网格点值的递推关系。换言之,汇总同一时间层的差分方程,建立内部 (空间) 网格函数

$$u^n = (u_1^n, u_2^n, \cdots, u_{J-1}^n)^{\mathrm{T}}, \quad \forall n \tag{3.66}$$

的封闭离散系统。记 $\tilde{\sigma} = a/(a + \sigma \Delta x)$,定义网格函数

$$\Phi^n = \left(\frac{\tilde{\sigma}}{\Delta x}\phi_0(t^n), 0, \cdots, 0, \frac{a}{(\Delta x)^2}\phi_1(t^n)\right)^{\mathrm{T}}, \quad \forall n. \tag{3.67}$$

[①]即使差分格式面对纯初值问题或周期边值问题是稳定的,但是它可能受到数值边界条件的影响而变得不再稳定。在抛物型方程的差分方法中,边界条件的数值离散通常具有较弱的破坏程度。若无特别需要,我们略过相关内容的讨论。

它含有 $J-1$ 个元素，首尾两个元素反映了已知的边界条件信息。

若利用式 (3.62) 和式 (3.63) 离散混合边界条件，则模型问题 (HX) 的全显格式可以表示为

$$u^{n+1} = \mathbb{A}_{\exp} u^n + \Delta t \varPhi^n, \tag{3.68a}$$

其中

$$\mathbb{A}_{\exp} = \begin{bmatrix} 1-(2-\tilde{\sigma})\mu a & \mu a & \cdots \\ \mu a & & \\ \vdots & & \text{tridiag}(\mu a, 1-2\mu a, \mu a) \end{bmatrix} \tag{3.68b}$$

是对称的三对角矩阵。在差分格式 (3.68) 中，第一行的差分方程明显不同于其他行。它是由热传导方程在 x_1(自然边界点附近) 的差分方程 (3.64) 和数值边界条件 (3.63) 联立导出的。

类似地，若利用 (3.62) 和 (3.63) 离散混合边界条件，则模型问题 (HX) 的全隐格式可以表示为

$$\mathbb{A}_{\text{imp}} u^{n+1} = u^n + \Delta t \varPhi^{n+1}, \tag{3.69a}$$

其中

$$\mathbb{A}_{\text{imp}} = \begin{bmatrix} 1+(2-\tilde{\sigma})\mu a & -\mu a & \cdots \\ -\mu a & & \\ \vdots & & \text{tridiag}(-\mu a, 1+2\mu a, -\mu a) \end{bmatrix} \tag{3.69b}$$

是对称的三对角矩阵。显然，位于自然边界点附近的差分方程也明显不同于其他位置。

注释 3.10 在实际编程时，边界点信息常常被保留。假设 t^n 时刻的数值解是已知的。依据时间推进的方式，数值边界条件 (3.62) 和 (3.63) 的引入时机略有不同。

(1) 显式格式：首先，利用偏微分方程的离散格式，更新 t^{n+1} 时刻的内部网格点信息；然后，利用数值边界条件，给定 t^{n+1} 时刻的边界点信息。

(2) 隐式格式：首先，利用数值边界条件，给定 t^{n+1} 时刻的离散关系；然后，将它同偏微分方程的离散格式耦合在一起，形成 $J+1$ 阶线性方程组。若消去边界位置的未知量 u_0^{n+1} 和 u_J^{n+1}，相应的 $J-1$ 阶线性方程组就是 (3.69)。

换言之，在显式格式中，数值边界条件滞后于时间层的推进。

2. 相容性分析

在差分格式 (3.68) 和 (3.69) 的整体描述中，不同位置的差分方程已经具有不同的属性。当 $j \geqslant 2$ 时，差分方程远离自然边界条件，其离散对象清晰地指向偏微分方程；但是，当 $j=1$ 时，差分方程既同自然边界条件的离散方式相关，又同偏微分方程的离散方式有关，没有明确的离散对象。此时，整体相容性概念才是准确的理论刻画。它需要完成下面两个步骤：

(1) 逐点讨论不同位置的差分方程。利用恰当的局部描述方式，计算出每个网格点的局部截断误差。

(2) 讨论差分格式左端算子的逆算子。在差分格式 (3.68) 和 (3.69) 中，左端算子要么是单位矩阵，要么是三对角矩阵 (3.69b)，均可逆。在最大模或 L^2 模度量下，可证相应的逆矩阵关于网格步长 Δx 均具有一致有界性。

3.4 导数边界条件

对于大多数格式而言，第二步的两个结论都是成立的，但是论证过程较为烦琐。因此，若无特殊声明，本书跳过第二步的讨论，直接用逐点相容性概念替代整体相容性概念。

当网格点远离边界时，差分方程同边界条件无关，其局部截断误差的推导是明确的，逐点相容性的概念和结论没有变化；前面章节已经讨论过，此处无须赘述。下面，我们只需关注那些位于边界附近的有限个差分方程，指出它们受到数值边界条件影响而产生的相容性变化。

论题 3.16 若采用单侧离散方式处理自然边界条件，古典格式在 x_1 点的局部截断误差是 $\mathcal{O}(1)$ 的。

答： 以全显格式 (3.68) 为例。差分方程在 x_1 点的局部描述是

$$\frac{u_1^{n+1} - u_1^n}{\Delta t} = a\frac{u_2^n - 2u_1^n}{(\Delta x)^2} + \frac{\tilde{\sigma}}{\Delta x}\left[\frac{au_1^n}{\Delta x} + \phi_0(t^n)\right], \tag{3.70}$$

相应的局部截断误差是

$$\tau_1^n \equiv \frac{[u]_1^{n+1} - [u]_1^n}{\Delta t} - a\frac{[u]_2^n - 2[u]_1^n}{(\Delta x)^2} - \frac{\tilde{\sigma}}{\Delta x}\left[\frac{a[u]_1^n}{\Delta x} + \phi_0(t^n)\right], \tag{3.71}$$

其中 $[u]$ 满足模型问题 (HX)。利用 Taylor 展开技术，即可得到相应的局部截断误差阶。等价的简化推导过程如下。回顾差分方程 (3.70) 的生成过程可知，它源于数值边界条件 (3.63) 和当 $j=1$ 时差分方程 (3.64) 的线性组合。前者的离散对象是自然边界条件，后者的离散对象是偏微分方程，相应的局部截断误差分别是

$$\tau_{\text{pde}} = \frac{[u]_1^{n+1} - [u]_1^n}{\Delta t} - a\frac{\delta_x^2 [u]_1^n}{(\Delta x)^2} = \mathcal{O}((\Delta x)^2 + \Delta t), \tag{3.72a}$$

$$\tau_{\text{bry}} = -a\frac{[u]_1^n - [u]_0^n}{\Delta x} + \sigma[u]_0^n - \phi_0(t^n) = \mathcal{O}(\Delta x). \tag{3.72b}$$

沿用同样的组合方式，在 (3.72b) 的两侧乘以 $\tilde{\sigma}/\Delta x$，同 (3.72a) 相加，即可消去边界点信息 $[u]_0^n$，得到局部截断误差 (3.71) 和相应的估计

$$\tau_1^n = \tau_{\text{pde}} + \frac{\tilde{\sigma}}{\Delta x}\tau_{\text{bry}} = \mathcal{O}(1).$$

因此说，全显格式在 x_1 点的差分方程是不相容的，同其他位置的整体二阶相容是不匹配的。

□

上述分析过程表明：要改善差分方程在边界附近网格点的相容性，数值边界条件 (特别是边界导数) 的相容阶必须得到相应的提高。常用的边界导数离散策略有两种：其一是扩大离散模板的宽度，建立高阶相容的单侧离散，例如

$$[u_x]_0^n = \frac{1}{2\Delta x}\Big[-[u]_2^n + 4[u]_1^n - 3[u_0]^n\Big] + \mathcal{O}(\Delta x)^2;$$

其二是利用对称模板的数值优势，基于特殊结构的空间网格，建立边界导数的双侧离散。具体内容将在下一节给出。

3. 稳定性分析

关于热传导方程 (3.1) 的 Dirichlet 边值问题 (HD)、周期边值问题 (HP) 或者纯初值问题 (HI)，古典格式的最大模和 L^2 模稳定性结论是相同的：全显格式是有条件稳定的，相应的时空约束条件是 $\mu a \leqslant 1/2$，而全隐格式是无条件稳定的。

设 $\phi_0(t) = \phi_1(t) \equiv 0$，混合边值问题 (HX) 是齐次的。由偏微分方程的经典理论可知，真解的最大模和 L^2 模都是不增的。相应的数值格式是否具有类似的结论？

⚓ **论题 3.17**　此时，基于单侧边界离散方式的全显格式 (3.68) 也是齐次的。证明：当 $2\mu a \leqslant 1$ 时，它具有最大模稳定性和 L^2 模稳定性。

答：当 $2\mu a \leqslant 1$ 时，$\mathbb{A}_{\exp}$ 的元素都是非负的，且每行的元素之和均不超过 1。因此，相应的全显格式满足离散最大模原理，继承了模型问题 (HX) 的性质，具有最大模稳定性。

当 $2\mu a \leqslant 1$ 时，由圆盘定理（见附录）可知，$\mathbb{A}_{\exp}$ 的谱半径一致地不超过 1。利用直接矩阵方法，可知全显格式 (3.68) 具有 L^2 模稳定性。　□

类似地，基于单侧边界离散方式的全隐格式 (3.69) 无条件具有最大模稳定性和 L^2 模稳定性。证明过程是类似的，略。

3.4.2　双侧离散方式

双侧离散方式主要包括虚拟点 (ghost point) 方法和半网格 (offset mesh) 方法。它们的主要区别是空间网格的设置方式。为简单起见，下面以全显格式为例，说明两种方法的实现过程。

1. 虚拟点方法

在虚拟点方法中，自然边界点要设置为空间网格点。整个空间网格是 (3.61) 的拓展，即在计算区域的外部增加少量的辅助网格点。具体来说，适用于混合边界条件 (3.60) 的等距空间网格是

$$\mathcal{T}_{\Delta x}^{(2)} = \{x_j = j\Delta x\}_{j=-1}^{J}, \tag{3.73}$$

其中 J 是给定的正整数，$\Delta x = 1/J$ 是空间步长。辅助网格点 x_{-1} 位于计算区域之外，故称为虚拟网格点。实际上，它就是网格点 x_1 关于空间边界 $x = x_0$ 的镜像对称点。

关于本质边界条件 (3.60b)，相应的差分方程依旧定义为 (3.62)。至于自然边界条件 (3.60a)，以边界 $x = x_0$ 为离散焦点，利用一步中心差商离散边界导数，可得

$$-a\frac{u_1^n - u_{-1}^n}{2\Delta x} + \sigma u_0^n = \phi_0(t^n). \tag{3.74}$$

显然，它具有二阶（空间）相容性。假设热传导方程 (3.1) 可以拓展到区域外侧，将 x_0 视为空间内点，得到显式离散的差分方程

$$u_j^{n+1} = u_j^n + \mu a \delta_x^2 u_j^n, \quad j = 0 : J-1. \tag{3.75}$$

综上所述，模型问题 (HX) 的全显格式定义完毕。

⚓ **论题 3.18**　若采用虚拟点方法处理自然边界条件，全显格式在网格点 x_0 处的局部截断误差是多少？

3.4 导数边界条件

答：数值边界条件 (3.74) 的局部截断误差是 $\mathcal{O}((\Delta x)^2)$，而差分方程 (3.75) 关于热传导方程的局部截断误差是 $\mathcal{O}((\Delta x)^2 + \Delta t)$。类似于前面的论证过程，数值边界条件的空间相容阶要损失一阶。因此，差分方程 (3.76) 具有 $\mathcal{O}(\Delta x + \Delta t)$ 的局部截断误差。 □

在 (3.75) 中取 $j=0$，将差分方程和数值边界条件 (3.74) 联立，可以消去虚拟点值 u_{-1}^n，得到 x_0 点的差分方程

$$u_0^{n+1} = \left[1 - 2\mu(a + \sigma\Delta x)\right]u_0^n + 2\mu a u_1^n + 2\mu\Delta x \phi_0(t^n). \tag{3.76}$$

显然，其他位置的差分方程保持不变，依旧由 (3.75) 给出。

当 $\phi_0(t) = \phi_1(t) \equiv 0$ 时，模型问题 (HX) 满足最大模原理。因此，相应的全显格式也应满足离散最大模原理，即 J 个差分方程的右端系数都是非负的，且系数之和不超过 1。对于 $j = 1 : J-1$，由差分方程 (3.75) 可知，网比满足 $2\mu a \leqslant 1$ 即可。但是，对于差分方程 (3.76) 而言，网比需要满足 $2\mu(a + \sigma\Delta x) \leqslant 1$。换言之，当 $\sigma > 0$ 时，时空约束条件需要加强，即 $2\mu a < 1$ 且 Δx 要足够小。

2. 半网格方法

在半网格方法中，自然边界点要设置在空间网格点的正中间。因此，要兼顾本质边界点 $x = 1$ 也是一个网格点，适用于混合边界条件 (3.60) 的等距空间网格定义为

$$\mathcal{T}_{\Delta x}^{(3)} = \left\{ x_{j-\frac{1}{2}} = \left(j - \frac{1}{2}\right)\Delta x \right\}_{j=0}^{J+1}, \tag{3.77}$$

其中 J 是给定的正常数，$\Delta x = 2/(2J+1)$ 是空间步长。由于空间网格点采用半点方式进行编号，基于这类网格的边界离散方法常常称为半网格方法。当然，空间网格点采用整点进行编号也是可以的。

关于本质边界条件 (3.60b)，相应的差分方程是

$$u_{J+\frac{1}{2}}^n = \phi_1(t^n). \tag{3.78}$$

至于自然边界条件 (3.60a)，以真实边界 $x = x_0$ 为离散焦点，利用半步中心差商离散边界导数，利用算术平均技术离散边界点值，可得二阶 (空间) 相容的差分方程

$$-\frac{a}{\Delta x}\left(u_{\frac{1}{2}}^n - u_{-\frac{1}{2}}^n\right) + \frac{\sigma}{2}\left(u_{-\frac{1}{2}}^n + u_{\frac{1}{2}}^n\right) = \phi_0(t^n), \tag{3.79}$$

其中 $u_{-1/2}^n$ 也是虚拟点值。同 (3.74) 相比，它的离散模板更为紧凑。假设热传导方程 (3.1) 可以拓展到区域外侧，将 $x_{1/2}$ 视为空间内点，得到显式离散的差分方程

$$u_{j+\frac{1}{2}}^{n+1} = u_{j+\frac{1}{2}}^n + \mu a \delta_x^2 u_{j+\frac{1}{2}}^n, \quad j = 0 : J-1. \tag{3.80}$$

综上所述，模型问题 (HX) 的全显格式定义完毕。

↕ 论题 3.19 若采用半网格方法处理自然边界条件，全显格式在网格点 $x_{1/2}$ 的局部截断误差是多少？

答：数值边界条件 (3.79) 的局部截断误差是 $\mathcal{O}((\Delta x)^2)$，而差分方程 (3.80) 关于热传导方程的局部截断误差是 $\mathcal{O}((\Delta x)^2 + \Delta t)$。类似于前面的论证过程，数值边界条件的空间相容阶要被拉低一阶。因此，差分方程 (3.81) 的局部截断误差是 $\mathcal{O}(\Delta x + \Delta t)$。 □

在 (3.80) 中取 $j = 0$，将差分方程同 (3.79) 联立，消去虚拟点值 $u_{-1/2}^n$，可得 $x_{1/2}$ 点的差分方程

$$u_{\frac{1}{2}}^{n+1} = \left[1 - \mu a \frac{2a + 3\sigma \Delta x}{2a + \sigma \Delta x}\right] u_{\frac{1}{2}}^n + \mu a u_{\frac{3}{2}}^n + \frac{2\mu a \Delta x \phi_0(t^n)}{2a + \sigma \Delta x}. \tag{3.81}$$

显然，其他位置的差分方程保持不变，依旧由 (3.80) 给出。

设 $\phi_0(t) = \phi_1(t) \equiv 0$，相应的全显格式是齐次的。当 Δx 足够小时，使得 $\sigma \Delta x \leqslant 2a$ 成立，时空约束条件 $2\mu a \leqslant 1$ 足以保证差分方程的右端系数都是非负的，且系数之和不超过 1。此时，相应的全显格式满足离散最大模原理，进而具有最大模稳定性。它的时间约束条件要略好于虚拟点方法。

注释 3.11 对于虚拟网格方法和半网格方法，数值编程常常保留虚拟点值，直接应用差分方程 (3.79) 和 (3.80)。

3.4.3 数值表现

在模型问题 (HX) 中，令 $a = 1$，设定解条件是

$$u(x, 0) = 1 - x^2; \quad u(0, t) = u_x(1, t) = 0. \tag{3.82}$$

固定网比 $\mu = 1$，用 CN 格式① 离散热传导方程，并用前面介绍的三种方法离散自然边界条件。

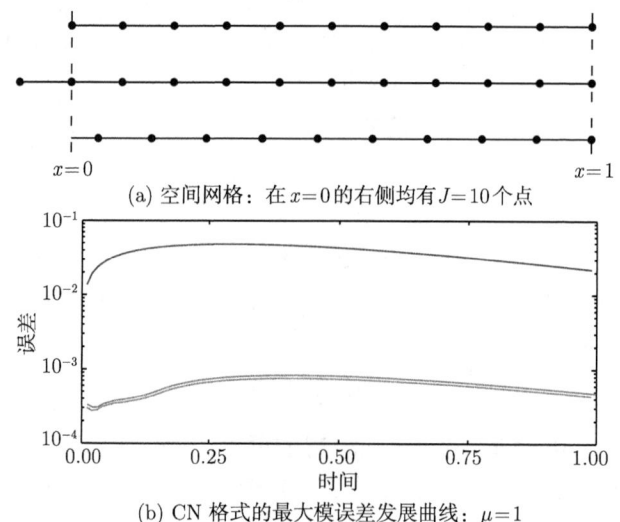

(a) 空间网格：在 $x = 0$ 的右侧均有 $J = 10$ 个点

(b) CN 格式的最大模误差发展曲线：$\mu = 1$

图 3.8 数值边界条件：(上) 单侧离散 (中) 虚拟网格 (下) 半网格

参见图 3.8(a)，在 Dirichlet 边界点 $x = 0$ 的右侧，三种方法所用的空间离散网格均出现 $J = 10$ 个点。图 3.8(b) 绘制了最大模误差的演变过程，由上到下的三条曲线依次对应单侧

①采用古典格式，数值结果是类似的。请读者补充相应的数值结果。

离散方法、虚拟网格方法和半网格方法。清楚可见，双侧离散方法的数值误差相差不多，均远远小于单侧离散方法的数值误差。

前面的相容性分析过程已经指出：对应自然边界条件，边界附近的差分方程出现局部相容阶的损失。基于双侧离散方法的局部截断误差是整体一阶，基于单侧离散方法的局部截断误差是整体零阶的。借用 Lax-Richtmyer 等价定理，双侧离散方法的数值优势可以得到某种程度的佐证。

事实上，无论是采用何种数值边界条件，相应的 CN 格式均可以达到整体二阶的最大模误差。但是，Lax-Richtmyer 等价定理无法给予理论支持，需要借助椭圆型差分格式的强最大值原理，具体内容可参见第 10 章。

3.5 初值条件的离散 ‡

本节讨论一个特殊的定解问题 (HC)。设热传导方程 (3.1) 具有 Neumann 边界条件

$$u_x(0,t) = u_x(1,t) = g(t), \quad t \in (0,T], \tag{3.83}$$

其中 $g(t)$ 是已知函数，$T > 0$ 是终止时刻。在 $(0,1)$ 内积分热传导方程，可得

$$\frac{\mathrm{d}}{\mathrm{d}t}\int_0^1 u(x,t)\mathrm{d}x = \int_0^1 au_{xx}\mathrm{d}x = ag(t) - ag(t) = 0.$$

因此，模型问题 (HC) 的总热量 (真实守恒量) 保持恒定，即

$$\int_0^1 u(x,t)\mathrm{d}x = \int_0^1 u(x,0)\mathrm{d}x, \quad t \in [0,T]. \tag{3.84}$$

普遍认为，若数值格式同连续问题的吻合度越高，则数值结果的可靠性就越高。因此，模型问题 (HC) 的数值格式应当尽量解决下面两个问题：其一是总热量守恒性质 (3.84) 的数值刻画，其二是数值守恒量同真实守恒量的逼近程度。

⚓ **论题 3.20** 若采用单侧离散方法和半网格方法处理自然边界条件，相应的加权平均格式满足离散的总热量守恒性质。

答：以全显格式为例。设 J 是给定的正整数，定义 $\Delta x = 1/J$。参见图 3.9(a)，单侧逼近方法的空间网格是

$$\mathcal{T}_{\Delta x} = \{x_j = j\Delta x\}_{j=0}^J,$$

在 $(0,1)$ 内共有 $J-1$ 个网格点。相应的全显格式是

$$u_1^n - u_0^n = g^n \Delta x, \quad u_J^n - u_{J-1}^n = g^n \Delta x; \tag{3.85a}$$

$$u_j^{n+1} = u_j^n + \mu a \delta_x^2 u_j^n, \quad j = 1:J-1. \tag{3.85b}$$

将 (3.85b) 内的差分方程加起来，由 (3.85a) 可知

$$
\begin{aligned}
\sum_{j=1}^{J-1} u_j^{n+1}\Delta x &= \sum_{j=1}^{J-1} u_j^n \Delta x + \sum_{j=1}^{J-1} \frac{a\Delta t}{\Delta x}\left[(u_{j+1}^n - u_j^n) - (u_j^n - u_{j-1}^n)\right] \\
&= \sum_{j=1}^{J-1} u_j^n \Delta x + \frac{a\Delta t}{\Delta x}\left[(u_J^n - u_{J-1}^n) - (u_1^n - u_0^n)\right] \\
&= \sum_{j=1}^{J-1} u_j^n \Delta x = 常数.
\end{aligned}
\tag{3.86}
$$

参见图 3.9(b)，半网格方法的空间网格① 是

$$\mathcal{T}_{\Delta x} = \{x_j = (j-1/2)\Delta x\}_{j=0}^{J+1},$$

其中 J 和 Δx 的含义同前。换言之，它在 $(0,1)$ 内共有 J 个网格点。相应的全显格式是

$$u_1^n - u_0^n = g^n \Delta x, \quad u_{J+1}^n - u_J^n = g^n \Delta x; \tag{3.87a}$$
$$u_j^{n+1} = u_j^n + \mu a \delta_x^2 u_j^n, \quad j = 1:J. \tag{3.87b}$$

类似于 (3.86) 的推导过程，可得恒等式

$$\sum_{j=1}^{J} u_j^n \Delta x = 常数. \tag{3.88}$$

恒等式 (3.86) 和 (3.88) 均称为离散的热量守恒性质，相应的两个守恒量称为数值守恒量。但是，它们同真实守恒量依旧存在差距：

(1) 即使 $u_0(x)$ 是常值函数，数值守恒量 (3.86) 也不等于真实守恒量，仅仅具有 $\mathcal{O}(\Delta x)$ 的逼近效果。

(2) 数值守恒量 (3.88) 具有 $\mathcal{O}((\Delta x)^2)$ 的逼近效果，可视为真实守恒量的复合型中点矩形积分公式。

因此说，半网格方法强于单侧离散方法。 □

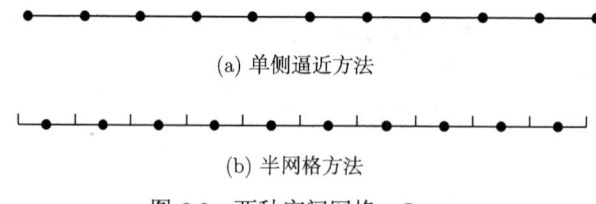

(a) 单侧逼近方法

(b) 半网格方法

图 3.9 两种空间网格：$J = 10$

下面将目光锁定在半网格方法。若数值初值定义为

$$u_j^0 = \frac{1}{\Delta x}\int_{x_j - \frac{1}{2}\Delta x}^{x_j + \frac{1}{2}\Delta x} u_0(x)\mathrm{d}x, \quad \forall j, \tag{3.89}$$

---
① 为同单侧离散方法的比较，这里的空间网格点也采用了整数编号方式。

则数值守恒量精确地等于真实守恒量。简称 (3.89) 是均值定义方式。当 $u_0(x)$ 足够光滑时，它同点值定义方式

$$u_j^0 = u_0(x_j), \quad \forall j \tag{3.90}$$

的差距是 $\mathcal{O}((\Delta x)^2)$ 的，相应的数值结果非常相近。由于数值操作过程较为烦琐，均值定义方式通常不会作为首选。只有当真解的光滑度极差时，均值定义方式才会呈现出相应的数值优势。

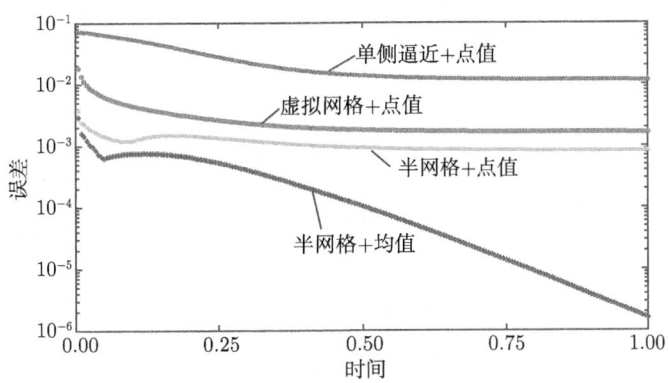

图 3.10　全显格式最大模误差的发展曲线：$J = 10, \mu = 0.5$

在模型问题 (HC) 中，取 $u_0(x) = 1 - x^2$ 和 $g(t) \equiv 0$。由于初值条件和边值条件在 $(1,0)$ 点存在明显的冲突，真解的整体正则性极差，足以展现各种数值方法的差异。热传导方程采用全显格式进行离散，相应的网比是 $\mu = 0.5$。图 3.10 绘制了最大模误差的演化过程，每条曲线对应不同的初边值设置方式。最下面的一条误差曲线表明：基于半网格方法和均值定义方式的数值逼近效果非常完美，远远超出其他三种方式。

习　　题

3.1 证明：当 $\mu a = 1/\sqrt{20}$ 时，热传导方程 (3.1) 的 Douglas 格式具有整体六阶的局部截断误差。

3.2 证明：差分格式 (3.22) 有条件具有 L^2 模稳定性。

3.3 建立外推 CN 格式 (3.23) 的 L^2 模稳定性结论。

3.4 能否找到权重 θ，使隐式三层格式 (3.24) 的局部截断误差高于 (2.2) 阶？

3.5 建立隐式三层格式 (3.24) 的 L^2 模稳定性结论。

3.6 证明：Richtmyer 格式 (3.25) 无条件具有 L^2 模稳定性。

3.7 证明 (3.29) 是最佳的，即平均时间步长的最大值不能再改善。

3.8 设空间离散网格是等距的。若全显格式循环使用三个不同的时间步长，最大平均时间步长可以增大三倍吗？

3.9 证明：Saul'ev 格式 (3.37) 无条件具有 L^2 模稳定性。

3.10 考虑 Saul'ev 格式的两种扫描策略，建立相应的相容性和 L^2 模稳定性。

3.11 证明：当 $\mu a \leqslant 1$ 时，显式分组格式 (3.43) 具有 L^2 模稳定性。

✍ **3.12** 考虑热传导方程 (3.1) 的 Dirichlet 问题。假设真解足够光滑，给出加权平均格式的最大模估计过程。

✍ **3.13** 考虑模型问题 (HP-WEAK) 的 Crank-Nicolson 格式。在网格加密的过程中，分别保持 $\Delta t/\Delta x$ 或者 $\Delta t/(\Delta x)^2$ 不变，数值观察 L^2 模误差及其误差阶。

✍ **3.14** 若自然边界条件分别采用单侧离散方法、虚拟网格方法和半网格方法进行处理，探讨模型问题 (HX) 的全隐格式是否依旧满足离散最大模原理。

✍ **3.15** 考虑模型问题 (HX) 的 CN(或者 DF) 格式，相应的自然边界条件分别采用单侧离散方法、虚拟网格方法和半网格方法进行处理。请写出相应的差分格式，分析其相容性和稳定性。

✍ **3.16** 证明 (3.88)。

第 4 章

一维扩散方程

在热传导问题中，扩散系数常常不是恒定的。例如，当介质分布不够均匀或者属性发生变化时，扩散系数是时空变量的 (连续或者间断) 函数，相应的热传导问题为线性变系数的；当介质具有热敏属性时，扩散系数同未知的解函数有关，相应的热传导问题是非线性的。此时，真解无法精确表达，数值方法成为主要的求解手段。

对于系数非恒定的扩散问题，差分方法的设计思想依旧有效，差分格式的灵活性依旧保持。一般来说，格式构造不会遇到本质困难，但是实现细节需要谨慎的处理。只有这样，数值格式才能保持常系数时的高阶相容性；只有这样，数值格式才能保持线性变系数扩散方程的局部守恒性质。然而，理论分析可能遇到严重障碍，因为线性变系数或非线性因素都可能导致稳定性和收敛性概念无法得到严格论证。因此说，此时的差分格式存在某种程度的数值风险，相应的数值结果和理论分析需要验证。

4.1 具有光滑系数的线性扩散方程

依据不同的物理近似过程，非均匀介质的热传导现象可以描述为如下两种形式的线性扩散方程。其一是非守恒型扩散方程

$$u_t = a(x,t)u_{xx}, \tag{4.1a}$$

其二是守恒型 (或散度型) 扩散方程

$$u_t = (a(x,t)u_x)_x, \tag{4.1b}$$

其中 $a(x,t)$ 称为扩散系数。为保证方程的抛物属性，$a(x,t)$ 在计算区域上具有正的下确界。当扩散系数变化非常缓慢的时候，上述两种表达形式是非常接近的。配以适当的定解条件，偏微分方程理论证明其真解存在且唯一。

若无特殊声明，本章主要考虑扩散方程 (4.1) 的纯初值问题或周期边值问题。本节假设 $a(x,t)$ 和 $u(x,t)$ 均足够光滑，分别构造扩散方程 (4.1a) 和 (4.1b) 的差分格式。为简单见，设时空网格 $\mathcal{T}_{\Delta x, \Delta t}$ 是等距的，相应的空间步长和时间步长分别是 Δx 和 Δt；网比记为 $\mu = \Delta t/(\Delta x)^2$。

4.1.1 非守恒型扩散方程

将导数的差商离散技术同扩散系数的**局部冻结技术**结合起来，即可构造出非守恒型扩散方程 (4.1a) 的差分方程。

例如，在离散焦点直接冻结扩散系数，可得 (4.1a) 的全显格式

$$\Delta_t u_j^n = \mu a_j^n \delta_x^2 u_j^n \tag{4.2a}$$

和全隐格式

$$\Delta_t u_j^n = \mu a_j^{n+1} \delta_x^2 u_j^{n+1}. \tag{4.2b}$$

利用 Taylor 展开技术可知，它们均无条件具有 (2,1) 阶局部截断误差，保持了它们在常系数情形的相容阶。

加权平均格式是全显格式和全隐格式的线性组合，相应的扩散系数有两种冻结策略。其一是多焦点策略，定义

$$\Delta_t u_j^n = \mu \left[\theta a_j^{n+1} \delta_x^2 u_j^{n+1} + (1-\theta) a_j^n \delta_x^2 u_j^n \right], \tag{4.3a}$$

其中 $\theta \in [0,1]$ 是给定的权重。一般而言，它无条件具有 (2,1) 阶局部截断误差；特别地，当 $\theta = 1/2$ 时，它称为 Crank-Nicolson(CN) 格式，无条件具有 (2,2) 阶局部截断误差。换言之，(4.3a) 也保持了其在常系数情形的相容阶。其二是单焦点策略，定义

$$\Delta_t u_j^n = \mu a_j^\star \left[\theta \delta_x^2 u_j^{n+1} + (1-\theta) \delta_x^2 u_j^n \right], \tag{4.3b}$$

其中 $a_j^\star$ 是扩散系数的局部冻结：

(1) 当 $\theta \neq 1/2$ 时，令 $a_j^\star = a(x_j, t^\star)$，其中 $t^\star \in [t^n, t^{n+1}]$。此时，差分方程 (4.3b) 无条件具有 (2,1) 阶局部截断误差，保持了它在常系数情形的相容阶。

(2) 当 $\theta = 1/2$ 时，扩散系数的局部冻结要细心设置，才能保持常系数情形的局部相容阶。借鉴 (4.3a) 的双焦点策略，可以定义

$$a_j^\star = \frac{1}{2}(a_j^n + a_j^{n+1}). \tag{4.4a}$$

回忆线性常系数 CN 格式的构造过程，扩散系数还可以直接冻结在最佳的离散焦点上，即定义

$$a_j^\star = a_j^{n+\frac{1}{2}} \equiv a(x_j, (t^n + t^{n+1})/2). \tag{4.4b}$$

通常，基于 (4.4a) 和 (4.4b) 两种冻结方式的数值格式 (4.3b) 均称为 Crank-Nicolson 格式。事实上，前者基于时间积分的梯形公式，而后者基于时间积分的中点矩形公式。

由于 $a(x,t)$ 足够光滑，上述两种冻结方式具有 $\mathcal{O}((\Delta t)^2)$ 的差距，相应的 CN 格式都具有 (2,2) 阶局部截断误差。但是，它们关于扩散系数的最低光滑性要求是不同的。请读者自行推导。

下面给出一个相容阶更高的差分格式，并借此说明：随着相容阶的增高，扩散系数的局部冻结也将变得烦琐。

论题 4.1 为简单起见，设 $a(x,t) \equiv a(x)$，即扩散系数同时间无关。基于加权平均格式的离散模板，构造扩散方程 (4.1a) 的整体四阶格式。

答：回顾 (4.1a) 的 CN 格式，由构造过程可知

$$\frac{[u]_j^{n+1} - [u]_j^n}{a_j \Delta t} - \frac{1}{2(\Delta x)^2} \left[\delta_x^2 [u]_j^n + \delta_x^2 [u]_j^{n+1} \right]$$
$$= -\frac{(\Delta x)^2}{12} [u_{xxxx}]_j^{n+\frac{1}{2}} + \mathcal{O}((\Delta x)^4 + (\Delta x \Delta t)^2 + (\Delta t)^2). \tag{4.5}$$

要构造出整体四阶的差分格式，只需建立 $[u_{xxxx}]_j^{n+\frac{1}{2}}$ 的二阶相容离散。首先，利用偏微分方程 (4.1a)，将空间导数转化为时间导数。然后，利用相应的中心差商离散，可以建立

$$[u_{xxxx}]_j^{n+\frac{1}{2}} = [(a^{-1}u_t)_{xx}]_j^{n+\frac{1}{2}} = [(a^{-1}u)_{xxt}]_j^{n+\frac{1}{2}}$$
$$= \frac{\delta_x^2[a^{-1}u]_j^{n+1} - \delta_x^2[a^{-1}u]_j^n}{(\Delta x)^2 \Delta t} + \mathcal{O}((\Delta x)^2 + (\Delta t)^2). \tag{4.6}$$

两式联立，略去无穷小量，用数值解替换真解，可得整体四阶的差分方程

$$\frac{\Delta_t u_{j+1}^n}{12a_{j+1}} + \frac{5\Delta_t u_j^n}{6a_j} + \frac{\Delta_t u_{j-1}^n}{12a_{j-1}} = \frac{1}{2}\mu(\delta_x^2 u_j^{n+1} + \delta_x^2 u_j^n). \tag{4.7}$$

若 $a(x)$ 是常值函数，它就是 §3.1 中的 Douglas 格式，故而也称为扩散方程 (4.1a) 的 Douglas 格式。□

▲**注释 4.1** 在 Douglas 格式 (4.7) 的设计过程中，有两个关键技术非常值得回味。首先，以偏微分方程为桥梁，将时空方向的导数进行恰当的转换，克服了时空信息分布不均的困难，使得离散模板的空间网格点分布更加紧凑。其次，填补局部截断误差主项的差商离散，将低阶格式修正到高阶格式。上述两种设计思想简单有效，应用范围极其广泛。

4.1.2 守恒型扩散方程

最易想到的设计思想，是直接利用前一小节的离散技术。具体来讲，展开守恒型扩散方程 (4.1b) 的散度型空间导数，得到等价的对流扩散方程

$$u_t = a(x,t)u_{xx} + b(x,t)u_x, \tag{4.8}$$

其中 $b(x,t) = a_x(x,t)$。利用中心差商离散空间导数，并在离散焦点直接冻结相关系数，即可给出 (4.1b) 的全显格式

$$\Delta_t u_j^n = \mu a_j^n \delta_x^2 u_j^n + \frac{\Delta x}{2}\mu b_j^n \Delta_{0x} u_j^n. \tag{4.9}$$

显然，它无条件具有 (2,1) 阶局部截断误差。但是，当 $a(x,t)$ 剧烈变化的时候，它的稳定性缺陷暴露无遗；详见论题 4.6。究其根源，守恒型扩散方程 (4.1b) 内蕴的热量 (局部) 守恒性质

$$\int_{z_1}^{z_2} u_t(x,t)\mathrm{d}x = W(z_2,t) - W(z_1,t), \quad \forall z_1, z_2, \forall t$$

没有得到满意的数值保持，其中 $W = au_x$ 称为热流通量。在本章范围内，符号 W 的定义保持不变。

我们将充分利用空间导数的散度型结构，数值实现热量 (局部) 守恒性质。常用的途径有两种。

1. 积分插值方法

积分插值方法[①] 是散度型导数的常用离散技术。其设计思想非常简单，就是离散对象在某个局部区域的某种积分近似：

[①] 在近代文献中，积分插值方法常常被收录到有限体积方法，或者广义差分方法。详见第 8 章的内容。

(1) 选取适当的局部区域，积分偏微分方程或者散度型导数。基于散度定理，高阶导数的高维积分转化为低阶导数的低维积分。要注意，这个推导过程是精确的。

(2) 离散低阶导数，采用适当的数值积分公式，近似低阶导数的低维积分。

由于积分维数和导数阶数的降低，数值格式的设计过程变得相对简单。

论题 4.2 利用积分插值方法，建立守恒型扩散方程 (4.1b) 的全显格式。

答： 在局部区域 $(x_{j-1/2}, x_{j+1/2}) \times (t^n, t^{n+1})$ 内，考虑守恒型扩散方程 (4.1b) 的二维积分，可得精确成立的积分恒等式

$$\int_{x_{j-\frac{1}{2}}}^{x_{j+\frac{1}{2}}} u(x, t^{n+1}) \mathrm{d}x - \int_{x_{j-\frac{1}{2}}}^{x_{j+\frac{1}{2}}} u(x, t^n) \mathrm{d}x$$
$$= \int_{t^n}^{t^{n+1}} W(x_{j+\frac{1}{2}}, t) \mathrm{d}t - \int_{t^n}^{t^{n+1}} W(x_{j-\frac{1}{2}}, t) \mathrm{d}t, \tag{4.10}$$

其中 $x_{j\pm 1/2} = x_j \pm \Delta x/2$ 为控制区间 $I(x_j)$ 的端点。左侧积分采用中点公式近似，右侧积分采用左矩形公式近似，有

$$\left([u]_j^{n+1} - [u]_j^n\right) \Delta x \approx \left([W]_{j+\frac{1}{2}}^n - [W]_{j-\frac{1}{2}}^n\right) \Delta t. \tag{4.11}$$

利用一阶中心差商技术和冻结系数方法，离散热流通量，有

$$[W]_{j+\frac{1}{2}}^n \approx a_{j+\frac{1}{2}}^n \frac{[u]_{j+1}^n - [u]_j^n}{\Delta x}, \tag{4.12}$$

其中 $a_{j+1/2}^n$ 是扩散系数的局部冻结，比如

$$a_{j+\frac{1}{2}}^n = a(x_{j+\frac{1}{2}}, t^n) \quad \text{或者} \quad a_{j+\frac{1}{2}}^n = \frac{1}{2}(a_j^n + a_{j+1}^n). \tag{4.13}$$

综上所述，略去无穷小量，用数值解替换精确解，即得守恒型扩散方程 (4.1b) 的全显格式

$$\Delta_t u_j^n = \mu \delta_x (a_j^n \delta_x u_j^n) = \mu \Delta_{-,x} (a_{j+\frac{1}{2}}^n \Delta_{+,x} u_j^n). \tag{4.14}$$

利用 Taylor 展开技术可知，它无条件具有 (2,1) 阶局部截断误差。若 $a(x,t)$ 恒等于常数 a，它就是线性常系数热传导方程 (3.1) 的全显格式 (1.9)。 □

在 (4.13) 中，第一种方式基于直接定义，第二种方式基于算术平均。由于扩散系数 $a(x,t)$ 足够光滑，两种方式具有 $\mathcal{O}((\Delta x)^2)$ 的差距，相应格式的数值结果差距甚微。为行文简便，统称它们为算术平均方式。

注释 4.2 对于发展型偏微分方程，**线方法** (method of lines) 是常用的设计思路。换言之，我们保持时间变量的连续性，仅仅离散空间变量，建立相应的半离散格式。

下面构造 (4.1b) 的半离散格式。为符号简单，省略时间变量。此时，设计核心是散度型空间导数 $Q(x) = (a(x)u_x)_x$ 的离散。利用积分插值方法，在控制区间 $I(x_j)$ 内积分 $Q(x)$，由中点矩形公式可得

$$[Q]_j \Delta x \approx \int_{x_{j-1/2}}^{x_{j+1/2}} Q(x) \mathrm{d}x = [W]_{j+1/2} - [W]_{j-1/2}.$$

4.1 具有光滑系数的线性扩散方程

前面已经讨论过热流通量 W 的离散，此处无须赘述。因此，有

$$[Q]_j \approx \frac{1}{(\Delta x)^2} \delta_x(a_j(t)\delta_x[u]_j(t)),$$

其中 $a_{j+1/2}(t)$ 是扩散系数的局部冻结，比如

$$a_{j+1/2}(t) = a(x_{j+1/2}, t), \quad 或者 \quad a_{j+1/2}(t) = \frac{1}{2}\Big[a_j(t) + a_{j+1}(t)\Big].$$

综上所述，守恒型扩散方程 (4.1b) 的半离散格式是

$$\frac{\mathrm{d}}{\mathrm{d}t} u_j(t) = \frac{1}{(\Delta x)^2} \delta_x(a_j(t)\delta_x u_j(t)), \quad \forall j. \tag{4.15}$$

显然，它构成一个常微分方程组。

数值推进半离散格式的时间变量，即可导出发展型偏微分方程的全离散格式。例如，利用向前 Euler 折线法求解 (4.15)，即可导出全显格式 (4.14)。强调指出：虽然绝大多数的格式按照上述过程实现，但是有些格式 (例如 DF 格式) 就没有采用上述思路。

2. 盒子格式

微分方程的降阶处理也是常用的数值处理方法。换言之，数值离散对象不再是热传导方程 (4.1b)，而是与其等价的一阶微分方程组

$$u_t = v_x, \quad v = a(x,t)u_x, \tag{4.16}$$

其中 u 是原始变量，v 是辅助变量。理论上，辅助变量可以任意设置。但是，它通常具有一定的计算目标或者物理意义。在 (4.16) 中，辅助变量就是热流通量。

基于一阶微分方程组 (4.16)，热量 (局部) 守恒性质可以轻松地数值保持。在这个框架下，盒子格式① 是非常著名的。它是由 H. B. Keller 最早给出的，也称为 Keller 格式。参见图 4.1，在时空网格中选取四个紧凑排列的网格点，搭建出盒子形状的离散模板。差分方程的构造过程如下：

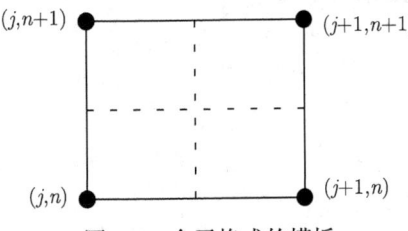

图 4.1 盒子格式的模板

(1) 在盒子中心点 $(x_{j+\frac{1}{2}}, t^{n+\frac{1}{2}})$，利用中心差商技术，离散 (4.16) 的第一个方程，有

$$\frac{[u]_{j+\frac{1}{2}}^{n+1} - [u]_{j+\frac{1}{2}}^n}{\Delta t} \approx \frac{[v]_{j+1}^{n+\frac{1}{2}} - [v]_j^{n+\frac{1}{2}}}{\Delta x}; \tag{4.17}$$

---

① Keller H B. *A new difference scheme for parabolic problems*. Numerical solution of partial differential equations, 1971, 203(2): 327~350.

其中 $x_{j+1/2} = (x_j + x_{j+1})/2$ 和 $t^{n+1/2} = (t^n + t^{n+1})/2$;

(2) 在水平边的中点 $(x_{j+\frac{1}{2}}, t^n)$，利用中心差商技术和冻结系数方法，离散 (4.16) 的第二个方程，有

$$[v]_{j+\frac{1}{2}}^n \approx a_{j+\frac{1}{2}}^n \frac{[u]_{j+1}^n - [u]_j^n}{\Delta x}, \tag{4.18}$$

其中 $a_{j+1/2}^n = a(x_{j+1/2}, t^n)$ 或 $a_{j+1/2}^n = \frac{1}{2}\left[a(x_j, t^n) + a(x_{j+1}, t^n)\right]$ 是扩散系数的局部冻结；利用整点的真解逼近各边中点的真解，有

$$[w]_{j+\frac{1}{2}}^n \approx \Pi_x [w]_{j+\frac{1}{2}}^n = \frac{1}{2}\left([w]_j^n + [w]_{j+1}^n\right), \tag{4.19a}$$

$$[w]_j^{n+\frac{1}{2}} \approx \Pi_t [w]_j^{n+\frac{1}{2}} = \frac{1}{2}\left([w]_j^n + [w]_j^{n+1}\right), \tag{4.19b}$$

其中 w 是 u 或 v，Π_x 和 Π_t 分别表示两个方向的算术平均算子。

略去无穷小量，用数值解替换真解，即得 (4.1b) 的盒子格式

$$\frac{\Pi_x u_{j+\frac{1}{2}}^{n+1} - \Pi_x u_{j+\frac{1}{2}}^n}{\Delta t} = \frac{\Pi_t v_{j+1}^{n+\frac{1}{2}} - \Pi_t v_j^{n+\frac{1}{2}}}{\Delta x}, \tag{4.20a}$$

$$\Pi_x v_{j+\frac{1}{2}}^n = a_{j+\frac{1}{2}}^n \frac{u_{j+1}^n - u_j^n}{\Delta x}. \tag{4.20b}$$

利用 Taylor 展开技术可知，它无条件具有 $(2,2)$ 阶局部截断误差。

论题 4.3 设扩散系数恒定，即 $a(x,t) \equiv a > 0$。利用 Fourier 方法，严格证明盒子格式 (4.20) 无条件具有 L^2 模稳定性。

答：设 $k \in \Re$，将模态解

$$u_j^n = \hat{u}^n e^{ikj\Delta x}, \quad v_j^n = \hat{v}^n e^{ikj\Delta x},$$

代入到盒子格式 (4.20)，可得相应的增长因子

$$\lambda(k) \equiv \frac{\hat{u}^{n+1}}{\hat{u}^n} = \frac{\cos^2\sigma - 2\mu a \sin^2\sigma}{\cos^2\sigma + 2\mu a \sin^2\sigma}, \quad \sigma = k\Delta x/2.$$

显然，对于任意的网比，严格的 von Neumann 条件 $|\lambda(k)| \leqslant 1, \forall k$ 均成立。因此，盒子格式 (4.20) 无条件具有 L^2 模稳定性。 □

当扩散系数不是常数时，盒子格式 (4.20) 也是无条件 L^2 模稳定的。相关讨论方法，将稍后给出。

4.1.3 稳定性分析方法

首先要指出，Lax-Richtmyer 等价定理依旧成立。换言之，若线性变系数差分格式相容于某个适定的线性偏微分方程定解问题，则它的稳定性和收敛性是彼此等价的。因此，我们仍以相容性和稳定性概念为重点讨论对象。

4.1 具有光滑系数的线性扩散方程

对于线性变系数差分格式，相容性分析是容易的。基本工具仍是 Taylor 展开技术，只不过推导过程变得烦琐而已。但是，稳定性分析可能遇到困难。比如，简便快捷的 Fourier 方法只能适用于线性常系数差分格式，不能应用于线性变系数差分格式。为此，一些相对有效的稳定性分析技术被相继提出，例如冻结系数方法和能量方法。下面给予相应的介绍。

1. 冻结系数方法

冻结系数方法堪称应用最广的稳定性分析方法。它的出发点非常朴素和模糊：当离散网格变密的时候，扩散系数可以视为局部恒定，甚至将线性变系数差分格式直接视为某个线性 (或者分片) 常系数差分格式的微小扰动。利用普遍接受的数值概念 —— 彼此"靠近"的差分格式具有"接近"的数值表现，可以诱导出"启发性"的稳定性结论：若作为参考对象的线性常系数差分格式是 (不) 稳定的，则线性变系数差分格式也是 (不) 稳定的。

完整分析过程如下：首先，将差分系数冻结为某个常数，导出相应的线性常系数差分格式；然后，利用其他的准确分析技术，给出相应的稳定性结论；最后，考虑所有合理的系数冻结范围，所有稳定性结论的交集就是冻结系数方法给出的结果。

论题 4.4 利用冻结系数方法，给出全显格式 (4.2a) 的最大模稳定性条件和 L^2 模稳定性条件。

答：将扩散系数 a_j^n 锁定为某个常数 a，则全显格式 (4.2a) 转化为线性常系数差分格式 $u_j^{n+1} = u_j^n + \mu a \delta_x^2 u_j^n$。利用已知的稳定性结果可知，其最大模稳定性条件和 L^2 模稳定性条件都是 $\mu a \leqslant 1/2$。然而，这个结论只能近似反映网格点 (x_j, t^n) 附近的情况。因此，我们需要综合考虑所有的网格点。令 a 遍历 $\{a_j^n\}_{\forall j}^{\forall n}$ 的取值范围，相应稳定性结论的交集

$$\max_{\forall x \forall t} a(x,t) \mu \leqslant \frac{1}{2} \tag{4.21}$$

就是全显格式 (4.2a) 稳定性条件。 □

利用离散最大模原理可知，时空约束条件 (4.21) 可以保证全显格式 (4.2a) 的最大模稳定性。但是，在临界状态下，全显格式的 L^2 模稳定性无法得到严格的理论验证；参见论题 4.5。尽管如此，稳定性结论 (4.21) 还是相对准确的。换言之，对于线性变系数差分格式，冻结系数方法给出的结论通常都具有足够的指导价值，其时空约束条件可以被"模糊"地看作充要条件[①]。为减少数值不稳定的风险，时空约束条件的上界常常缩至原来的 $60\% \sim 80\%$。

注释 4.3 冻结系数方法简单便捷，虽然它能较好地反映稳定性结果，却完全忽略了系数变化带来的数值影响。对于线性常系数问题稳定的某些格式，有可能对于线性变系数问题出现"数值共振"现象，使得部分简谐波呈现出无法控制的增长，造成**线性不稳定现象**。这种现象特别容易出现在双曲型方程的无耗散格式中；具体实例参见 §7.1 的内容。

2. 能量方法

不同于在频域空间进行操作的 Fourier 方法，能量方法直接在时域空间进行操作。它的应用范围较广，可以处理线性变系数、非周期边界条件和非等距网格等因素。同偏微分方程

[①] 事实上，它仅是格式稳定的必要条件。换言之，若数值格式对于线性常系数问题都是不稳定的，它必然没有应用价值。

的能量方法相比，差分格式的能量方法推导过程类似的，但细节处理略显复杂和困难。通常，分析流程包含三个步骤：

(1) 选取适当的检验函数，建立能量范数的递推关系式；
(2) 指出能量范数同离散 L^2 模的等价关系；
(3) 导出差分格式的 L^2 模稳定性，给出相应的充分条件。

因篇幅有限，下面仅给出一个简单实例；更多内容参见 §9.3。

论题 4.5 考虑守恒型扩散方程 (4.1b) 的周期边值条件，其中扩散系数 $a(x,t)$ 和真解 $u(x,t)$ 在空间方向上均以 1 为周期。利用偏微分方程的能量方法，可知

$$\int_0^1 u(x,t)^2 \mathrm{d}x \leqslant \int_0^1 u_0^2(x) \mathrm{d}x, \tag{4.22}$$

其中 $u_0(x)$ 是初值函数。基于等距时空网格

$$\mathcal{T}_{\Delta x, \Delta t} = \{x_j = j\Delta x\}_{j=0:J} \times \{t^n = n\Delta t\}_{\forall n \geqslant 0},$$

构造周期边值问题的全显格式 (4.14)，其中 $\Delta x = 1/J$ 是空间步长，Δt 是时间步长。利用能量方法，给出 L^2 模稳定的充分条件。

答：为简单起见，设 $a_{j+1/2}^n \equiv a_{j+1/2}$，即扩散系数同时间无关。当扩散系数同时间相关时，相应的能量方法是类似的；具体过程较为复杂，留作练习。

在差分方程 (4.14) 的两端同乘 $u_j^{n+1} + u_j^n$，其中 $j = 0 : J-1$。将 J 个恒等式相加，可得

$$\text{LHS} \equiv \sum_{j=0}^{J-1} (u_j^{n+1} - u_j^n)(u_j^{n+1} + u_j^n)\Delta x$$

$$= \mu \sum_{j=0}^{J-1} \Delta_{-,x}(a_{j+\frac{1}{2}}\Delta_{+,x} u_j^n)(u_j^{n+1} + u_j^n)\Delta x \equiv \text{RHS}. \tag{4.23}$$

下面估计 (4.23) 的两端。显然，有

$$\text{LHS} = \sum_{j=0}^{J-1} (u_j^{n+1})^2 \Delta x - \sum_{j=0}^{J-1} (u_j^n)^2 \Delta x. \tag{4.24a}$$

注意到周期边界条件 $u_0^n = u_J^n$ 和 $u_{J+1}^n = u_1^n$，以及扩散系数 $a(x)$ 的空间周期性，调整求和次序，可得

$$\text{RHS} = -\mu \sum_{j=0}^{J-1} a_{j+\frac{1}{2}} \Delta_{+,x} u_j^n \Delta_{+,x}(u_j^{n+1} + u_j^n)\Delta x. \tag{4.24b}$$

注意到 $p(p+q) = \frac{1}{2}(p+q)^2 + \frac{1}{2}(p^2 - q^2)$，有

$$\mathcal{E}(u^{n+1}) - \mathcal{E}(u^n) = -\frac{1}{2}\mu \sum_{j=0}^{J-1} a_{j+\frac{1}{2}} \left[\Delta_{+,x}(u_j^{n+1} + u_j^n)\right]^2 \Delta x \leqslant 0,$$

其中
$$\mathcal{E}(u^n) \equiv \sum_{j=0}^{J-1} (u_j^n)^2 \Delta x - \frac{1}{2}\mu \sum_{j=0}^{J-1} a_{j+\frac{1}{2}} (\Delta_{+,x} u_j^n)^2 \Delta x$$

是整个离散系统的能量范数①。换言之，$\mathcal{E}(u^n)$ 是不增的。利用算术平均值不等式，可得

$$\left[1 - 2\mu A\right] \sum_{j=0}^{J-1} (u_j^n)^2 \Delta x \leqslant \mathcal{E}(u^n) \leqslant \cdots \leqslant \mathcal{E}(u^0) \leqslant \sum_{j=0}^{J-1} (u_j^0)^2 \Delta x,$$

其中 $A = \max\limits_{x \in (0,1)} a(x) > 0$。若存在正常数 $\delta > 0$，使得

$$1 - 2\mu A \geqslant \delta, \tag{4.25}$$

则有 L^2 模稳定性，即

$$\sum_{j=0}^{J-1} (u_j^n)^2 \Delta x \leqslant \frac{1}{\delta} \sum_{j=0}^{J-1} (u_j^0)^2 \Delta x. \tag{4.26}$$

由 (4.25) 可知 $\delta < 1$，因此稳定性结论 (4.26) 弱于偏微分方程定解问题的适定性结论 (4.22)。□

论题 4.5 表明：在时空约束条件 (4.21) 的临界状态下，即 $2\mu A=1$ 时，变系数全显格式 (4.14) 的 L^2 模稳定性结论是不明确的。当扩散系数恒定的时候，利用直接矩阵方法可证：在临界状态下的全显格式也具有 L^2 模稳定性。

3. 数值格式的比较

差分格式 (4.9) 和 (4.14) 具有相同的相容阶，构造方法分别基于扩散方程 (4.1b) 的两个等价形式。但是，当扩散系数 $a(x,t)$ 变化剧烈的时候，两个格式的稳定性条件截然不同。

⚓ **论题 4.6** 要满足离散最大模原理，两个差分格式的时空约束条件有何区别？

答：要使系数具有显式的凸组合结构，差分格式 (4.14) 只需满足

$$2a(x_j, t^n)\Delta t \leqslant (\Delta x)^2, \quad \forall j \forall n,$$

而差分格式 (4.9) 还需满足

$$|a_x(x_j, t^n)|\Delta x \leqslant 2a(x_j, t^n), \quad \forall j \forall n.$$

换言之，差分格式 (4.9) 的空间步长同 $\|a_x(x,t)/a(x,t)\|_\infty^{-1}$ 成正比。若扩散系数 $a(x,t)$ 沿着空间的变化非常剧烈，例如

$$a(x,t) = \sin^2\left(\frac{x}{\varepsilon}\right) + 1, \quad \varepsilon \ll 1,$$

则空间步长 Δx 要足够小，空间网格要足够密集。这将导致计算数据量极度增加，计算效率受到严重损害。更多内容参见 §9.2。□

---
① 在适当的时空条件下，它才会真正成为离散范数。

事实上，当扩散系数变化剧烈的时候，两个数值格式的误差表现也是完全不同的。因此说，数值离散策略的选择是非常重要的。一个广泛接受的观点是，若导数具有紧凑的散度型结构，相应的数值格式更具优势。

注释 4.4 当扩散系数含有间断时，即使差分格式 (4.9) 和 (4.14) 均具有清晰的定义，它们的收敛性表现也是截然不同的。

(1) 差分方程 (4.9) 无法数值保持热量的局部守恒性质，相应的数值解有可能不收敛到问题的真解。

(2) 差分格式 (4.14) 数值保持热量的局部守恒性质，相应的数值解一定收敛到问题的真解。

事实上，在相同的离散模板下，要保证数值解收敛到真解，形如 (4.14) 的差分格式是必需的。因篇幅限制，详略。具体内容可参见 [10]。

4.2 具有间断系数的线性扩散方程

将两种材质焊接在一起，整个系统的导热现象仍可用守恒型扩散方程 (4.1b) 描述，但扩散系数在焊接点 $x_\star$ 出现第一类间断。为简单起见，设扩散系数是分片常数函数，即

$$a(x,t) = \begin{cases} a_L, & x < x_\star, \\ a_R, & x > x_\star, \end{cases} \tag{4.27}$$

其中 $a_L \neq a_R$。此时，真解不再是 (整体) 古典解，而是满足连接条件

$$u(x_\star^+, t) = u(x_\star^-, t), \quad a_R u_x(x_\star^+, t) = a_L u_x(x_\star^-, t), \quad \forall t > 0 \tag{4.28}$$

的分片古典解[①]。它的直观含义是温度 u 和热流通量 W 处处连续，无论扩散系数是否存在间断。因此，守恒型扩散方程 (4.1b) 具有热量的局部守恒性质，即对于任意的 $p < q$，均有

$$\int_p^q \left[u(x, t^{n+1}) - u(x, t^n)\right] dx = \int_{t^n}^{t^{n+1}} \left[W(q,t) - W(p,t)\right] dt.$$

由连接条件 (4.28) 可知，真解在 $x_\star$ 点的左右导数是不同的；参见图 4.2。由于真解持续的恶劣光滑性表现，数值计算遇到严峻的挑战。此时，积分插值方法可以数值保持热量的局部守恒性质，相应的数值解一定收敛到真解。证明较繁，略。本节的目标是着重指出扩散系数的冻结方式对于误差表现的影响。

不妨以全显格式 (4.14) 为例。若基于算术平均方式 (4.13) 进行冻结，其误差表现有些差强人意；参见表 4.1。为寻找更佳的局部冻结方式，回顾全显格式的设计过程，重新离散热流通量 $[W]_{j+1/2}^n$。

[①] 准确的定义应是 "弱解"。

4.2 具有间断系数的线性扩散方程

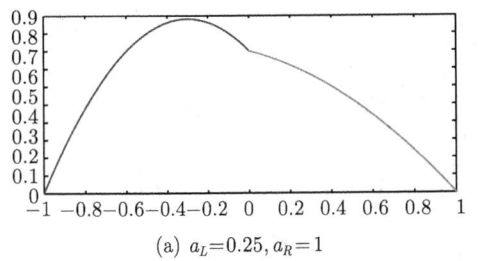
(a) $a_L=0.25, a_R=1$

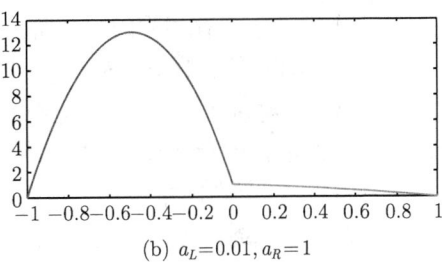
(b) $a_L=0.01, a_R=1$

图 4.2 带有间断系数的扩散方程：真解示意图

表 4.1 不同冻结系数方式的数值比较

J	算术平均方式				调和平均方式			
	L^2误差	阶数	最大模误差	阶数	L^2误差	阶数	最大模误差	阶数
21	9.061e-3		6.280e-3		3.046e-3		1.979e-3	
41	4.633e-3	1.00	3.426e-3	0.91	7.863e-3	2.02	5.082e-4	2.03
81	2.372e-3	0.98	1.810e-3	0.94	2.006e-4	2.01	1.297e-4	2.01
161	1.204e-3	0.99	9.330e-4	0.96	5.072e-5	2.00	3.279e-5	2.00
321	6.069e-4	0.99	4.738e-6	0.98	1.276e-5	2.00	8.247e-6	2.00

再次借用积分插值方法的设计思想，考虑 $W(x,t^n)/a(x,t^n)$ 在区间 (x_j, x_{j+1}) 的积分近似。暂时假设 $a(x,t)$ 连续。注意到 $W(x,t^n)$ 的空间连续性，利用积分中值定理可得

$$[u]_{j+1}^n - [u]_j^n = \int_{x_j}^{x_{j+1}} \frac{W(x,t^n)}{a(x,t^n)} \mathrm{d}x \approx [W]_{j+\frac{1}{2}}^n \int_{x_j}^{x_{j+1}} \frac{\mathrm{d}x}{a(x,t^n)}.$$

换言之，扩散系数可以局部冻结为

$$a_{j+\frac{1}{2}}^n = \Delta x \left[\int_{x_j}^{x_{j+1}} \frac{\mathrm{d}x}{a(x,t^n)} \right]^{-1}. \tag{4.29}$$

事实上，它也适用于间断扩散系数。

式 (4.29) 可以用数值积分进行近似。在间断点两侧分别采用左矩形公式和右矩形公式，(4.29) 可以近似为两侧扩散系数的 (加权) 调和平均。它给出新的局部冻结方式

$$a_{j+\frac{1}{2}}^n = \left[\frac{\theta_{j+\frac{1}{2}}^n}{a_j^n} + \frac{1-\theta_{j+\frac{1}{2}}^n}{a_{j+1}^n} \right]^{-1}, \tag{4.30a}$$

其中

$$\theta_{j+\frac{1}{2}}^n = \begin{cases} (x_\star - x_j)/\Delta x, & x_\star \in [x_j, x_{j+1}] \\ 1/2, & \text{其他}. \end{cases} \tag{4.30b}$$

为行文简便，将 (4.29) 和 (4.30a) 统称为调和平均方式。

当扩散系数的二阶导数连续有界时，调和平均方式和算术平均方式是非常接近的，例如，

$$2\left[\frac{1}{a_j^n} + \frac{1}{a_{j+1}^n}\right]^{-1} - \frac{1}{2}\left[a_j^n + a_{j+1}^n\right] = \mathcal{O}((\Delta x)^2),$$

相应的全显格式 (4.14) 具有相同的收敛阶, 数值差别也是微乎其微的。但是, 当存在第一类间断点时, 调和平均方式的数值优势将会得到清晰的展现。

论题 4.7 利用直观的物理观点进行解释, 调和平均方式 (4.30a) 更加准确地保持了热流通量在间断点两侧的连续性。

答: 设间断点 $x_\star$ 落在网格点 x_j 和 x_{j+1} 之间, 两侧的扩散系数分别是 a_j^n 和 a_{j+1}^n。此时, 穿过间断点的热流通量可以分别近似为

$$[W]_{\mathrm{L}}^n \approx a_j^n \frac{[u]_\star^n - [u]_j^n}{\theta_{j+1/2}^n \Delta x}, \quad [W]_{\mathrm{R}}^n \approx a_{j+1}^n \frac{[u]_{j+1}^n - [u]_\star^n}{(1-\theta_{j+1/2}^n) \Delta x},$$

其中 $[u]_\star^n = u(x_\star, t^n)$ 是位于间断点的未知温度。上述过程相当于物理学中常用的均匀化技术。若间断点两侧的两种均匀材质也被视为某种 (虚拟的) 均匀材质, 相应的扩散系数是待定的常数 $a_\star^n$, 则穿过间断点 $x_\star$ 的热流通量还可以近似为

$$[W]_\star^n \approx a_\star^n \frac{[u]_{j+1}^n - [u]_j^n}{\Delta x}.$$

上述三种刻画方式应当近似相等, 有

$$\frac{[u]_{j+1}^n - [u]_j^n}{\Delta x / a_\star^n} \approx \frac{[u]_\star^n - [u]_j^n}{\theta_{j+1/2}^n \Delta x / a_j^n} \approx \frac{[u]_{j+1}^n - [u]_\star^n}{(1-\theta_{j+1/2}^n) \Delta x / a_{j+1}^n}.$$

将其看作等式关系, 解出的 $a_\star^n$ 就是调和平均扩散系数 (4.30a)。 □

注释 4.5 在扩散系数的第一类间断点附近, 扩散系数的不同冻结方式可使差分方程 (4.14) 具有不同的相容阶。若基于算术平均方式 (4.13), 其局部截断误差是 $\mathcal{O}((\Delta x)^{-1})$; 若基于调和平均方式 (4.30a), 其局部截断误差是 $\mathcal{O}(1)$。相应的推导过程较为烦琐, 因为间断点两侧的 Taylor 展开公式不同, 局部截断误差的化简要充分利用连接条件 (4.28)。具体内容可参阅文献 [10]。

最后, 数值观察扩散系数冻结方式产生的实际效果。假设守恒型扩散方程 (4.1b) 的扩散系数在 $x_\star = 0$ 间断, 两侧取值分别是 $a_L = 4$ 且 $a_R = 1$。考虑 Dirichlet 零边值问题, 设真解是

$$u(x,t) = \begin{cases} \dfrac{1}{2} \mathrm{e}^{-4t} \sin x, & x \in [-\pi, 0], \\ \mathrm{e}^{-4t} \sin 2x, & x \in [0, \pi]. \end{cases}$$

取网比 $\mu = 0.1$, 利用全显格式计算到终止时刻 $T = 1$。在表 4.1 中, 我们给出相应的数值误差及其精度阶。显而易见, 调和平均方式给出的数值效果更佳。

4.3 极坐标下的热传导方程 ‡

设 $\alpha = 1$ 或者 $\alpha = 2$, 考虑 $\alpha + 1$ 维热传导方程

$$u_t = \triangle u, \quad \boldsymbol{x} \in \Re^{\alpha+1}, \quad t > 0, \tag{4.31}$$

其中 $\triangle u = \sum_{i=1}^{\alpha+1} u_{x_i x_i}$ 是 Laplace 算子。若真解 $u(\boldsymbol{x},t)$ 具有中心对称性, 即
$$u(\boldsymbol{x},t) = u(r,t),$$
利用极坐标 ($\alpha = 1$) 变换或者球坐标 ($\alpha = 2$) 变换, 可以将 (4.31) 转化为半无界区间上的线性变系数偏微分方程
$$u_t = r^{-\alpha}(r^\alpha u_r)_r, \quad r \geqslant 0, \quad t > 0, \tag{4.32}$$
其中 $r = |\boldsymbol{x}|$ 表示 $\boldsymbol{x} = (x_1, x_2, \ldots, x_{\alpha+1})^{\mathrm{T}}$ 到原点的距离。

下面构造 (4.32) 的全显格式。为简单起见, 考虑等距时空网格
$$\mathcal{T}_{\triangle r, \triangle t} = \{r_j = j\triangle r\}_{j \geqslant 0} \otimes \{t^n = n\triangle t\}_{n \geqslant 0}, \tag{4.33}$$
其中 $\triangle r$ 和 $\triangle t$ 分别是空间步长和时间步长。

当 $j \geqslant 1$ 时, 数值离散是简单的。以 (r_j, t^n) 为离散焦点; 用向前 Euler 差商离散时间导数, 用插值积分技术离散散度型空间导数; 直接冻结外侧的系数, 可得差分方程
$$\frac{u_j^{n+1} - u_j^n}{\triangle t} = \frac{1}{r_j^\alpha (\triangle r)^2} \delta_r \left(r_j^\alpha \delta_r u_j^n \right). \tag{4.34}$$

当 $j = 0$ 时, 差分系数在对应网格点出现奇性, 数值离散需要特殊处理。假设 $u(r,t)$ 充分光滑。基于中心对称性, 有 $u_r(0,t) = 0$。因此, 在零点附近成立 Taylor 展开公式
$$u(r,t^n) = u(0,t^n) + \frac{1}{2}r^2 u_{rr}(0,t^n) + \frac{1}{6}r^3 u_{rrr}(0,t^n) + \cdots. \tag{4.35}$$
取 $r = \triangle r$, 可得
$$u_{rr}(0,t^n) \approx \frac{2}{(\triangle r)^2} \left[[u]_1^n - [u]_0^n \right]. \tag{4.36}$$
求导 (4.35), 可得 $u_r(r,t^n)$ 在零点附近的 Taylor 展开公式。将其代入到 (4.32), 有
$$\begin{aligned} u_t(r,t^n) &= r^{-\alpha}\left[r^{\alpha+1} u_{rr}(0,t^n) + \frac{1}{2}r^{\alpha+2} u_{rrr}(0,t^n) + \cdots \right]_r \\ &= (\alpha+1) u_{rr}(0,t^n) + \frac{1}{2}(\alpha+2) r u_{rrr}(0,t^n) + \cdots. \end{aligned}$$
令 $r \to 0$, 利用 (4.36) 可得
$$u_t(0,t^n) = (\alpha+1) u_{rr}(0,t^n) \approx \frac{2(\alpha+1)}{(\triangle r)^2} \left[[u]_1^n - [u]_0^n \right].$$
利用向前 Euler 差商离散时间导数, 略去无穷小量, 用数值解替代真解, 可得差分方程
$$\frac{u_0^{n+1} - u_0^n}{\triangle t} = \frac{2(\alpha+1)}{(\triangle r)^2}(u_1^n - u_0^n). \tag{4.37}$$

综上所述, 全显格式定义完毕。

论题 4.8 若差分方程 (4.34) 和 (4.37) 具有凸组合系数结构, 则全显格式具有最大模稳定性。相应的时空步长限制条件是什么?

答: 记 $R = \Delta t/(\Delta r)^2$。由 (4.34) 和 (4.37) 可知

$$1 - 2R \geqslant 0, \quad 1 - 2(\alpha+1)R \geqslant 0.$$

相应的时空步长限制条件是

$$(\alpha+1)R \leqslant \frac{1}{2}, \quad \alpha = 1, 2.$$

它同空间维数 $\alpha+1$ 有关。 □

事实上, 直接由高维热传导方程 (4.31) 出发, 利用二维环形网格 (参见图 4.3) 或者三维球形网格, 也可建立扩散方程 (4.32) 的数值格式。此时, 真解的中心对称性质扮演着重要的角色。构造过程如下: 半径为 $r_{j+1/2} = (r_j + r_{j+1})/2$ 的 α 维球面记作 $S_{j+1/2}$, 其测度是

$$|S_{j+\frac{1}{2}}| = \pi(r_{j+\frac{1}{2}}) = r_{j+\frac{1}{2}}^{\alpha} \pi(1),$$

其中 $\pi(1)$ 是半径为 1 的单位球面测度。球面 $S_{j-1/2}$ 和 $S_{j+1/2}$ 之间的夹层记作 V_j, 相应的测度是

$$|V_j| = \int_{r_{j-\frac{1}{2}}}^{r_{j+\frac{1}{2}}} \pi(r) \mathrm{d}r = \int_{r_{j-\frac{1}{2}}}^{r_{j+\frac{1}{2}}} \pi(1) r^{\alpha} \mathrm{d}r = \frac{\pi(1)}{\alpha+1} \left(r_{j+\frac{1}{2}}^{\alpha+1} - r_{j-\frac{1}{2}}^{\alpha+1} \right)$$

类似于积分插值方法, 在夹层 V_j 内积分高维热传导方程 (4.31), 利用散度定理和中心对称性质, 可得局部守恒定律

$$\int_{V_j} u_t(x,t) \mathrm{d}x = u_r(r_{j+\frac{1}{2}}, t)|S_{j+\frac{1}{2}}| - u_r(r_{j-\frac{1}{2}}, t)|S_{j-\frac{1}{2}}|.$$

利用中点公式近似左端积分。令 $t = t^n$, 离散时间导数和空间导数, 有

$$\frac{[u]_j^{n+1} - [u]_j^n}{\Delta t}|V_j| \approx \frac{[u]_{j+1}^n - [u]_j^n}{\Delta r}|S_{j+\frac{1}{2}}| - \frac{[u]_j^n - [u]_{j-1}^n}{\Delta r}|S_{j-\frac{1}{2}}|.$$

利用 $|V_j|$ 和 $|S_{j\pm 1/2}|$ 的表达式, 即可导出 (4.32) 的差分方程

$$\frac{u_j^{n+1} - u_j^n}{\Delta t} = \frac{\alpha+1}{\left[r_{j+\frac{1}{2}}^{\alpha+1} - r_{j-\frac{1}{2}}^{\alpha+1} \right] \Delta r} \delta_r \left(r_j^{\alpha} \delta_r u_j^n \right). \tag{4.38}$$

当 $\alpha = 1$ 时, 它是 (4.34)。但是, 当 $\alpha = 2$ 时, 它不同于 (4.34)。两者相比, (4.38) 更好地数值保持了热量的局部守恒性质。

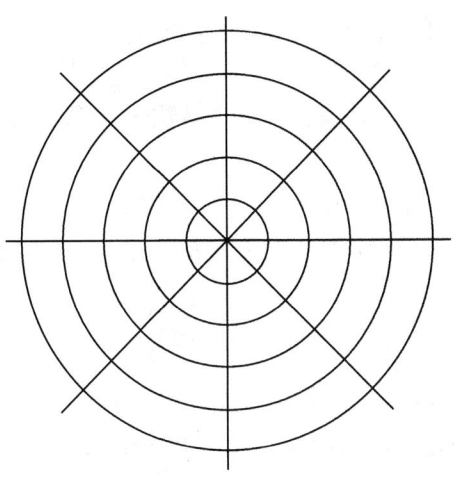

图 4.3 二维空间的球形 (或环形) 网格

4.4 非线性扩散方程

一般而言，对于非线性扩散方程，前面介绍的各种数值离散技术依旧有效，相应的格式设计是相对简单的。但是，计算效率和理论分析将面临严峻的挑战。

为简单起见，本节以非线性热传导方程①

$$u_t = b(u)u_{xx} \tag{4.39}$$

的纯初值问题或周期边值问题为例，其中扩散系数 $b(\cdot): \Re \to \Re^+$ 具有正的下确界。因篇幅有限，我们跳过适定性和正则性的讨论，直接假设定解问题具有足够光滑的唯一真解。

下面考虑非线性热传导方程 (4.39) 的格式设计和实现过程。将系数冻结方法和差商离散技术相结合，即可建立相应的全显格式、全隐格式和 Crank-Nicolson(CN) 格式

$$u_j^{n+1} = u_j^n + \mu b(u_j^n)\delta_x^2 u_j^n, \tag{4.40a}$$

$$u_j^{n+1} = u_j^n + \mu b(u_j^{n+1})\delta_x^2 u_j^{n+1}, \tag{4.40b}$$

$$u_j^{n+1} = u_j^n + \frac{1}{2}\mu\left[b(u_j^n)\delta_x^2 u_j^n + b(u_j^{n+1})\delta_x^2 u_j^{n+1}\right]. \tag{4.40c}$$

利用 Taylor 展开技术可知，前两个格式具有 (2,1) 阶局部截断误差，最后一个格式具有 (2,2) 阶局部截断误差。

平行于线性差分格式的 Lax-Richtmyer 等价定理，非线性差分格式具有 Strang 定理：**若非线性差分格式相容于某个适定的非线性问题，则稳定性也是收敛性的充要条件**。相容性分析依旧是最容易的，但是相应的 Taylor 展开变得更加烦琐。非线性差分格式的稳定性分析将变得非常困难，甚至在某种程度上超过误差估计。尽管如此，冻结系数方法依旧有效，可以"启发式地"建立稳定性结论。

---

① 严格来说，它是相对简单的半线性扩散问题。至于完全的非线性扩散问题，相应的数值方法是非常困难的前沿课题，本书不予讨论。

论题 4.9 利用冻结系数方法,建立非线性差分格式 (4.40a) 和 (4.40c) 的 L^2 模稳定性结论。

答: 将系数 $b(u_j^n)$ 看作其取值范围内的某个常数 b,非线性差分格式 (4.40a) 可以转化为线性常系数差分格式

$$u_j^{n+1} = u_j^n + \mu b \delta_x^2 u_j^n.$$

利用熟知的结果可知,其 L^2 模稳定的充要条件是 $\mu b \leqslant 1/2$。因此,差分格式 (4.40a) 的 L^2 模稳定性条件是

$$\mu \max_{\forall j \forall n} b(u_j^n) \leqslant \frac{1}{2}.$$

类似地,可以断定差分格式 (4.40c) 无条件具有 L^2 模稳定性。 □

由冻结系数方法给出的时空约束条件,通常只是非线性差分格式数值稳定的必要条件而已。非线性问题的数值计算存在更大的风险,数值格式的可靠性需要大量的数值实践和理论研究来支持。

在数值实现方面,非线性差分格式可能遇到计算效率的严重困扰。例如,对于全隐格式 (4.40b) 和 CN 格式 (4.40c),单步时间推进都将导致大规模的非线性方程组。即使采用高效的 Newton 方法,非线性方程组的求解过程也会耗费大量的 CPU 时间,令计算效率出现严重下降。事实上,即使非线性方程组得到准确的求解,差分格式的数值结果依旧是定解问题的近似而已。因此说,非线性方程组的精确求解是没有必要的,相对合理的迭代近似即可满足要求。

下面以 CN 格式 (4.40c) 为例,介绍两种常用的**局部线性化**技术。换言之,非线性差分格式将被近似地转换为某些线性差分格式①。

(1) 时间延迟技术是最简单的。换言之,用 $b(u_j^n)$ 替换 $b(u_j^{n+1})$,相应的差分方程是

$$u_j^{n+1} = u_j^n + \frac{1}{2}\mu b(u_j^n)\delta_x^2 \left[u_j^n + u_j^{n+1}\right]. \tag{4.41}$$

可以证明:它具有 $(2,1)$ 阶局部截断误差。

(2) 预测校正方法是较为高级的。换言之,执行两次局部线性化过程,可得差分方程

$$\tilde{u}_j^{n+1} = u_j^n + \frac{1}{2}\mu \left[b(u_j^n)\delta_x^2 u_j^n + b(u_j^n)\delta_x^2 \tilde{u}_j^{n+1}\right], \tag{4.42a}$$

$$u_j^{n+1} = u_j^n + \frac{1}{2}\mu \left[b(u_j^n)\delta_x^2 u_j^n + b(\tilde{u}_j^{n+1})\delta_x^2 u_j^{n+1}\right]. \tag{4.42b}$$

可以证明:它具有 $(2,2)$ 阶局部截断误差。

Richtmyer 方法也是常用的局部线性化策略。不同于前面的两种方法,它的基本思想是利用时间方向的 Taylor 展开公式,通过偏微分方程和已知时间层信息,高阶逼近差分方程的非线性部分。

论题 4.10 考虑多孔介质方程 $u_t = (u^m)_{xx}$,其中 $m > 1$。利用 Richtmyer 方法,给出 Crank-Nicolson 格式

$$u_j^{n+1} = u_j^n + \frac{1}{2}\mu \delta_x^2 (u_j^n)^m + \frac{1}{2}\mu \delta_x^2 (u_j^{n+1})^m$$

---
① 是指差分格式关于待解的网格函数是线性的。

的线性化格式。

答：利用 CN 格式的相容性可知，问题的真解满足

$$[u]_j^{n+1} \approx [u]_j^n + \frac{1}{2}\mu\delta_x^2[u^m]_j^n + \frac{1}{2}\mu\delta_x^2[u^m]_j^{n+1}.$$

利用 $f(z) = z^m$ 的 Taylor 展开公式，有

$$[u^m]_j^{n+1} \approx [u^m]_j^n + m[u^{m-1}]_j^n \cdot ([u]_j^{n+1} - [u]_j^n).$$

略去小量，用数值解替换真解，联立可得 CN 格式的线性化格式

$$w_j = \mu\delta_x^2(u_j^n)^m + \frac{1}{2}m\mu\delta_x^2\Big[(u_j^n)^{m-1}w_j\Big], \tag{4.43}$$

其中瞬时增量 $w_j = u_j^{n+1} - u_j^n$ 为待解的网格函数。显然，它保持时间方向的二阶相容。 □

对于非线性扩散方程，某些类型的多层格式具有明显的优势，无须执行非线性方程组的求解过程。例如，我们可以利用已知时间层信息进行多项式外推，给出扩散系数的高阶近似，进而构造出非线性热传导方程 (4.39) 的外推 CN 格式

$$u_j^{n+1} = u_j^n + \frac{1}{2}\mu b\left(u_j^{n+\frac{1}{2}}\right)\left[\delta_x^2 u_j^{n+1} + \delta_x^2 u_j^n\right], \tag{4.44a}$$

其中

$$u_j^{n+\frac{1}{2}} = \frac{3}{2}u_j^n - \frac{1}{2}u_j^{n-1}. \tag{4.44b}$$

显然，这个格式关于网格函数 u^{n+1} 是线性的。利用 Taylor 展开技术可知，它具有 $(2,2)$ 阶局部截断误差。利用冻结系数方法，可证它无条件 L^2 模稳定。

习 题

✍ **4.1** 考虑扩散方程 (4.1a) 的 Crank-Nicolson 格式，相应的扩散系数采用 (4.4) 的两种方式进行冻结。计算相应两个格式的局部截断误差，比较它们对于扩散系数 $a(x,t)$ 的最低光滑性要求。

✍ **4.2** 验证 (4.6) 的正确性。

✍ **4.3** 构造扩散方程 (4.1a) 的加权平均格式和 DF 格式，并利用冻结系数分析方法，给出粗糙的 L^2 模稳定性分析结果。

✍ **4.4** 利用冻结系数分析方法，给出四阶格式 (4.7) 具有 L^2 模稳定性的粗糙结果。

✍ **4.5** 设扩散方程 (4.1a) 满足 Dirichlet 零边界条件，则相应的四阶格式 (4.7) 形成一个三对角线性方程组。请回答：

$$\mu\max_j a_j > 1/6$$

能否确保系数矩阵具有对角占优性质，使得 Thomas 算法得以顺利的执行？此时，格式 (4.7) 具有最大模稳定性吗？

✍ **4.6** 证明全显格式 (4.14) 具有 $(2,1)$ 阶局部截断误差。

✎ 4.7 设扩散系数 $a(x,t)$ 同时间有关,且一阶时间导数是连续有界的。利用积分插值方法和双焦点策略,构造守恒型扩散方程 (4.1b) 的加权平均格式,并回答以下问题:

(1) 设边界条件是 $u_0^n = u_J^n = 0$。利用能量方法,建立相应的 L^2 模稳定性分析。

(2) 确定权重 θ,使得局部截断误差达到 $(2,2)$ 阶。

✎ 4.8 假设扩散系数 $a(x,t)$ 充分光滑,计算盒子格式 (4.20) 的局部截断误差。

✎ 4.9 请确定差分方程 (4.37) 的局部截断误差。

✎ 4.10 在半径为 $r_{1/2}$ 的圆或球内,利用积分插值方法构造高维热传导方程的差分方程。证明:它就是 (4.37)。

✎ 4.11 利用半网格方法处理左端点 $r=0$ 的边界条件,能否解决偏微分方程 (4.32) 的奇异系数?

✎ 4.12 假设非线性扩散方程 (4.39) 的真解足够光滑,证明:非线性差分格式 (4.40c) 无条件具有 $(2,2)$ 阶局部截断误差。

✎ 4.13 考虑守恒型的非线性扩散方程 $u_t = (a(u)u_x)_x$,其中 $a(\cdot)$ 是已知函数,在整个实轴上具有正的下确界。请回答以下问题:

(1) 利用积分插值方法,构造相应的 Crank-Nicolson 格式;

(2) 利用时间延迟技术、预测校正技术和 Richtmyer 方法,给出相应的线性化格式。

✎ 4.14 推导差分格式 (4.43) 和 (4.44) 的相容性和稳定性结果。

第 5 章

高维扩散方程

前面介绍的各种数值离散技术和理论分析方法，都能顺利地推广到高维扩散方程。但是，空间维数的增高带来两个棘手的问题，其一是计算效率出现下降，其二是边界条件离散变得复杂。为简单起见，本章以二维线性常系数扩散方程

$$u_t = au_{xx} + bu_{yy} \tag{5.1}$$

为模型方程，其中 a 和 b 是给定的正常数。若扩散系数 a 和 b 不是恒定的，数值离散方法可以参考第 4 章；此处不再赘述。

5.1 微分方程的数值离散

暂时考虑 (5.1) 的纯初值问题或者周期边值问题。参见图 5.1，定义时空网格

$$\mathcal{T}_{\Delta x,\Delta y,\Delta t} = \mathcal{T}_{\Delta x,\Delta y} \otimes \mathcal{T}_{\Delta t} \equiv \{(x_j, y_k, t^n)\}_{\forall j \forall k}^{\forall n}, \tag{5.2}$$

其中 Δx 和 Δy 分别是两个不同方向的空间步长，Δt 是时间步长。显然，它是二维空间网格

$$\mathcal{T}_{\Delta x,\Delta y} = \mathcal{T}_{\Delta x} \otimes \mathcal{T}_{\Delta y} \equiv \{(x_j, y_k)\}_{\forall j \forall k} \tag{5.3}$$

和时间网格 $\mathcal{T}_{\Delta t} = \{t^n\}_{\forall n}$ 的笛卡儿乘积。通常，$\mathcal{T}_{\Delta x,\Delta y}$ 也是笛卡儿乘积型网格，两族网格线分别平行于两个空间坐标轴。默认 $\mathcal{T}_{\Delta x,\Delta y,\Delta t}$ 是等距的时空网格，两个方向的网比记作

$$\mu_x = \Delta t/(\Delta x)^2, \quad \mu_y = \Delta t/(\Delta y)^2. \tag{5.4}$$

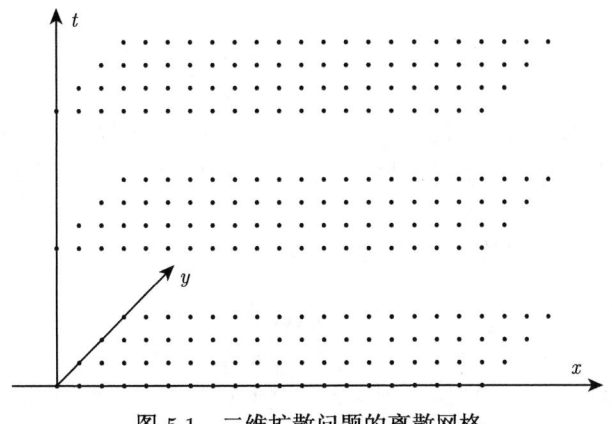

图 5.1 二维扩散问题的离散网格

如前，在网格点 (x_j, y_k, t^n) 处，真解用 $[\cdot]_{jk}^n$ 来表示，数值解用 $\cdot_{jk}^n$ 来表示。换言之，空间信息采用双下标注方法，时间信息仍用上标表示。

论题 5.1 构造二维扩散方程 (5.1) 的加权平均格式和 Du Fort-Frankel 格式。

答： 逐维离散技术也适用于高维扩散方程。换言之，沿着各自的方向离散偏导数，可得二维加权平均格式

$$u_{jk}^{n+1} = u_{jk}^n + \theta\left[\mu_x a\delta_x^2 u_{jk}^{n+1} + \mu_y b\delta_y^2 u_{jk}^{n+1}\right] \\ + (1-\theta)\left[\mu_x a\delta_x^2 u_{jk}^n + \mu_y b\delta_y^2 u_{jk}^n\right], \tag{5.5}$$

其中 $\theta \in [0,1]$ 是给定的权重。当 θ 是 $0, 1/2$ 和 1 时，它依次称为二维全显格式、二维 Crank-Nicolson 格式和二维全隐格式。

类似地，二维 Du Fort-Frankel 格式定义为

$$u_{j,k}^{n+1} = u_{j,k}^{n-1} + 2\mu_x a\left[u_{j-1,k}^n - u_{j,k}^{n-1} - u_{j,k}^{n+1} + u_{j+1,k}^n\right] \\ + 2\mu_y b\left[u_{j,k-1}^n - u_{j,k}^{n-1} - u_{j,k}^{n+1} + u_{j,k+1}^n\right]. \tag{5.6}$$

换言之，二维 Richarson 格式的中心点值被上下两个时间层的算术平均值所替代。 □

相容性、稳定性和收敛性的基本含义同空间维数无关。换言之，第 2 章的所有定义在形式上保持不变，相应的 Lax-Richtmyer 等价定理依旧成立：**设线性偏微分方程的定解问题是适定的。若线性差分格式是相容的，则稳定性和收敛性是彼此等价的，且收敛阶不会低于相容阶。** 因此，对于高维差分格式，我们依旧可以只需关注相容性和稳定性概念，跳过收敛性概念的严格论证。

事实上，空间维数仅仅影响离散范数的具体定义而已。例如，基于时空网格 (5.2)，二维 (空间) 网格函数

$$u^n = \{u_{jk}^n\}_{\forall j\forall k} \tag{5.7}$$

的 (二维) 最大模和 L^2 模分别定义为

$$\|u^n\|_\infty = \max_{\forall j\forall k}|u_{jk}^n|, \quad \|u^n\|_2 = \left(\sum_{\forall j}\sum_{\forall k}(u_{jk}^n)^2 \Delta x \Delta y\right)^{1/2}. \tag{5.8}$$

同一维网格函数相比较，离散范数的基本含义保持不变。仿照第 2 章的讨论，二维网格函数 (5.7) 可以逐点常值延拓为二维阶梯函数 $u^n(x,y)$，使得

$$u^n(x,y) = u_{jk}^n, \quad (x,y) \in I_{jk}, \quad \forall j\forall k,$$

其中 I_{jk} 是空间网格点 (x_j, y_k) 的二维控制区域，即

$$I_{jk} = (x_j - \Delta x/2, x_j + \Delta x/2) \times (y_k - \Delta y/2, y_k + \Delta y/2).$$

此时，(5.8) 的两个离散范数就是 $u^n(x,y)$ 的最大模和 L^2 模。

5.1 微分方程的数值离散

论题 5.2 给出二维加权平均格式 (5.5) 的局部截断误差阶。

答: 将二维扩散方程 (5.1) 的真解 $[u]$ 代入差分方程 (5.5), 等号两侧的差距就是局部截断误差, 即

$$\tau_{jk}^n \equiv \frac{[u]_{jk}^{n+1} - [u]_{jk}^n}{\Delta t} - \theta \left[\frac{a}{(\Delta x)^2} \delta_x^2 [u]_{jk}^{n+1} + \frac{b}{(\Delta y)^2} \delta_y^2 [u]_{jk}^{n+1} \right] \\ - (1-\theta) \left[\frac{a}{(\Delta x)^2} \delta_x^2 [u]_{jk}^n + \frac{b}{(\Delta y)^2} \delta_y^2 [u]_{jk}^n \right]. \tag{5.9}$$

由于二维加权平均格式具有典型的逐维离散思想, 它的局部截断误差就是偏导数离散的局部截断误差叠加在一起。利用 Taylor 展开技术, 可知

$$\tau_{jk}^n = \mathcal{O}((\Delta x)^2 + (\Delta y)^2 + (2\theta - 1)\Delta t + (\Delta t)^2).$$

因此, 当 $\theta \neq 1/2$ 时, 二维加权平均格式 (5.5) 具有 $(2,2,1)$ 阶局部截断误差。当 $\theta = 1/2$ 时, 它对应 CN 格式, 具有 $(2,2,2)$ 阶局部截断误差。 □

论题 5.3 给出 (5.5) 最大模稳定的充分条件。

答: 既然离散对象具有最大模原理, 数值格式也应当满足离散最大模原理。仿照前面的讨论, 将 (5.5) 改写为

$$\left[1 + 2\theta(\mu_x a + \mu_y b) \right] u_{jk}^{n+1} = \cdots + \left[1 - 2(1-\theta)(\mu_x a + \mu_y b) \right] u_{jk}^n,$$

其中省略部分的差分系数都是非负的。若时间步长满足

$$\mu_x a + \mu_y b \leqslant \frac{1}{2(1-\theta)}, \tag{5.10}$$

则等号右端的差分系数都是非负的, 差分格式满足离散最大模原理。因此, 数值解满足 $\|u^{n+1}\|_\infty \leqslant \|u^n\|_\infty$, 相应的二维加权平均格式 (5.5) 具有最大模稳定性。 □

注释 5.1 对于高维扩散方程, 数值方法存在一些异于一维情形的技术难点。比如, 二维偏微分方程可以含有混合导数, 例如

$$u_t = au_{xx} + bu_{yy} + 2cu_{xy}, \quad c \neq 0.$$

当 $a > 0, b > 0$ 且 $ab > c^2$ 时, 它是抛物型方程, 满足最大模原理。但是, 若混合导数利用简单的中心差商进行离散, 则全显格式

$$u_{jk}^{n+1} = u_{jk}^n + \mu_x a \delta_x^2 u_{jk}^n + \mu_y b \delta_y^2 u_{jk}^n \\ + \frac{c\Delta t}{2\Delta x \Delta y} \left[u_{j+1,k+1}^n - u_{j+1,k-1}^n - u_{j-1,k+1}^n + u_{j-1,k-1}^n \right]$$

的等号右侧出现负系数, 离散最大模原理不再成立。

Fourier 方法也适用于高维差分格式的 L^2 模稳定性分析。相关理论和操作流程可以参见 §2.4, 此处不再赘述。

论题 5.4 给出二维加权平均格式 (5.5) 的 L^2 模稳定性。

答：设 ℓ_1 和 ℓ_2 是任意实数，对应两个空间的波数。将二维模态解

$$u_{jk}^n = \lambda^n \mathrm{e}^{\mathrm{i}(j\ell_1 \Delta x + k\ell_2 \Delta y)} \tag{5.11}$$

代入二维加权平均格式 (5.5)，简单计算可得增长因子

$$\lambda = \lambda(\ell_1, \ell_2) = \frac{1 - 4(1-\theta)s}{1 + 4\theta s}, \tag{5.12}$$

其中 $s = \mu_x a \sin^2(\ell_1 \Delta x/2) + \mu_y b \sin^2(\ell_2 \Delta y/2)$。

标量双层格式 L^2 模稳定的充要条件①依旧是著名的 von Neumann 条件，即

$$|\lambda(\ell_1, \ell_2)| \leqslant 1 + C\Delta t, \quad \forall \ell_1, \forall \ell_2, \tag{5.13}$$

其中界定常数 $C \geqslant 0$ 同 $\Delta x, \Delta t, \ell_1, \ell_2$ 和 n 均无关。若增长因子的表达式没有显式含有时间步长 Δt，则只需考虑严格的 von Neumann 条件

$$|\lambda(\ell_1, \ell_2)| \leqslant 1, \quad \forall \ell_1, \forall \ell_2. \tag{5.14}$$

注意到 (5.12)，二维加权平均格式 L^2 模稳定的充要条件是严格的 von Neumann 条件。由于 $s \in [0, \mu_x a + \mu_y b]$，相应的等价条件是

$$(1 - 2\theta)(\mu_x a + \mu_y b) \leqslant \frac{1}{2}. \tag{5.15}$$

换言之，当 $\theta \geqslant 1/2$ 时，偏隐格式 (包括 CN 格式和全隐格式) 无条件 L^2 模稳定。当 $\theta < 1/2$ 时，偏显格式 (包括全显格式) 有条件 L^2 模稳定。 □

由 (5.15) 可知，偏显格式的时间推进速度受到空间维数的负面影响。为清楚地说明这个事实，不妨以全显格式的周期边值问题为例。比如，假设扩散系数和空间网格疏密程度均相同。具体而言，设 (5.1) 的扩散系数是 $a = b = 1$，二维空间网格参数是 $\Delta x = \Delta y = h$；设 (3.1) 的扩散系数是 $a = 1$，一维空间网格参数是 $\Delta x = h$。前面的结论已经指出，d 维空间的全显格式需要满足时空约束条件

$$\Delta t \leqslant \frac{h^2}{2d}, \quad d = 1, 2.$$

事实上，这个结论对任意维数均成立。因此说，计算效率遇到"维数危机"，空间步长的折半将导致数据量激增 $d \cdot 2^{d+2}$ 倍。对于高维空间的初边值问题，空间网格通常具有糟糕的结构，使得"维数危机"更加严重；具体内容详见下一节。

5.2 边界条件的数值离散

设 Ω 是二维有界区域，考虑热传导方程

$$u_t = \triangle u = u_{xx} + u_{yy}, \quad (x, y) \in \Omega \tag{5.16}$$

---

① 当然，Fourier 方法也可以推广到向量型格式或者多层格式。此时，增长因子变为增长矩阵。相应的 von Neumann 条件仅仅是格式按 L^2 模稳定的必要条件。必要条件能否成为充分条件，需要合适的 Kreiss 矩阵定理来保证。

初边值问题 (HIBVP) 的差分方法。当空间区域具有复杂形状,无法利用乘积型网格进行完美刻画的时候,边界条件的数值离散将变得烦琐。本节以全隐格式为例,介绍 Dirichlet 边界条件和 Neumann 边界条件的数值离散方法。若采用其他格式离散偏微分方程,相应的边界处理是类似的。

5.2.1 矩形区域

最简单的二维有界区域是四边均平行于空间坐标轴的矩形。此时,一维扩散问题的边界条件离散技巧 (参见 §3.4) 都可以直接继承下来。换言之,我们可以沿着不同方向,构造同边界条件匹配的两个一维空间网格。它们的笛卡儿乘积,就是矩形区域的完美网格。

⚓ **论题 5.5** 设 $\Omega = (0,1) \times (0,1)$,初边值问题 (HIBVP) 的边界条件已经在图 5.2 中给出。采用虚拟网格方法处理自然边界条件,写出相应的全隐格式。

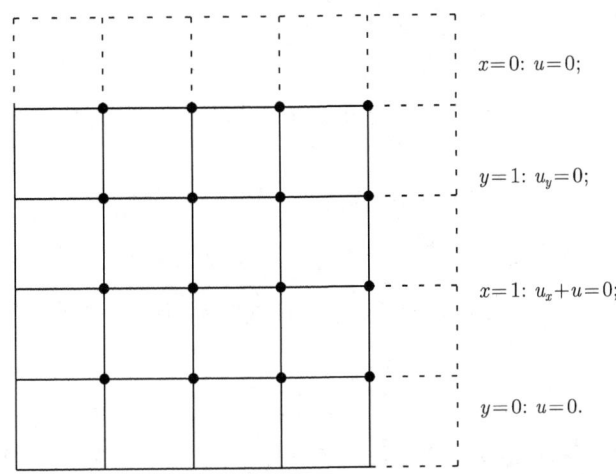

图 5.2 正方形区域的边界条件和计算网格

答:为简单起见,考虑正方形结构的空间网格。设 J 是给定的正整数。定义 $h = 1/J$,构造二维空间网格

$$\mathcal{T}_h = \{(x_j, y_k) = (jh, kh)\}_{j=0:J+1}^{k=0:J+1}.$$

对于热传导方程 (5.16),全隐格式的基本结构是

$$(1+4\mu)u_{jk}^{n+1} - \mu\left[u_{j-1,k}^{n+1} + u_{j+1,k}^{n+1} + u_{j,k-1}^{n+1} + u_{j,k+1}^{n+1}\right] = u_{jk}^n, \tag{5.17}$$

其中 $\mu = \Delta t/h^2$ 是网比,Δt 是时间步长。结合相应的边界条件离散,不同位置的差分方程定义如下:

(1) 在内部网格点 $\{(x_j, y_k)\}_{j=1:J-1}^{k=1:J-1}$,直接使用 (5.17)。

(2) 在上方网格点 $\{(x_j, y_J)\}_{j=1:J-1}$,相应的边界条件离散为

$$u_{j,J+1}^{n+1} = u_{j,J-1}^{n+1}.$$

将其代入 (5.17),可得

$$(1+4\mu)u_{j,J}^{n+1} - \mu\left[u_{j-1,J}^{n+1} + u_{j+1,J}^{n+1} + 2u_{j,J-1}^{n+1}\right] = u_{j,J}^n. \tag{5.18}$$

(3) 在右侧网格点 $\{(x_J, y_k)\}_{k=1:J-1}$，相应的边界条件离散为

$$u_{J+1,k}^{n+1} = u_{J-1,k}^{n+1} - 2hu_{J,k}^{n+1}.$$

将其代入 (5.17)，可得

$$(1+4\mu+2\mu h)u_{J,k}^{n+1} - \mu\left[2u_{J-1,k}^{n+1} + u_{J,k-1}^{n+1} + u_{J,k+1}^{n+1}\right] = u_{J,k}^n. \qquad (5.19)$$

(4) 在右上角的顶点 (x_J, y_J) 处，位于上方和右侧的两个自然边界条件分别离散为

$$u_{J,J+1}^{n+1} = u_{J,J-1}^{n+1}, \quad u_{J+1,J}^{n+1} = u_{J-1,J}^{n+1} - 2hu_{J,J}^{n+1}.$$

将它们代入 (5.17)，可得

$$(1+4\mu+2\mu h)u_{J,J}^{n+1} - \mu\left[2u_{J-1,J}^{n+1} + 2u_{J,J-1}^{n+1}\right] = u_{J,J}^n. \qquad (5.20)$$

在上述差分方程中，对应 Dirichlet 边界条件的网格点均直接赋值为零，即

$$u_{j,0}^{n+1} = u_{0,k}^{n+1} = 0, \quad j = 0:J, \quad k = 0:J. \qquad (5.21)$$

至此，模型问题的全隐格式定义完毕。 □

将差分方程 (5.17) ~ (5.20) 汇总起来，全隐格式的单步时间推进对应一个大规模的线性方程组

$$\mathbb{A}\boldsymbol{u}^{n+1} = \boldsymbol{F}^n, \qquad (5.22)$$

其中 $\boldsymbol{u}^{n+1}$ 是二维网格函数 $\{u_{j,k}^{n+1}\}_{j=1:J}^{k=1:J}$ 按照某种方式排列而成的 J^2 维向量。比如，按照先行后列 (从左到右，从下到上) 的逐行编号方式①，列向量可以定义为

$$\boldsymbol{u}^{n+1} = \left[(\boldsymbol{u}_1^{n+1})^{\mathrm{T}}, (\boldsymbol{u}_2^{n+1})^{\mathrm{T}}, \cdots, (\boldsymbol{u}_{J-1}^{n+1})^{\mathrm{T}}, (\boldsymbol{u}_J^{n+1})^{\mathrm{T}}\right]^{\mathrm{T}}, \qquad (5.23)$$

其中 $\boldsymbol{u}_k^{n+1}$ 是它在水平线 $y = y_k$ 上的限制，即

$$\boldsymbol{u}_k^{n+1} = [u_{1,k}^{n+1}, u_{2,k}^{n+1}, \cdots, u_{J-1,k}^{n+1}, u_{J,k}^{n+1}]^{\mathrm{T}}.$$

既然二维热传导方程 (5.16) 关于空间变量是对称的，自然希望线性方程组 (5.22) 也具有对称结构，使得相应的数据存储和数值求解更具优势。相关的差分方程采用相同的编号方式进行排列，若要保证系数矩阵 $\mathbb{A}$ 具有对称性，论题 5.5 的某些差分方程需适当地变形：只要差分方程同自然边界条件有关，或者离散焦点的空间位置对应编号 J，则差分方程 (按 J 的出现次数) 就要乘以一个因子 $1/2$。换言之，(5.22) 的系数矩阵是

$$\mathbb{A} = \begin{bmatrix} \mathrm{tridiag}(\mathbb{B}_1, \mathbb{B}_0, \mathbb{B}_1) & \mathbb{B}_1 \\ & \mathbb{B}_1 & \frac{1}{2}\mathbb{B}_0 \end{bmatrix}, \qquad (5.24\mathrm{a})$$

---

① 典型的编号方式，还有逐列 (从下到上，从左到右) 和棋盘规则。

右端向量是
$$\boldsymbol{F}^n = \left[(\tilde{\boldsymbol{u}}_1^n)^{\mathrm{T}}, (\tilde{\boldsymbol{u}}_2^n)^{\mathrm{T}}, \cdots, (\tilde{\boldsymbol{u}}_{J-1}^n)^{\mathrm{T}}, \frac{1}{2}(\tilde{\boldsymbol{u}}_J^n)^{\mathrm{T}}\right]^{\mathrm{T}}, \tag{5.24b}$$

其中
$$\mathbb{B}_0 = \begin{bmatrix} \mathrm{tridiag}(-\mu, 1+4\mu, -\mu) & -\mu \\ \hline & -\mu & \frac{1}{2}(1+4\mu+2\mu h) \end{bmatrix} \tag{5.25a}$$

是 J 阶三对角对称矩阵,

$$\mathbb{B}_1 = \mathrm{diag}\left(-\mu, -\mu, \cdots, -\mu, -\frac{1}{2}\mu\right) \tag{5.25b}$$

是 J 阶对角矩阵,

$$\tilde{\boldsymbol{u}}_k^n = \left[u_{1,k}^n, u_{2,k}^n, \cdots, u_{J-1,k}^n, \frac{1}{2}u_{J,k}^n\right]^{\mathrm{T}} \tag{5.25c}$$

是 J 维向量。

5.2.2 任意区域

当空间区域形状复杂时,相对完美的空间网格[①] 通常是难以构造的。事实上,网格设计是一项非常精细的前期准备工作,需要花费巨大的时间和精力。因篇幅限制,本节跳过这个主题的讨论,直接将注意力集中在边界条件的数值离散方法。换言之,本节采用最简单的网格生成方法,直接利用二维平面的正方形网格

$$\mathcal{M}_h = \{(x_j, y_k) : x_j = x_0 + jh, y_k = y_0 + kh\}_{j=-\infty:+\infty}^{k=-\infty:+\infty}$$

关于 Ω 的剪裁,给出相应的离散网格

$$\bar{\Omega}_h \equiv \Omega_h \cup \Gamma_h. \tag{5.26}$$

具体含义如下:

(1) 若 $\mathcal{M}_h$ 的网格点落在 Ω 内,则称为网格内点。其全体构成网格内点集 $\Omega_h \equiv \mathcal{M}_h \cap \Omega$。网格内点分为两类。若相应位置的差分方程同边界信息无关,则称其为**规则内点**;否则,称其为**非规则内点**。

(2) $\mathcal{M}_h$ 的网格线同区域边界 $\Gamma = \partial\Omega$ 的交点,称为网格边界点。其全体构成网格边界点集 Γ_h。请注意,网格边界点不一定是网格点。

图 5.3 给出了二维空间网格的局部示意图,其中 $\overset{\frown}{APQB}$ 是位于东北角的边界曲线。显然,A, B, P 和 Q 是网格边界点,G, T, W, C 和 S 是网格内点。当采用全隐格式离散偏微分方程时,G 和 T 是规则内点,W, C 和 S 是非规则内点。

[①] 离散网格的结构和质量,例如网格点分布情况同真解的匹配程度,或者网格形状同计算区域的匹配程度,都会影响数值格式的计算效果。事实上,离散网格的最佳设计是较为独立的一个研究方向,同计算机辅助设计 (CAD) 和计算机辅助工程 (CAE) 具有紧密的联系。

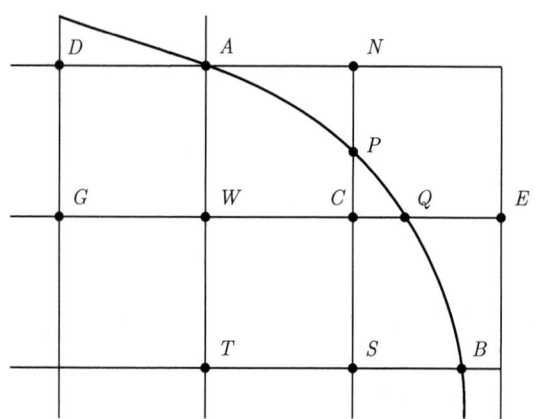

图 5.3　二维空间网格的局部示意性描述

要构造初边值问题 (HIBVP) 的差分格式，我们只需在网格内点集上写出相应的差分方程。在规则内点，差分方程仅同偏微分方程有关；相应的离散方法已经在前面章节介绍过，此处不再赘述。在非规则内点，差分方程要受到边界条件的影响，其构造过程同边界条件的具体离散相关。

下面以图 5.3 的两个非规则内点 W 和 C 为例，介绍两类边界条件的数值离散方法。为行文简便，我们直接用空间网格点的符号替代其编号。

1. **本质边界条件**

考虑 Dirichlet 边界条件 (或者本质边界条件)

$$u|_{\widehat{APQB}} = g(x,y), \tag{5.27}$$

其中 g 是已知的边界函数。我们假定 g 同时间无关，仅仅是为陈述方便。若其同时间有关，相应的处理方式是类似的。

在非规则内点 W 处，相邻的网格边界点 A 恰好也是网格点，边界条件离散是非常简单的。只需在原有的全隐格式 (5.17) 中，直接代入已知的边界条件，即可得到 W 点的差分方程

$$-\mu\left[u_G^{n+1} + u_C^{n+1} + u_T^{n+1}\right] + (1+4\mu)u_W^{n+1} = u_W^n + \mu g(A).$$

但是，在非规则内点 C 处，相邻的两个网格边界点 P 和 Q 都不是网格点，边界条件离散将略显复杂。常见的实现策略有两种。

⚓ **论题 5.6**　第一种实现策略是利用插值逼近技术，将最靠近的边界点信息直接迁移到非规则内点上。

答：在图 5.3 中，最靠近非规则内点 C 的网格边界点是 Q。利用常值延拓技术，定义

$$u_C^{n+1} = g(Q), \tag{5.28}$$

或者利用 Q 和 W 两点的线性插值技术，定义 (s_1 和 s_3 的含义见下个论题)

$$u_C^{n+1} = \frac{s_1}{s_1+s_3}u_W^{n+1} + \frac{s_3}{s_1+s_3}g(Q). \tag{5.29}$$

前者的局部截断误差① 是 $\mathcal{O}(h)$。后者的局部截断误差是 $\mathcal{O}(h^2)$。具体的操作过程均同偏微分方程无关。 □

论题 5.7 第二种实现策略是将网格边界点收录到非规则内点的离散模板，构造热传导方程 (5.16) 的非等臂长差分方程。

答：锁定时间 $t=t^{n+1}$。以非规则内点 C 为离散焦点。参见图 5.3，四个方向的空间臂长分别记为

$$|CQ|=s_1h,\quad |CP|=s_2h,\quad |CW|=s_3h,\quad |CS|=s_4h,$$

其中 $s_1<1$ 和 $s_2<1$ 对应网格边界点，而 $s_3=s_4=1$ 对应网格内点。此时，两个二阶空间导数满足

$$[u_{xx}]_C^{n+1}\approx\frac{1}{\frac{1}{2}(s_1+s_3)h}\left[\frac{[u]_Q-[u]_C}{s_1h}-\frac{[u]_C-[u]_W}{s_3h}\right],$$

$$[u_{yy}]_C^{n+1}\approx\frac{1}{\frac{1}{2}(s_2+s_4)h}\left[\frac{[u]_P-[u]_C}{s_2h}-\frac{[u]_C-[u]_S}{s_4h}\right].$$

采用向后 Euler 差商离散时间导数，有

$$[u_t]_C^{n+1}\approx\frac{1}{\Delta t}\left[[u]_C^{n+1}-[u]_C^n\right].$$

因此，二维热传导方程 (5.16) 的非等臂长全隐格式可以定义为

$$u_C^{n+1}-u_C^n=\mu\sum_{\sharp\in\{Q,P,W,S\}}\beta_\sharp\left[u_\sharp^{n+1}-u_C^{n+1}\right],\tag{5.30a}$$

其中，$u_P^{n+1}=g(P),u_Q^{n+1}=g(Q)$，且

$$\beta_Q=\frac{2}{s_1(s_1+s_3)},\quad \beta_P=\frac{2}{s_2(s_2+s_4)},$$
$$\beta_W=\frac{2}{s_3(s_1+s_3)},\quad \beta_S=\frac{2}{s_4(s_2+s_4)}.\tag{5.30b}$$

利用 Taylor 展开技术可知，它相容于二维热传导方程 (5.16)；但是，由于 $s_1\neq 1$ 和 $s_2\neq 1$，其局部截断误差仅仅达到 $(1,1,1)$ 阶。 □

假设网格函数与差分方程的排序方式相同。若在非规则内点采用非等臂长全隐格式 (5.30)，在规则内点采用全隐格式 (5.17)，则汇总而成的线性方程组 (5.22) 是不对称的。事实上，在非规则内点 C 的差分方程中，位于 u_W^{n+1} 前的系数是 $-\beta_3/h^2$，对应系数矩阵 $\mathbb{A}$ 的第 C 行第 W 列元素②。类似地，在规则内点 W 的差分方程中，位于 u_C^{n+1} 前的系数是 $-1/h^2$，对应系数矩阵 $\mathbb{A}$ 的第 W 行第 C 列元素。因此说，位于对称位置的两个矩阵元素是不等的，相应的系数矩阵是不对称的。

若要系数矩阵具有对称性，需强行修正 (5.30) 的差分系数，重新定义非等臂长全隐格式

---
① 局部截断误差是指插值逼近带来的误差，即真解代入差分方程后等式两端的差距。
② 这里，直接用点的符号替代点的编号。

$$u_C^{n+1} - u_C^n = \mu \sum_{\sharp \in \{Q,P,W,S\}} \bar{\beta}_\sharp \left[u_\sharp^{n+1} - u_C^{n+1} \right], \tag{5.31a}$$

其中

$$\bar{\beta}_Q = \frac{1}{s_1 s_3}, \quad \bar{\beta}_P = \frac{1}{s_2 s_4}, \quad \bar{\beta}_W = \frac{1}{s_3^2}, \quad \bar{\beta}_S = \frac{1}{s_4^2}. \tag{5.31b}$$

由于 $s_1 \neq 1$ 和 $s_2 \neq 1$，差分方程 (5.31) 不相容于二维热传导方程 (5.16)，在空间方向的局部截断误差是 $\mathcal{O}(1)$ 的。

⚓ **注释 5.2** 事实上，上述两种边界条件离散技术均不会破坏全隐格式的整体二阶精度。相应的理论分析过程需要利用椭圆型差分格式的强最大值原理；类似工作可参考第 10 章的内容。

2. 自然边界条件的处理

设 Neumann 边界条件或者自然边界条件是

$$\nabla u \cdot \gamma \Big|_{\widehat{APQB}} = g(x,y), \tag{5.32}$$

其中 $\gamma = (\gamma_1, \gamma_2)^{\mathrm{T}}$ 是单位外法向量，已知边界函数 g 同时间无关。若 g 同时间有关，相应的处理方式是类似的。

在非规则内点 W 处，相邻的网格边界点 A 也是网格点，边界条件离散相对简单。利用标准的全隐格式，二维热传导方程 (5.16) 可以在 W 点离散为

$$-\mu \left[u_G^{n+1} + u_C^{n+1} + u_T^{n+1} + u_A^{n+1} \right] + (1+4\mu) u_W^{n+1} = u_W^n.$$

利用单侧差商离散技术，可以建立 Neumann 边界条件的差分离散

$$\gamma_1 \left[u_A^{n+1} - u_D^{n+1} \right] + \gamma_2 \left[u_A^{n+1} - u_W^{n+1} \right] = hg(A). \tag{5.33}$$

两式联立，消去网格边界点信息 u_A^{n+1}，可得 W 点的差分方程

$$-\mu \left[u_G^{n+1} + u_C^{n+1} + u_T^{n+1} + \frac{\gamma_1}{\gamma_1+\gamma_2} u_D^{n+1} \right] + \left[(1+4\mu) - \frac{\mu\gamma_2}{\gamma_1+\gamma_2} \right] u_W^{n+1} = u_W^n + \frac{\mu h g(A)}{\gamma_1+\gamma_2}. \tag{5.34}$$

在非规则内点 C 处，相邻的两个边界网格点 P 和 Q 不是网格点，边界条件离散变得极其烦琐。离散策略[①] 主要有两种。

⚓ **论题 5.8** 第一种策略也是边界条件的迁移技术，具体实现过程同偏微分方程没有关系。

---

① 在网格边界点 P 和 Q 处，利用单侧离散技术处理法向导数。联立 C 点的非等臂长差分格式，也可以建立相应的差分方程。详略。

5.2 边界条件的数值离散

答: 图 5.4 是 C 点附近的局部放大图。数值离散过程如下：

(1) 确定 C 点到边界 Γ(或者近似线段 PQ) 的垂线，找到相应的垂足 U；
(2) 确定垂线 CU 同内部网格线的交点，记为 V；
(3) 利用周围的网格点信息，给出 $[u]_V$ 的插值逼近，例如

$$[u]_V \approx \frac{|VT|}{h}[u]_W + \frac{|WV|}{h}[u]_T,$$

其中 $|VT|$ 和 $|WV|$ 是两个直线段的长度；

(4) 利用 C 和 V 的函数信息，建立法向导数的单侧逼近，即

$$g(U) = \left[\frac{\partial u}{\partial \gamma}\right]_U \approx \frac{[u]_C - [u]_V}{|VC|}.$$

它等同于将 U 点的自然边界条件迁移到 C 点。

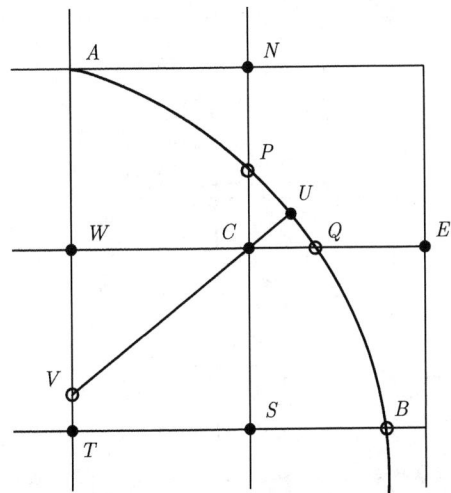

图 5.4 含导数边界处理的网格描述：最近迁移方法

综上所述，略去无穷小量，用数值解替换真解，即得 C 点的差分方程。具体表达，略。□

论题 5.9 第二种策略是利用积分插值方法，将自然边界条件融合到偏微分方程的离散过程中。

答: 积分插值方法不仅适用于微分方程的离散，也适用于边界条件的离散。图 5.5 是 C 点附近的局部放大图。数值离散过程如下：

(1) 确定 C 点的控制区域 Ω_C。它是一个封闭区域，通常由边界曲线、单元中心点连线、单元中心点到边界曲线的垂直线段连接而成。在图 5.5 中，控制区域被简化为曲边三角形 HKG，其中 K 是正方形 $WCST$ 的中心。

(2) 考虑热传导方程 (5.16) 在控制区域 Ω_C 的积分。利用散度定理，将二维的面积分转化为一维的曲线积分，可得恒等式

$$\text{LHS} = \int_{\triangle HKG}[u_t]^{n+1}\mathrm{d}x\mathrm{d}y = \oint_{\partial HKG}\left[\frac{\partial u}{\partial \gamma}\right]^{n+1}\mathrm{d}s = \text{RHS},$$

其中 γ 是 $\triangle HKG$ 的单位外法向量。

(3) 差商离散一阶导数，积分近似恒等式的两端，有

$$\text{LHS} \approx |\triangle HKG|[u_t]_C^{n+1} \approx |\triangle HKG|\frac{[u]_C^{n+1} - [u]_C^n}{\Delta t},$$

$$\text{RHS} \approx -\frac{[u]_C^{n+1} - [u]_W^{n+1}}{\Delta x}|HK|$$

$$- \frac{[u]_C^{n+1} - [u]_S^{n+1}}{\Delta y}|KG| + \int_{\widehat{HPQG}} g(x,y)\mathrm{d}s,$$

其中 $|\triangle HKG|$ 是曲边三角形的面积，$|HK|$ 和 $|KG|$ 是直线段的长度，最后的曲线积分可以利用数值积分公式计算。

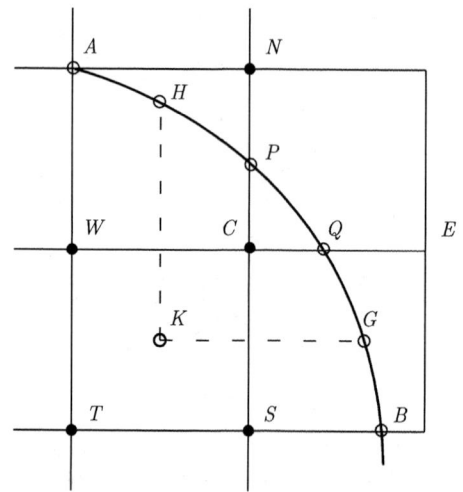

图 5.5 含导数边界处理的网格描述：积分插值方法

综上所述，略去无穷小量，用数值解替换真解，即得 C 点的差分方程。详略。 □

将 Dirichlet 和 Neumann 两类边界条件的数值离散方法结合起来，即可建立 Robin 边界条件的数值离散方法。详略。

5.2.3 高维格式的计算效率

对于高维扩散方程，无论是有条件稳定的显式格式，还是无条件稳定的隐式格式，在计算效率方面均存在不足。

⚓ **论题 5.10** 二维全显格式简单易行，但是时间推进速度不高。特别地，当空间网格同计算区域的匹配度极差[①] 的时候，时间推进速度将会慢得无法接受。

答：为简单起见，以 Dirichlet 零边值问题为例。

由于连续问题具有最大模原理，自然希望全显格式也满足离散最大模原理。换言之，差分方程的右端系数都要具有凸组合结构。在规则内点，差分方程是等臂长的，只要 $\mu \leqslant 1/4$

---
① 换言之，边界网格点同邻近内点的距离远远小于网格的空间步长。

即可。在非规则内点 C，差分方程是非等臂长的；参见图 5.3，具体表达是

$$u_C^{n+1} = \left[1 - \mu\beta_C\right]u_C^n + \mu\left[\beta_W u_W^n + \beta_S u_S^n\right], \tag{5.35}$$

其中 $\beta_C = \beta_Q + \beta_P + \beta_W + \beta_S$，每个符号的含义参见 (5.30b)。要保证差分方程 (5.35) 的右端系数非负，网比需满足

$$1 - \mu\beta_C \geqslant 0. \tag{5.36}$$

设 $|CQ| = s_{\min}h$ 是空间网格的最短臂长。由上式可知，时间推进的最大步长受限于 $s_{\min}h^2$ 的某个倍数！当空间网格的质量很差时，有 $s_{\min} \ll 1$，使得全显格式的时间推进速度极其缓慢。□

注释 5.3 对于二维有界区域，贴体网格是广泛使用的网格技术，可以改善网格的疏密程度，简化法向导数的处理。贴体网格由两族互相垂直的平行曲线交点所构成，其中一族曲线同计算区域的边界线保持平行。

可以理论证明：二维全隐格式和二维 CN 格式都是无条件 L^2 模稳定的，时间推进的速度较为理想。但是，每次时间推进都需求解一个大规模的线性方程组，线性方程组的求解效率成为瓶颈。此时，系数矩阵不再具有简单的三对角结构，线性方程组的计算复杂度 (求解所需的乘除法运算总数) 不再正比例于未知量的总数。换言之，单步时间推进的效率极差，严重抵消了大时间步长带来的优势。

尽管如此，全显格式还是缺乏竞争力的，无条件稳定的隐式离散格式常常作为数值计算的首选。此时，改善单步时间推进的计算效率成为迫在眉睫的任务。为此，数值工作者提出了两类解决方法。其一是高效的数值代数求解器，例如超松弛迭代 (SOR) 法、共轭斜量 (CG) 法、广义最小残量 (GMRES) 法和预处理 (preconditioner) 方法等。其二是分数步长 (fractional-step) 方法、多重网格 (multi-grid) 方法和区域分裂 (domain decomposition) 方法等，直接从数值求解的源头入手，重建微分方程定解问题的高效离散技术。下一节以二维扩散方程为例，介绍分数步长方法；§10.1.4 以二维 Poisson 方程为例，介绍多重网格方法和区域分解方法。

5.3 分数步长方法

交替方向隐式 (alternative direction implicit，ADI) 方法和局部一维化 (local one dimensional，LOD) 方法都属于分数步长方法。它们的共同点是将二维差分格式近似转化为一组"具有一维求解属性"的二维差分格式，使得单步时间推进效率获得显著的提升。从数值代数的角度来看，上述两种方法基于不同的修正流程，使得变化之后的二维差分格式系数矩阵可以在适当的网格重排之后具有块对角结构。时至今日，它们已经划归到算子分裂 (operator splitting) 方法的框架之下。

5.3.1 交替方向隐式方法

在 20 世纪 50~60 年代，欧美的数值专家率先提出了 ADI 方法。其主要思想是在时间推进中，不同方向的空间导数采取迥异的显隐离散方式。代表格式有 Peaceman-Rachford 格式和 Douglas 格式。

1. Peaceman-Rachford 格式

它通常简称为 PR 格式，是 Peaceman 和 Rachford 在模拟石油储藏模型时，为改善二维 CN 格式的计算效率而最早提出的。

为行文简便，略去网格函数的空间下标。二维扩散方程 (5.1) 的 CN 格式可以写作

$$u^{n+1} = u^n + \frac{1}{2}\mu_x a\delta_x^2(u^n + u^{n+1}) + \frac{1}{2}\mu_y b\delta_y^2(u^n + u^{n+1}). \tag{5.37}$$

在等号右端添加修正项 $\frac{1}{4}\mu_x\mu_y ab\delta_x^2\delta_y^2(u^n - u^{n+1})$，新的差分格式不仅保持 $(2,2,2)$ 阶局部截断误差，而且具有漂亮的 (因式分解) 形式

$$\left[\mathbb{1} - \frac{1}{2}\mu_x a\delta_x^2\right]\left[\mathbb{1} - \frac{1}{2}\mu_y b\delta_y^2\right]u^{n+1} = \left[\mathbb{1} + \frac{1}{2}\mu_x a\delta_x^2\right]\left[\mathbb{1} + \frac{1}{2}\mu_y b\delta_y^2\right]u^n, \tag{5.38}$$

其中 $\mathbb{1}$ 是恒等算子。引进辅助网格函数 $u^{n+1/2}$，将 (5.38) 的计算过程分裂为两个计算步骤，即得著名的 PR 格式[①]：

$$\left[\mathbb{1} - \frac{1}{2}\mu_x a\delta_x^2\right]u^{n+\frac{1}{2}} = \left[\mathbb{1} + \frac{1}{2}\mu_y b\delta_y^2\right]u^n, \tag{5.39a}$$

$$\left[\mathbb{1} - \frac{1}{2}\mu_y b\delta_y^2\right]u^{n+1} = \left[\mathbb{1} + \frac{1}{2}\mu_x a\delta_x^2\right]u^{n+\frac{1}{2}}. \tag{5.39b}$$

由于时间上标出现分数，它也称为分数步长方法。

注释 5.4 (5.38) 也可分裂为 D'yakonov(1964) 格式

$$\left[\mathbb{1} - \frac{1}{2}\mu_x a\delta_x^2\right]u^{n+\frac{1}{2}} = \left[\mathbb{1} + \frac{1}{2}\mu_x a\delta_x^2\right]\left[\mathbb{1} + \frac{1}{2}\mu_y b\delta_y^2\right]u^n, \tag{5.40a}$$

$$\left[\mathbb{1} - \frac{1}{2}\mu_y b\delta_y^2\right]u^{n+1} = u^{n+\frac{1}{2}}. \tag{5.40b}$$

由于两个差分方程的离散对象缺乏共性，本书没有将它收录到 ADI 方法。

基于 PR 格式的设计初衷，$u^{n+1/2}$ 仅仅是辅助函数而已，同中间时刻的真解 $[u]^{n+1/2}$ 没有直接关系。但是，若将 $u^{n+1/2}$ 视为 $[u]^{n+1/2}$ 的某种逼近，则 PR 格式可以直观地解释为两个"半步时间"的推进过程：

(1) (5.39a) 可视为 t^n 到 $t^{n+1/2} = t^n + \Delta t/2$ 的计算过程，其中 x 方向的导数离散采用全隐方式，y 方向的导数离散采用全显方式。相应的时间推进距离是 $\Delta t/2$。

(2) (5.39b) 可视为 $t^{n+1/2}$ 到 t^{n+1} 的计算过程，其中 x 方向的导数离散采用全显方式，y 方向的导数离散采用全隐方式。相应的时间推进距离是 $\Delta t/2$。

事实上，ADI 方法的名称就源于此。

论题 5.11 讨论 PR 格式 (5.39) 的 L^2 模稳定性。

答：设 ℓ_1 和 ℓ_2 是任意实数，分别对应两个方向的波数。将模态解

$$u_{j,k}^m = \hat{u}^m e^{i(\ell_1 j\Delta x + \ell_2 k\Delta y)}, \quad m = n, n+1/2,$$

[①] Peaceman D W, Rachford H H. *The numerical solution of parabolic and elliptic differential equations*. Journal of the Society for Industrial and Applied Mathematics, 1955, 3(3): 28~41.

5.3 分数步长方法

代入 PR 格式 (5.39) 或与其等价的 (5.38)，可得相应的增长因子

$$\lambda(\ell_1,\ell_2) = \frac{1-2\mu_y b\sin^2\left(\frac{1}{2}\ell_2\Delta y\right)}{1+2\mu_x a\sin^2\left(\frac{1}{2}\ell_1\Delta x\right)} \cdot \frac{1-2\mu_x a\sin^2\left(\frac{1}{2}\ell_1\Delta x\right)}{1+2\mu_y b\sin^2\left(\frac{1}{2}\ell_2\Delta y\right)}.$$

对于任意的网比 $\mu > 0$，严格的 von Neumann 条件都成立。因此，PR 格式无条件 L^2 模稳定。 □

综上所述，在相容性和 L^2 模稳定性方面，二维 PR 格式 (5.39) 和二维 CN 格式 (5.37) 难分伯仲。但是，在计算效率方面，二维 PR 格式 (5.39) 具有绝对优势。

⚓ **论题 5.12** 设 $\Omega=(0,1)\times(0,1)$，考虑二维扩散方程 (5.1) 的 Dirichlet 零边值问题。给定正整数 J，定义空间离散网格

$$\mathcal{T}_h = \{(jh,kh)\}_{j=0:J}^{k=0:J}, \tag{5.41}$$

其中 $h=1/J$ 为空间步长。基于 Gauss 消去方法，比较二维 CN 格式 (5.37) 和二维 PR 格式 (5.39) 的单步计算效率。

答：对于任意的 $r\in\Re$，定义 $(J-1)^2$ 阶块三对角对称矩阵[①]

$$\begin{aligned}\mathbb{A}_r &= 2\mathbb{1}_h\otimes\mathbb{1}_h + ra\mathbb{1}_h\otimes\mathbb{C}_h + rb\mathbb{C}_h\otimes\mathbb{1}_h\\&= \text{tridiag}\{-rb\mathbb{1}_h,(2+2rb)\mathbb{1}_h+ra\mathbb{C}_h,-rb\mathbb{1}_h\},\end{aligned} \tag{5.42}$$

其中 $\mathbb{1}_h$ 是 $J-1$ 阶单位矩阵，$\mathbb{C}_h=\text{tridiag}\{-1,2,-1\}$ 是 $J-1$ 阶三对角矩阵。

首先讨论二维 CN 格式 (5.37)。为行文简便，时间上标有时会被省略。采用逐行 (先行后列、从左到右、从下到上) 的编号方式，则二维空间网格函数 u 构成 $(J-1)^2$ 维列向量

$$\boldsymbol{u} = \left[\boldsymbol{u}_1^T,\boldsymbol{u}_2^T,\cdots,\boldsymbol{u}_{J-2}^T,\boldsymbol{u}_{J-1}^T\right]^T, \tag{5.43a}$$

其中 $J-1$ 维列向量

$$\boldsymbol{u}_k = [u_{1,k},u_{2,k},\cdots,u_{J-2,k},u_{J-1,k}]^T \tag{5.43b}$$

是网格函数在水平线 $y=y_k$ 上的限制。若采用相同的编号方式排列差分方程，则二维 CN 格式 (5.37) 对应 $(J-1)^2$ 阶的线性方程组

$$\mathbb{A}_\mu \boldsymbol{u}^{n+1} = \mathbb{A}_{-\mu}\boldsymbol{u}^n, \tag{5.44}$$

其中 $\mu=\Delta t/h^2$ 是网比。利用等带宽矩阵的 Gauss 消去方法[②]，二维 CN 格式的单步时间推进过程需要 $\mathcal{O}(J^4)$ 次乘除法运算，正比例于未知量总数的平方。

下面讨论二维 PR 格式 (5.39)。适当重排二维网格函数和差分方程，相应的线性方程组具有块对角系数矩阵，计算过程呈现出明显的 "一维扫描" 特性。参见图 5.6，具体的计算流程如下：

[①] 设 $\mathbb{A}=(a_{ij})$，矩阵 $\mathbb{A}$ 和矩阵 $\mathbb{B}$ 的 Kroneck 乘积为 $\mathbb{A}\otimes\mathbb{B}=(a_{ij}\mathbb{B})$。
[②] 若 m 阶系数矩阵的半带宽是 s，则相应的乘除法运算次数是 $\mathcal{O}(ms^2)$。

(1) 差分方程 (5.39a) 对应**逐行扫描过程**。采用逐行的编号方式，将二维空间网格函数排列为列向量 (5.43)。此时，位于**同行网格点**的差分方程构成封闭的三对角线性方程组

$$\left[2\mathbb{1}_h + \mu a \mathbb{C}_h\right] \boldsymbol{u}_j^{n+\frac{1}{2}} = \mu b\left(\boldsymbol{u}_{j-1}^n + \boldsymbol{u}_{j+1}^n\right) + (2 - 2\mu b)\boldsymbol{u}_j^n, \quad \forall j,$$

其中 $\boldsymbol{u}_0^n = \boldsymbol{u}_J^n = 0$ 是已知的 Dirichlet 边界条件。

(2) 差分方程 (5.39b) 对应**逐列扫描过程**。换言之，采用逐列 (先列后行、从下到上、从左到右) 的编号方式，将二维网格函数 u 重排为列向量

$$\boldsymbol{v} = [\boldsymbol{v}_1^{\mathrm{T}}, \boldsymbol{v}_2^{\mathrm{T}}, \cdots, \boldsymbol{v}_{J-2}^{\mathrm{T}}, \boldsymbol{v}_{J-1}^{\mathrm{T}}]^{\mathrm{T}}, \tag{5.45a}$$

其中 $J-1$ 维列向量

$$\boldsymbol{v}_j = [u_{j,1}, u_{j,2}, \cdots, u_{j,J-2}, u_{j,J-1}]^{\mathrm{T}} \tag{5.45b}$$

是网格函数在垂直线 $x = x_j$ 上的限制。此时，位于**同列网格点**的差分方程构成封闭的三对角线性方程组

$$\left[2\mathbb{1}_h + \mu b \mathbb{C}_h\right] \boldsymbol{v}_j^{n+1} = \mu a\left(\boldsymbol{v}_{j-1}^{n+\frac{1}{2}} + \boldsymbol{v}_{j+1}^{n+\frac{1}{2}}\right) + (2 - 2\mu a)\boldsymbol{v}_j^{n+\frac{1}{2}}, \quad \forall j,$$

其中 $\boldsymbol{v}_0^{n+1/2} = \boldsymbol{v}_J^{n+1/2} = 0$ 是已知的 Dirichlet 边界条件。

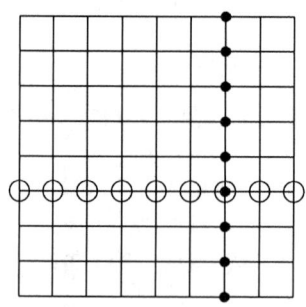

图 5.6 正方形区域上的计算网格

因此，二维 PR 格式的单步推进过程包含 $2(J-1)$ 次一维扫描过程。忽略右端向量的生成过程，利用 Thomas 算法求解三对角线性方程组，独立进行的一维扫描过程仅仅需要 $\mathcal{O}(6J)$ 次乘除法运算。综上所述，二维 PR 格式 (5.39) 的单步时间推进过程需要 $\mathcal{O}(12J^2)$ 次乘除法运算，正比例于未知量的总数。 □

2. Douglas 格式

由于显著的高效性，PR 格式的设计思想引起数值工作者的浓厚兴趣。各式各样的 ADI 格式被相继提出，重要成果包括二维扩散方程 (5.1) 的 Douglas 格式[①]

$$u^{n+\frac{1}{2}} - u^n = \mu_x a \delta_x^2 \frac{u^{n+\frac{1}{2}} + u^n}{2} + \mu_y b \delta_y^2 u^n, \tag{5.46a}$$

$$u^{n+1} - u^n = \mu_x a \delta_x^2 \frac{u^{n+\frac{1}{2}} + u^n}{2} + \mu_y b \delta_y^2 \frac{u^n + u^{n+1}}{2}. \tag{5.46b}$$

---

① Douglas J J. *Alternating direction methods for three space variables.* Numerische Mathematik, 1962, 4(1): 41~63.

5.3 分数步长方法

显然，前后两步分别对应逐行扫描和逐列扫描过程，计算效率同二维 PR 格式一样。

PR 格式 (5.39) 基于二维古典格式的显隐交替过程，而 Douglas 格式 (5.46) 基于二维 CN 格式的预测校正过程，其中预测步 (5.46a) 给出 $[u]^{n+1}$ 的一阶（时间精度）逼近 $u^{n+1/2}$，校正步 (5.46b) 给出二阶（时间精度）逼近 u^{n+1}。Douglas 格式的结构非常清晰，即非当前空间方向的 CN 型离散均用已有信息或者预测信息进行替换，且当前空间方向的 CN 型离散一旦出现之后，其离散结构将保持不变。

⚓ 论题 5.13 二维 Douglas 格式 (5.46) 同二维 PR 格式 (5.39) 是等价的。

答：消去 Douglas 格式的辅助网格函数即可。由 (5.46a) 可知

$$\left[\mathbb{1} - \frac{1}{2}\mu_x a\delta_x^2\right]\left[u^{n+\frac{1}{2}} - u^n\right] = \left[\mu_x a\delta_x^2 + \mu_y b\delta_y^2\right]u^n. \tag{5.47}$$

将 Douglas 格式的两个差分方程相减，有

$$u^{n+1} - u^{n+\frac{1}{2}} = \frac{1}{2}\mu_y b\delta_y^2\left[u^{n+1} - u^n\right], \tag{5.48}$$

从而

$$u^{n+\frac{1}{2}} - u^n = \left[\mathbb{1} - \frac{1}{2}\mu_y b\delta_y^2\right]\left[u^{n+1} - u^n\right].$$

将其代入 (5.47) 的左端，可得

$$\left[\mathbb{1} - \frac{1}{2}\mu_x a\delta_x^2\right]\left[\mathbb{1} - \frac{1}{2}\mu_y b\delta_y^2\right]\left[u^{n+1} - u^n\right] = \left[\mu_x a\delta_x^2 + \mu_y b\delta_y^2\right]u^n.$$

简单整理可知，它就是二维 PR 格式在分裂之前的表达形式 (5.38)。命题得证。 □

因此说，二维 Douglas 格式同二维 PR 格式的理论性质和数值表现是完全相同的。但是，它们的数值实现过程还是略有区别的。二维 Douglas 格式需要额外的存储空间，来记录辅助网格函数的信息。换言之，同二维 PR 格式相比，二维 Douglas 格式没有任何数值优势。但是，当它们的思想被推广到三维扩散问题的时候，三维 Douglas 格式不再等价于三维 PR 格式，在稳定性方面具有相应的数值优势。详见后面的讨论。

3. Douglas-Rachford 格式

二维全隐格式也可实现 ADI 策略。为此，在二维全隐格式

$$\left[\mathbb{1} - \mu_x a\delta_x^2 - \mu_y b\delta_y^2\right]u^{n+1} = u^n$$

的等号右端添加修正项 $ab\mu_x\mu_y\delta_x^2\delta_y^2(u^n - u^{n+1})$，令局部截断误差依旧保持在 $(2,2,1)$ 阶，且新的差分格式具有分裂形式

$$(\mathbb{1} - \mu_x a\delta_x^2)(\mathbb{1} - \mu_y b\delta_y^2)u^{n+1} = u^n + ab\mu_x\mu_y\delta_x^2\delta_y^2 u^n. \tag{5.49}$$

在此基础上，我们可以建立 Douglas-Rachford(DR) 格式[①]

$$(\mathbb{1} - \mu_x a\delta_x^2)u^{n+\frac{1}{2}} = (\mathbb{1} + \mu_y b\delta_y^2)u^n, \tag{5.50a}$$

[①] Douglas J J, Rachford H H. *On the numerical solution of the heat conduction problems in two and three space variables*. Trans. Amer. Math. Soc., 1956, 82(2): 421~439.

$$(\mathbb{1} - \mu_y b\delta_y^2)u^{n+1} = u^{n+\frac{1}{2}} - \mu_y b\delta_y^2 u^n. \tag{5.50b}$$

理论证明：它无条件具有 L^2 模稳定性。DR 格式 (5.50) 等价于

$$u^{n+\frac{1}{2}} - u^n = \mu_x a\delta_x^2 u^{n+\frac{1}{2}} + \mu_y b\delta_y^2 u^n, \tag{5.51a}$$

$$u^{n+1} - u^n = \mu_x a\delta_x^2 u^{n+\frac{1}{2}} + \mu_y b\delta_y^2 u^{n+1}. \tag{5.51b}$$

因此说，DR 格式同 Douglas 格式的构造思想是相近的，均属于预测校正方法。事实上，Douglas 格式的出现，就是为了提高 DR 格式在时间方向的相容阶。

4. 三维 ADI 格式

ADI 策略也可以推广到三维扩散方程

$$u_t = au_{xx} + bu_{yy} + cu_{zz}, \tag{5.52}$$

其中 a, b 和 c 是给定的正数。设时空网格 $\mathcal{T}_{\Delta x, \Delta y, \Delta z, \Delta t}$ 是等距的，其中 $\Delta x, \Delta y$ 和 Δz 是三个方向的空间步长，而 Δt 是时间步长。对应三个空间方向，相应的网比分别记为

$$\mu_x = \frac{\Delta t}{(\Delta x)^2}, \quad \mu_y = \frac{\Delta t}{(\Delta y)^2}, \quad \mu_z = \frac{\Delta t}{(\Delta z)^2}.$$

仿照二维 PR 格式的构造思路，将时间区间 $[t^n, t^{n+1}]$ 等分为三个小区间，相应的时间推进转化为三个不同方式的时间推进。当前空间方向的导数采用全隐方式进行离散，而非当前空间方向的导数采用全显方式进行离散，即可导出 (5.52) 的三维 PR 格式

$$u^{n+\frac{1}{3}} - u^n = \frac{1}{3}\mu_x a\delta_x^2 u^{n+\frac{1}{3}} + \frac{1}{3}\mu_y b\delta_y^2 u^n + \frac{1}{3}\mu_z c\delta_z^2 u^n, \tag{5.53a}$$

$$u^{n+\frac{2}{3}} - u^{n+\frac{1}{3}} = \frac{1}{3}\mu_x a\delta_x^2 u^{n+\frac{1}{3}} + \frac{1}{3}\mu_y b\delta_y^2 u^{n+\frac{2}{3}} + \frac{1}{3}\mu_z c\delta_z^2 u^{n+\frac{1}{3}}, \tag{5.53b}$$

$$u^{n+1} - u^{n+\frac{2}{3}} = \frac{1}{3}\mu_x a\delta_x^2 u^{n+\frac{2}{3}} + \frac{1}{3}\mu_y b\delta_y^2 u^{n+\frac{2}{3}} + \frac{1}{3}\mu_z c\delta_z^2 u^{n+1}. \tag{5.53c}$$

仿照二维 Douglas 格式的构造思想，基于三维 CN 格式的预测校正过程，建立 (5.52) 的三维 Dougals(或 Douglas-Gunn) 格式

$$u^{n+\frac{1}{3}} - u^n = \mu_x a\delta_x^2 \tilde{u}^{n+\frac{1}{3}} + \mu_y b\delta_y^2 u^n + \mu_z c\delta_z^2 u^n, \tag{5.54a}$$

$$u^{n+\frac{2}{3}} - u^n = \mu_x a\delta_x^2 \tilde{u}^{n+\frac{1}{3}} + \mu_y b\delta_y^2 \tilde{u}^{n+\frac{2}{3}} + \mu_z c\delta_z^2 u^n, \tag{5.54b}$$

$$u^{n+1} - u^n = \mu_x a\delta_x^2 \tilde{u}^{n+\frac{1}{3}} + \mu_y b\delta_y^2 \tilde{u}^{n+\frac{2}{3}} + \mu_z c\delta_z^2 \tilde{u}^{n+1}, \tag{5.54c}$$

其中

$$\tilde{u}^{n+\kappa/3} = (u^{n+\kappa/3} + u^n)/2, \quad \kappa = 1, 2, 3. \tag{5.54d}$$

利用 Fourier 方法，可以证明：在离散 L^2 模度量下，三维 Douglas 格式是无条件稳定的，而三维 PR 格式是有条件稳定的。因此，**三维 PR 格式和三维 Douglas 格式是不等价的**。这个事实也隐含地指明：当分裂算子个数超过 2 的时候，不同的 ADI 实现策略具有明显的差异。

5.3.2 局部一维化方法

LOD 方法是由苏联学者在 20 世纪 50~60 年代提出的, 原始思想源于 Bagrinovskii 和 Godunov (1957), 主要研究结果是由 Yanenko(1959) 完成的。在 Yanenko (1965) 的论著中, LOD 方法被称为 "分数步长方法"。

与 ADI 方法不同, LOD 方法具有扎实的理论基础和物理背景。为说明这个事实, 以二维热传导方程 (5.1) 的纯初值问题或周期边值问题为例, 设时间区间是 $[0,T]$。给定正整数 N, 构造等距离散网格

$$\mathcal{T}_{\Delta t} = \{t^n = n\Delta t\}_{n=0}^{N},$$

其中 $\Delta t = T/N$ 是时间步长。记 $t^{n+1/2} = (t^n + t^{n+1})/2$ 是中间时刻。保持空间变量的连续性, 考虑 (时间) 半离散问题: 首先, 定义 $u^{\Delta t}(x,y,0) = u(x,y,0)$, 令初值保持一致; 然后, 依次求解两个 "形式上具有一维结构" 的二维偏微分方程定解问题

$$\frac{1}{2}u_t^{\Delta t} = au_{xx}^{\Delta t}, \qquad t \in (t^n, t^{n+\frac{1}{2}}]; \tag{5.55a}$$

$$\frac{1}{2}u_t^{\Delta t} = bu_{yy}^{\Delta t}, \qquad t \in (t^{n+\frac{1}{2}}, t^{n+1}], \tag{5.55b}$$

其中 $n = 0 : N - 1$。简单计算, 可知 $u^{\Delta t}(x,y,T) = u(x,y,T)$。若时间步长不等, 则有一般性结论

$$\lim_{\Delta t \to 0} u^{\Delta t}(x,y,t) = u(x,y,t), \quad \forall t \in [0,T]. \tag{5.56}$$

事实上, 这个半离散问题可以解读为高维传导的逐维分解过程, 符合物理学的基本定律。

通常, 半离散问题 (5.55) 的各种数值格式, 都称为二维热传导方程 (5.1) 的 LOD 格式。例如, 利用 CN 格式, 可得经典 LOD 格式

$$\left(\mathbb{1} - \frac{1}{2}\mu_x a\delta_x^2\right)u^{n+\frac{1}{2}} = \left(\mathbb{1} + \frac{1}{2}\mu_x a\delta_x^2\right)u^n, \tag{5.57a}$$

$$\left(\mathbb{1} - \frac{1}{2}\mu_y b\delta_y^2\right)u^{n+1} = \left(\mathbb{1} + \frac{1}{2}\mu_y b\delta_y^2\right)u^{n+\frac{1}{2}}. \tag{5.57b}$$

要强调指出: 网格函数是二维的, 每步对应一个方向的扫描过程。

⚓ **论题 5.14** 对于纯初值问题或周期边值问题, 有

$$\delta_x^2\delta_y^2 = \delta_y^2\delta_x^2, \tag{5.58}$$

即二阶差分算子可交换。此时, LOD 格式 (5.57) 同 PR 格式 (5.39) 是等价的, 无条件具有 L^2 模稳定性和 $(2,2,2)$ 阶局部截断误差。

答: 将算子 $\mathbb{1} - \frac{1}{2}\mu_x a\delta_x^2$ 作用到 (5.57b), 利用 (5.57a) 进行整理, 即可得到两个格式的等价性。 □

LOD 方法具有理想的单步时间推进效率, 常常用于**预测校正格式**的预测值计算。例如, 二维扩散方程 (5.1) 的 Yanenko 格式是

$$u^{n+\frac{1}{4}} = u^n + \frac{1}{2}\mu_x a\delta_x^2 u^{n+\frac{1}{4}}, \tag{5.59a}$$

$$u^{n+\frac{1}{2}} = u^{n+\frac{1}{4}} + \frac{1}{2}\mu_y b\delta_y^2 u^{n+\frac{1}{2}}, \tag{5.59b}$$

$$u^{n+1} = u^n + \mu_x a\delta_x^2 u^{n+\frac{1}{2}} + \mu_y b\delta_y^2 u^{n+\frac{1}{2}}. \tag{5.59c}$$

前面两个算式是预测步，利用经典 LOD 方法，通过逐维扫描计算出 $t^{n+1/2}$ 时刻的预测值；最后一个算式是校正步，利用预测值替代二维 CN 格式的时间均值，从而显式计算 t^{n+1} 时刻的校正值。

论题 5.15 若 $\delta_x^2 \delta_y^2 = \delta_y^2 \delta_x^2$，则 Yanenko 格式 (5.59) 同二维 Douglas(或 PR) 格式是等价的。

答：利用 Yanenko 格式的前两式，消去 $u^{n+1/4}$，得到

$$\left(\mathbb{1} - \frac{1}{2}\mu_x a \delta_x^2\right)\left(\mathbb{1} - \frac{1}{2}\mu_y b \delta_y^n\right) u^{n+\frac{1}{2}} = u^n.$$

将其代入 Yanenko 格式的最后一式，可得

$$u^{n+1} - u^n = \left(\mu_x \delta_x^2 + \mu_y b \delta_y^2\right)\left(\mathbb{1} - \frac{1}{2}\mu_y b \delta_y^n\right)^{-1}\left(\mathbb{1} - \frac{1}{2}\mu_x a \delta_x^2\right)^{-1} u^n.$$

将算子 $\left(\mathbb{1} - \frac{1}{2}\mu_x a \delta_x^2\right)\left(\mathbb{1} - \frac{1}{2}\mu_y b \delta_y^n\right)$ 作用到上式，利用 $\delta_x^2 \delta_y^2 = \delta_y^2 \delta_x^2$ 可得

$$\left(\mathbb{1} - \frac{1}{2}\mu_x a \delta_x^2\right)\left(\mathbb{1} - \frac{1}{2}\mu_y b \delta_y^n\right)(u^{n+1} - u^n) = \left(\mu_x a \delta_x^2 + \mu_y b \delta_y^2\right) u^n.$$

因此，Yanenko 格式等价于二维 Douglas(或 PR) 格式，具有 $(2,2,2)$ 阶局部截断误差，并且按 L^2 模是无条件稳定的。 □

半离散问题 (5.55) 也可以利用其他格式求解。例如，基于全隐格式，可得二维扩散方程 (5.1) 的 LOD 全隐格式

$$(\mathbb{1} - \mu_x a \delta_x^2) u^{n+\frac{1}{2}} = u^n, \quad (\mathbb{1} - \mu_y b \delta_y^2) u^{n+1} = u^{n+\frac{1}{2}}. \tag{5.60}$$

它也无条件具有 L^2 模稳定性，但是在时间方向的相容性仅有一阶。

5.3.3 注释和说明

ADI 方法和 LOD 方法常常统称为经济型方法。下面给出一些重要的注释和说明。

1. 两者的联系

在相容性方面，两者具有明显差异。在 ADI 方法中，每个差分方程均相容于偏微分方程；在 LOD 方法中，每个差分方程均不相容于偏微分方程。只有作为一个整体，消去辅助变量的 LOD 格式才相容于偏微分方程。

ADI 格式可以转化为 LOD 格式。例如，引进两个辅助变量，将 PR 格式 (5.39) 改写为 LOD 格式

$$u^{n+\frac{1}{4}} = u^n + \frac{1}{2}\mu_y b \delta_y^2 u^n, \quad u^{n+\frac{1}{2}} = u^{n+\frac{1}{4}} + \frac{1}{2}\mu_x a \delta_x^2 u^{n+\frac{1}{2}},$$

$$u^{n+\frac{3}{4}} = u^{n+\frac{1}{2}} + \frac{1}{2}\mu_x a \delta_x^2 u^{n+\frac{1}{2}}, \quad u^{n+1} = u^{n+\frac{3}{4}} + \frac{1}{2}\mu_y b \delta_y^2 u^{n+1}.$$

每行的两个方程相加，即可验证上述结论成立。

2. Strang 方法

ADI 和 LOD 方法也适用于非矩形区域, 特别是多个标准矩形拼接而成的区域, 例如图 5.7 的 L 型区域。同矩形区域的主要区别, 是一维扫描的网格点个数是逐行 (或列) 变化的, 相应的编程实现略显复杂而已。

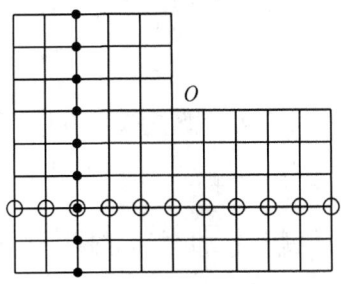

图 5.7 L 型区域上的计算网格

只有在整个平面或者标准矩形区域上, 两个空间方向的二阶中心差分算子才是可交换的。参见图 5.7, 考虑二维扩散方程 (5.1) 在 L 型区域的 Dirichlet 零边值问题。由于交换性不再成立, 二维 LOD 格式 (5.57) 同二维 PR 格式 (5.39) 是不等价的, 在时间方向的相容性无法达到二阶。借用双重循环策略或者镜像对称策略, 构造二维扩散方程 (5.1) 的 Strang 格式①

$$\left(\mathbb{1} - \frac{1}{2}\mu_x a\delta_x^2\right)u^{n+\frac{1}{2}} = \left(\mathbb{1} + \frac{1}{2}\mu_x a\delta_x^2\right)u^n, \tag{5.61a}$$

$$\left(\mathbb{1} - \frac{1}{2}\mu_y b\delta_y^2\right)u^{n+1} = \left(\mathbb{1} + \frac{1}{2}\mu_y b\delta_y^2\right)u^{n+\frac{1}{2}}, \tag{5.61b}$$

$$\left(\mathbb{1} - \frac{1}{2}\mu_y b\delta_y^2\right)u^{n+\frac{3}{2}} = \left(\mathbb{1} + \frac{1}{2}\mu_y b\delta_y^2\right)u^{n+1}, \tag{5.61c}$$

$$\left(\mathbb{1} - \frac{1}{2}\mu_x a\delta_x^2\right)u^{n+2} = \left(\mathbb{1} + \frac{1}{2}\mu_x a\delta_x^2\right)u^{n+\frac{3}{2}}, \tag{5.61d}$$

即可恢复时间方向的二阶局部截断误差。

3. 过渡时间层的数值边界条件

考虑单位正方形上的定解问题, 设 Dirichlet 边界条件是

$$u(x,y,t) = g(x,y,t), \quad x=0,1 \text{ 或者 } y=0,1. \tag{5.62}$$

基于空间网格 (5.41), 利用 ADI 方法或 LOD 方法进行数值计算。此时, 相应的一维扫描过程都需要提供边界条件。

在整数时间层 $t=t^n$, 数值边界条件可以直接设置, 即

$$u_{jk}^n = g(x_j, y_k, t^n) \equiv g^n, \quad j=0, J \text{ 或者 } k=0, J.$$

---

① Strang G. *Accurate partial difference methods I: Linear Cauchy problems.* Archive for Rational Mechanics & Analysis, 1963, 12(1): 392~402.

但是，在过渡时间层 $t = t^{n+1/2} = (t^n + t^{n+1})/2$，数值边界条件不能随意设置。看似合理的设置方式

$$u_{jk}^{n+\frac{1}{2}} = g(x_j, y_k, t^{n+\frac{1}{2}}), \quad j = 0, J \text{ 或者 } k = 0, J, \tag{5.63}$$

将会严重破坏数值格式的精度阶，除非边界函数 g 同时间变量无关。基本的解决方法是利用相邻整数时间层的信息，定义过渡时间层的数值边界条件。通常，它可以通过差分方程的局部求解来实现。

ADI 方法 将二维 PR 格式 (5.39) 的两个差分方程相减，可得

$$u^{n+1/2} = \frac{1}{2}\left[g^{n+1} + g^n\right] - \frac{\mu_y b}{4}\delta_y^2\left[g^{n+1} - g^n\right]. \tag{5.64}$$

它给出两条垂直边界的边界条件，可用于 PR 格式的第一步计算。

LOD 方法 将算子 $\mathbb{1} - \frac{1}{2}\mu_y b \delta_y^2$ 作用到差分方程 (5.57b)，可得

$$\left[\mathbb{1} - \frac{1}{4}\mu_y^2 b^2 \delta_y^4\right] u^{n+\frac{1}{2}} = \left[\mathbb{1} - \mu_y b \delta_y^2 + \frac{1}{4}\mu_y^2 b^2 \delta_y^4\right] u^{n+1}.$$

略去高阶差商部分，直接定义

$$u^{n+\frac{1}{2}} = \left[\mathbb{1} - \mu_y b \delta_y^2\right] g^{n+1}. \tag{5.65}$$

它给出差分方程 (5.57a) 在两条垂直边界的边界条件，可用于 LOD 格式的水平扫描过程。

同 ADI 方法相比，LOD 格式需要提供更多的边界条件。例如，在利用差分方程 (5.57b) 进行垂直扫描的时候，两条水平边界也需要给出过渡时间层的边界信息。此时，利用局部求解，已经无法给出相应的答案。常用的处理方法是，利用过渡时间层的内部网格点信息，进行适当的多项式外插近似，给出相应的边界取值。

注释 5.5 对于其他数值格式或者其他类型的边界条件，过渡时间层的边界条件设置是类似的。对于三维问题或者算子分裂个数超过 3 时，边界条件的设置将变得更加复杂。因篇幅限制，详略。

注释 5.6 经济型差分格式还涉及丰富的研究细节，例如任意区域的数值实现、源项的分配、低阶导数以及混合导数的处理等。因篇幅有限，详略。

习 题

5.1 给出二维加权平均格式 (5.5) 的局部截断误差和最大模稳定性结论。

5.2 给出 DuFort-Frankel 格式 (5.6) 的局部截断误差和 L^2 模稳定性结论。

5.3 基于等距时空网格，构造三维热传导方程 $u_t = \triangle u$ 的全显格式，并利用 Fourier 方法分析其 L^2 模稳定性。

5.4 考虑二维热传导方程 $u_t = (a(x,t)u_x)_x + (b(x,t)u_y)_y$，其中 $a(x,t)$ 和 $b(x,t)$ 均是具有正下确界的连续函数。请回答以下问题：

(1) 利用积分插值方法，构造相应的加权平均格式；

(2) 利用冻结系数方法，建立格式的 L^2 模稳定性结论。

习　题

5.5　考虑论题 5.5 的模型问题。基于半网格方法，建立相应的全隐格式及其线性方程组。要求系数矩阵是对称的。

5.6　参见图 5.3，验证非等臂长差分方程 (5.30) 的构造过程等价于如下操作：

(1) 首先，给出 C 点的等臂全隐格式，其中 E 和 N 是两个虚拟网格点；

(2) 然后，利用二次插值函数写出 Q (或 P) 的近似值。

5.7　计算二维 PR 格式 (5.39) 的局部截断误差。同二维 CN 格式 (5.37) 相比，它关于真解的光滑性要求有何变化？

5.8　证明：当 $\max(\mu_x a, \mu_y b) \leqslant 1$ 时，PR 格式 (5.39) 具有最大模稳定性。同二维 CN 格式 (5.37) 相比，它略占优势。

5.9　考虑带有源项的二维热传导方程

$$u_t = au_{xx} + bu_{yy} + f(x,y,t),$$

建立相应的 PR 格式，保证时间方向具有二阶局部截断误差。

5.10　证明：二维 DR 格式 (5.50) 无条件具有 L^2 模稳定性。

5.11　计算三维 PR 格式 (5.53) 和三维 Douglas 格式 (5.54) 的局部截断误差。

5.12　利用 Fourier 方法证明：三维 PR 格式 (5.53) 的 L^2 模稳定性不是无条件的，而三维 Douglas 格式 (5.54) 的 L^2 模稳定性是无条件的。

5.13　基于等距时空网格 $\mathcal{T}_{\Delta x,\Delta y,\Delta z,\Delta t}$，三维扩散方程 (5.52) 的 DR 格式是

$$(\mathbb{1} - \mu_x a\delta_x^2)u^{n+\frac{1}{3}} = (\mathbb{1} + \mu_y b\delta_y^2 + \mu_z c\delta_z^2)u^n,$$
$$(\mathbb{1} - \mu_y b\delta_y^2)u^{n+\frac{2}{3}} = u^{n+\frac{1}{3}} - \mu_y b\delta_y^2 u^n,$$
$$(\mathbb{1} - \mu_z c\delta_z^2)u^{n+1} = u^{n+\frac{2}{3}} - \mu_z c\delta_z^2 u^n.$$

讨论相应的局部截断误差和 L^2 模稳定性。

5.14　设 $N\Delta t = T$，定义 $t^n = n\Delta t$，构造阶梯函数

$$f_N(t) = \begin{cases} 2, & \text{当 } t \in \bigcup_{n=0:N-1}(t^n, t^n + \Delta t/2]; \\ 0, & \text{其他.} \end{cases}$$

当 $N \to \infty$ 时，$f_N(t)$ 在 $L^2(0,T)$ 空间弱收敛到 $f(t) \equiv 1$。若两个常微分方程 $u_t = f(t)$ 和 $(w_N)_t = f_N(t)$ 的初值相同，验证

$$\lim_{N \to \infty} \sup_{t \in [0,T]} |u(t) - w_N(t)| = 0. \tag{5.66}$$

5.15　设 $N\Delta t = T$，定义 $t^n = n\Delta t$。设 $\mathbb{A}_1$ 和 $\mathbb{A}_2$ 是两个常值矩阵。考虑常微分方程组

$$u_t = \mathbb{A}_1 u + \mathbb{A}_2 u,$$
$$w_t = \begin{cases} 2\mathbb{A}_1 w, & \text{当 } t \in \bigcup_{n=0:N-1}(t^n, t^{n+\frac{1}{2}}]; \\ 2\mathbb{A}_2 w, & \text{其他,} \end{cases}$$

相应的初值满足 $u(0) = w(0)$。当 $\Delta t \to 0$ 时，两个常微分方程组在 T 时刻的精确解会有怎样的逼近结论？当 $\mathbb{A}_1$ 和 $\mathbb{A}_2$ 可交换时，相应的逼近结论会有改进吗？

✍ **5.16** 假设习题 5.15 中的 $\mathbb{A}_1$ 和 $\mathbb{A}_2$ 是不可交换的。考虑基于 Strang 分裂方式的常微分方程组

$$w_t = \begin{cases} 2\mathbb{A}_1 w, & t \in (t^n, t^{n+\frac{1}{2}}], \\ 2\mathbb{A}_2 w, & t \in (t^{n+\frac{1}{2}}, t^{n+1}], \\ 2\mathbb{A}_2 w, & t \in (t^{n+1}, t^{n+\frac{3}{2}}], \\ 2\mathbb{A}_1 w, & t \in (t^{n+\frac{3}{2}}, t^{n+2}], \end{cases} \quad \forall n,$$

其中 $t^{n+1/2} = t^n + \Delta t/2$ 和 $t^{n+3/2} = t^{n+1} + \Delta t/2$。当 $\Delta t \to 0$ 时，相应的逼近结论会有改进吗？可以达到时间方向上的二阶精度吗？

✍ **5.17** 考虑二维扩散方程 (5.1) 的 Dirichlet 初边值问题，相应的边界条件是 (5.62)。请给出 Douglas 格式在过渡时间层的人工边界设置方式，并数值检验相应的最大模误差阶和 L^2 模误差阶。

第 6 章

线性常系数对流方程

从本章开始，我们转向双曲型方程的差分方法。粗略地讲，抛物型方程的数值离散技巧和理论分析方法，也同样适用于双曲型方程。但是，两类方程具有明显的区别，特别是双曲型方程本身缺乏耗散机制，相应的数值困难更为突出。不妨从简单的基本模型出发，考虑线性常系数对流方程

$$u_t + au_x = 0 \tag{6.1}$$

的纯初值问题或周期边值问题[①]，其中 $a \neq 0$ 是给定常数。已知初值是 $u(x,0) = u_0(x)$，由特征线理论可知真解 $u(x,t) = u_0(x - at)$ 具有典型的行波解结构。因此，双曲型方程的解函数概念可以由连续可微的古典解范畴拓展到间断函数。换言之，差分方法既要相对准确地刻画光滑波形，还要相对健壮地描述间断界面。

本章重点介绍 (6.1) 的五个著名格式，并借此展示双曲型方程差分方法的主要困难和基本技术。为简单起见，设 $\mathcal{T}_{\Delta x, \Delta t}$ 是等距的时空网格，其中 Δx 和 Δt 分别是空间步长和时间步长。相应的 (双曲型) 网比记为 $\nu = \Delta t/\Delta x$。

6.1 迎风格式和 Lax-Wendroff 格式

迎风 (upwind) 格式和 Lax-Wendroff (LW) 格式是两个非常重要的简单格式。在精度性、稳定性和数值振荡方面，两个格式的表现截然不同，特点鲜明，足以展现双曲型方程的数值困难。

6.1.1 迎风格式

最易想到的方法是用向前差商离散时间导数 $[u_t]_j^n$，同时用中心差商离散空间导数 $[u_x]_j^n$，建立对流方程 (6.1) 的中心差商显格式

$$u_j^{n+1} = u_j^n - \frac{1}{2}\nu a(u_{j+1}^n - u_{j-1}^n). \tag{6.2}$$

离散模板参见图 6.1。显然，它无条件具有 $(2,1)$ 阶局部截断误差。

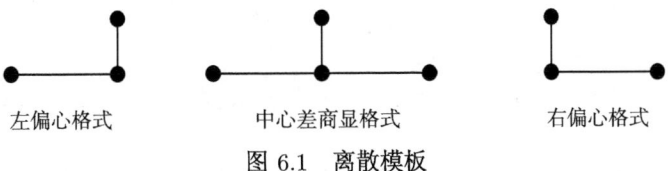

左偏心格式　　　中心差商显格式　　　右偏心格式

图 6.1　离散模板

⚓ **论题 6.1**　中心差商显格式 (6.2) 是无条件线性 L^2 模不稳定的。换言之，对于任意的网比 ν，它都是 L^2 模不稳定的。

[①] 定解问题的边界条件离散方法，可以参见本章的最后一节。

答：将模态解 $u_j^n = \lambda^n e^{ikj\Delta x}$ 代入 (6.2)，计算出增长因子

$$\lambda = \lambda(k) = 1 - \nu a i \sin(k\Delta x).$$

对于任意的网比 ν，均存在波数 k_0，使得 $|\sin(k_0 \Delta x)| \geqslant \sqrt{2}/2$ 和

$$|\lambda(k_0)| \geqslant \sqrt{1 + \frac{1}{2}\nu^2 a^2} > 1,$$

即 von Neumann 条件是不成立的。即证。 □

放弃高阶相容的中心差商离散，采用低阶相容的单侧差商离散，可得 (6.1) 的偏心格式

$$u_j^{n+1} = u_j^n - \nu a \Delta_{\pm x} u_j^n.$$

依据空间模板的偏心方向，它们分别称为左偏心格式和右偏心格式。离散模板参见图 6.1。显然，偏心格式包含最少的网格点仅仅具有 $(1,1)$ 阶局部截断误差。

在对流方程 (6.1) 中，a 的符号指明流动的方向。若 $a > 0$，则流动从左到右，左侧是上游方向；若 $a < 0$，则流动从右到左，右侧是上游方向。因此，下面两种状态的偏心格式

$$u_j^{n+1} = u_j^n - \nu a \Delta_{-x} u_j^n, \quad a > 0, \tag{6.3a}$$

$$u_j^{n+1} = u_j^n - \nu a \Delta_{+x} u_j^n, \quad a < 0, \tag{6.3b}$$

称为迎风格式，因为空间方向的离散模板均位于上游方向。

⚓ **论题 6.2** 迎风格式 (6.3) 有条件具有 L^2 模稳定性。

答：将模态解 $u_j^n = \lambda^n e^{ikj\Delta x}$ 代入 (6.3a)，可得增长因子

$$\lambda = \lambda(k) = 1 - \nu a(1 - e^{-ik\Delta x}).$$

分离 λ 的实部和虚部，简单计算可得

$$\begin{aligned}
|\lambda_{\text{upw}}|^2 &= [(1-\nu a) + \nu a \cos(k\Delta x)]^2 + (\nu a \sin k\Delta x)^2 \\
&= (1-\nu a)^2 + \nu^2 a^2 + 2\nu a(1-\nu a)\cos k\Delta x \\
&= 1 - 4\nu a(1-\nu a)\sin^2\left(\frac{1}{2}k\Delta x\right).
\end{aligned}$$

当且仅当 $0 < \nu a \leqslant 1$ 时，严格的 von Neumann 条件成立，迎风格式 (6.3a) 具有 L^2 模稳定性。

类似地，当且仅当 $-1 \leqslant \nu a < 0$ 时，严格的 von Neumann 条件成立，迎风格式 (6.3b) 具有 L^2 模稳定性。 □

若偏心方向指向下游，则偏心格式是无条件线性不稳定的。因此说，在迎风格式 (6.3) 中，流动方向的判定是非常必要的。

6.1.2 Lax-Wendroff 格式

事实上，基于中心差商显格式的离散模板，我们也可以构造出 (6.1) 的高阶稳定格式。它就是著名的 LW 格式[①]

$$u_j^{n+1} = u_j^n - \frac{1}{2}\nu a(u_{j+1}^n - u_{j-1}^n) + \frac{1}{2}\nu^2 a^2 \delta_x^2 u_j^n. \tag{6.4}$$

作为高精度算法的研究起点，LW 格式蕴含相当丰富的数值设计思想，例如时间 Taylor 方法、待定系数方法、特征线方法和数值黏性修正方法等。

⚓ **论题 6.3** 利用时间 Taylor 方法，构建 LW 格式 (6.4)。

答：利用时间方向的 Taylor 展开公式，有

$$[u]_j^{n+1} = [u]_j^n + \Delta t [u_t]_j^n + \frac{1}{2}(\Delta t)^2 [u_{tt}]_j^n + \mathcal{O}((\Delta t)^3).$$

利用微分方程 (6.1)，将时间导数转化为空间导数，有

$$[u_t]_j^n = -[au_x]_j^n = -\frac{a}{2\Delta x}\Delta_{0x}[u]_j^n + \mathcal{O}((\Delta x)^2),$$

$$[u_{tt}]_j^n = a^2[u_{xx}]_j^n = \frac{a^2}{(\Delta x)^2}\delta_x^2[u]_j^n + \mathcal{O}((\Delta x)^2),$$

其中空间导数利用中心差商进行离散。综上所述，有

$$[u]_j^{n+1} = [u]_j^n - \frac{\nu a}{2}\Delta_0 [u]_j^n + \frac{(\nu a)^2}{2}\delta_x^2[u]_j^n + \mathcal{O}((\Delta x)^2 \Delta t + (\Delta t)^3).$$

略去无穷小量，用数值解替换真解，即得 LW 格式 (6.4)。构造过程表明：LW 格式无条件具有 (2,2) 阶局部截断误差。 □

基于待定系数方法的构造过程是简单的，详略；至于其他构造方法，容后给出。

⚓ **论题 6.4** 当且仅当 $|\nu a| \leqslant 1$ 时，LW 格式 (6.4) 具有 L^2 模稳定性。换言之，其稳定性结论同 a 的符号无关。

答：简单计算可得增长因子

$$\lambda(k) = 1 - \mathrm{i}\nu a \sin\xi - 2\nu^2 a^2 \sin^2\left(\frac{1}{2}\xi\right),$$

其中 $\xi = k\Delta x$。分离相应的实部和虚部，可得

$$|\lambda(k)|^2 = \left[1 - 2\nu^2 a^2 \sin^2\left(\frac{1}{2}\xi\right)\right]^2 + \left[2\nu a \sin\left(\frac{1}{2}\xi\right)\cos\left(\frac{1}{2}\xi\right)\right]^2$$
$$= 1 - 4\nu^2 a^2 (1-\nu^2 a^2)\sin^4\left(\frac{1}{2}\xi\right). \tag{6.5}$$

当且仅当 $|\nu a| \leqslant 1$ 时，严格的 von Neumann 条件成立，LW 格式 (6.4) 具有 L^2 模稳定性。□

当 $|\nu a| \leqslant 1$ 时，迎风格式 (6.3) 满足离散最大模原理，故而具有最大模稳定性。但是，当 $0 < |\nu a| < 1$ 时，LW 格式 (6.4) 的右端出现负系数，离散最大模原理不再成立。数值实验和理论分析均表明：除非 $|\nu a| = 1$，否则 LW 格式不具有最大模稳定性。

[①] Lax P D, Wendroff B. *System of conservation laws*. Communications on Pure & Applied Mathematics, 1960, 13(2): 217~237.

> **注释 6.1** 当 $0<|\nu a|<1$ 时，LW 格式 (6.4) 满足[1]
> $$\|u^n\|_\infty \leqslant C n^{\frac{1}{12}} \|u^0\|_\infty,$$
> 其中界定常数 C 同 $\Delta x, \Delta t$ 和 n 均无关。数值解趋于无穷的速度较慢，常常被误读为最大模有界。

6.1.3 稳定性分析方法

关于双曲型方程差分格式的稳定性，前面介绍的分析方法依旧有效。除此之外，数值黏性方法和 CFL 方法也是常用的启发式分析方法。它们均具有操作简单和推广容易等优点，给出的结论虽然不够严谨，却常常具有足够的指导价值。

1. 数值黏性方法

数值黏性方法的准确描述是 §9.2 的修正方程方法，即利用修正方程的适定性判断差分格式的稳定性。修正方程是含有网格参数的偏微分方程，比原始离散对象更加接近差分方程。相应的推导过程较为烦琐，可以粗略理解为局部截断误差推导的反向操作。为简单起见，下面跳过修正方程的推导过程，直接以中心差商显格式 (6.2) 为起点，指出迎风格式 (6.3) 和 LW 格式 (6.4) 稳定性变好的主要因素。在这个过程中，数值黏性 (修正) 方法的基本思想将得到展现。

> **论题 6.5** 迎风格式 (6.3) 可以视为中心差商显格式的黏性修正，相应的修正项部分清晰地展示出"数值黏性"的概念。

答：利用绝对值的运算性质
$$\max(a,0) = \frac{1}{2}(a+|a|), \quad \min(a,0) = \frac{1}{2}(a-|a|),$$
迎风格式 (6.3) 可以统一写作
$$\frac{u_j^{n+1} - u_j^n}{\Delta t} + \frac{a+|a|}{2\Delta x}\left[u_j^n - u_{j-1}^n\right] + \frac{a-|a|}{2\Delta x}\left[u_{j+1}^n - u_j^n\right] = 0. \tag{6.6a}$$
进一步整理，有
$$\frac{u_j^{n+1} - u_j^n}{\Delta t} + a\frac{u_{j+1}^n - u_{j-1}^n}{2\Delta x} = \frac{|a|\Delta x}{2}\frac{u_{j+1}^n - 2u_j^n + u_{j-1}^n}{(\Delta x)^2}. \tag{6.6b}$$
同中心差商显格式 (6.2) 相比较，(6.6b) 的等号右端就是新增的数值黏性 (修正) 项，其中 $\frac{1}{2}|a|\Delta x$ 称为数值黏性系数，可以随着网格加密而消失。 □

类似地，LW 格式 (6.4) 也可视为中心差商显格式的修正，相应的数值黏性系数是 $\frac{1}{2}|a|^2\Delta t$。

上述论证表明：迎风格式和 LW 格式的构造过程，相当于利用二阶相容的中心差商离散带有数值黏性的对流扩散方程
$$u_t + au_x = \frac{1}{2}|a|\Delta x u_{xx}, \quad u_t + au_x = \frac{1}{2}|a|^2\Delta t u_{xx}.$$

---

[1] Larsson S, Thomée V. *Partial Differential Equations with Numerical Methods*. Springer-Verlag Berlin Heidelberg, 2003.

6.1 迎风格式和 Lax-Wendroff 格式

事实上，它们分别称为迎风格式和 LW 格式的修正方程。相比于对流方程 (6.1)，迎风格式和 LW 格式更加靠近相应的修正方程，数值格式的性质可以用修正方程的性质来"近似描述"。由微分方程理论或者 Fourier 理论可知，对流扩散方程

$$u_t + au_x = bu_{xx}, \quad b > 0$$

的扩散系数 b 越大，真解的能量衰减越快，相应的适定性表现更加稳健。综上所述，我们可以断言：若数值黏性系数越大，则数值稳定性表现越好。例如，当 $|\nu a| \leqslant 1$ 时，LW 格式的数值黏性系数弱于迎风格式，其数值稳定性表现也弱于迎风格式。后面的数值实验将会表明，LW 格式产生虚假的数值振荡，而迎风格式却没有。

强调指出，数值黏性的增加可以改善稳定性，却有可能降低相容阶，例如 LW 格式是二阶相容，而迎风格式是一阶相容。

注释 6.2 上述论证过程过于粗糙，没有给出差分格式稳定的时空约束条件。更多的细节参见 §9.2 的修正方程方法。

注释 6.3 同迎风格式等价的统一描述方式 (6.6a)，有时候也称为 Courant-Isaacson-Rees(CIR) 格式①。它可以形式不变，直接由标量双曲型方程推广到双曲型方程组。

2. CFL 方法

直接利用流动观点或者特征线理论进行诠释，迎风格式和 LW 格式的稳定性结论是显而易见的。早在 1928 年，Courant、Friedrichs 和 Lewy 三位学者就已经提出著名的结论②：设差分方程同微分方程是相容的。若其稳定，则它必然满足 **CFL 条件**

> 微分方程的 (真实) 依赖区域必须包含于差分方程的 (数值) 依赖区域，至少当 Δx 和 Δt 趋于零的时候。

换言之，CFL 条件是相容格式具有稳定性的必要条件。这个条件简单直观，广泛应用于双曲型方程的数值研究。

事实上，CFL 条件非常容易理解。如图 6.2 所示，P 点的数值依赖区域 (计算数值解所需的网格点) 是实心黑点集，真实依赖区域 (计算真解所需的点集) 是虚线段。假设数值依赖区域没有包含真实依赖区域，例如 Q 点没有落在实心黑点集内。假设 Q 点值产生扰动，而同行的其他点值保持不变，则 P 点的真解发生变化，但是 P 点数值解却保持不变。换言之，数值解没有收敛到真解。由 Lax-Richtmyer 等价定理可知，相容格式是不稳定的。

论题 6.6 设 $a > 0$，给出两个偏心格式的 CFL 条件。

答：考虑单步时间推进的 CFL 条件即可。

不妨以网格点 (x_j, t^{n+1}) 为参考点。在前一时刻 t^n，左偏心格式 (6.3a) 的数值依赖区域是 $[x_j - \Delta x, x_j]$，而对流方程 (6.1) 的依赖区域是点集 $\{x_j - a\Delta t\}$。因此，左偏心格式的 CFL 条件是 $\{x_j - a\Delta t\} \subset [x_j - \Delta x, x_j]$，即 $|a|\Delta t \leqslant \Delta x$，或者说，相应的 Courant 数或 CFL 数

---

① Courant R, Isaacson E, Rees M. *On the solution of nonlinear hyperbolic differential equations by finite differences*. Communications on Pure & Applied Mathematics, 1952, 5(3): 243~255.

② Courant R, Friedrichs K, Lewy H. *Über die partiellen differenzengleichungen der mathematischen physik*. Mathematische Annalen, 1928, 100(1): 32~74.

γ_{cfl} 必须满足

$$\gamma_{\text{cfl}} \equiv \frac{|a|\Delta t}{\Delta x} \leqslant 1. \tag{6.7}$$

它恰好就是 Fourier 方法给出的稳定性条件。

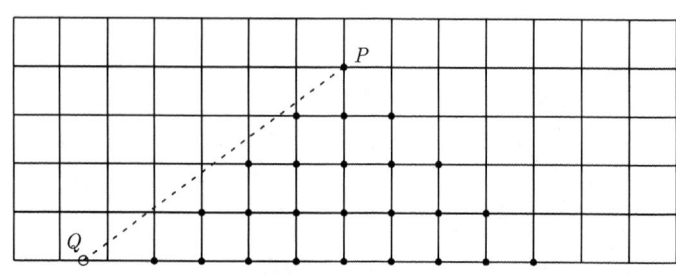

图 6.2　CFL 条件

类似地，右偏心格式 (6.3b) 在右侧方向依次展开一个空间网格，不包含对流方程的依赖区域。换言之，CFL 条件不成立。因此，右偏心格式是不稳定的。□

论题 6.7　给出 LW 格式的 CFL 条件。

答：在单步时间推进中，LW 格式在两侧方向均展开一个空间网格。因此，相应的 CFL 条件也是 (6.7)，就是 Fourier 方法给出的稳定性条件。□

对于偏心格式和 LW 格式而言，由 CFL 方法和 Fourier 方法给出的稳定性结论是相同的。但是，要强调指出：**CFL 条件只是格式稳定的必要条件，且稳定性概念没有明确指出具体的离散范数**。例如，满足 CFL 条件 (6.7) 的中心差商显格式就是不稳定的，即使在较弱的 L^2 模度量之下；此外，满足 CFL 条件的 LW 格式具有 L^2 模稳定性，却不具有最大模稳定性。

6.1.4　数值表现

观察迎风格式 (6.3) 和 LW 格式 (6.4) 的数值表现。考虑对流方程 (6.1) 的纯初值问题，其中 $a = 1$，初值函数是

$$u(x, 0) = u_0(x) = \begin{cases} 1, & x \in [0.4, 0.6] \\ \mathrm{e}^{-160(x-1.5)^2}, & \text{其他.} \end{cases} \tag{6.8}$$

换言之，真解同时含有光滑部分和间断部分两种典型结构。

图 6.3 和图 6.4 给出了两个格式在四个时刻的数值结果，其中虚线代表真解，实线代表数值解。它们表明：两个格式具有鲜明的优缺点，数值表现强烈地依赖于真解的局部光滑程度。具体来讲，有

(1) 在真解相对光滑的区域，两个格式的数值表现均较为理想。相比而言，LW 格式的相容阶更高，相应的数值误差更小。

(2) 在间断界面附近，两个格式的数值表现迥然不同[①]：

(a) 迎风格式相对完美，数值间断界面 (或数值过渡区域) 是平滑 (或者单调) 的。

---

① 此时，追求数值解的高阶精度是毫无意义的。即便如此，当已知初值是梯阶函数时，可以证明两个格式依旧具有整体的 L^2 模误差估计。当网比 ν 固定时，迎风格式是 $\mathcal{O}((\Delta x)^{1/2})$，而 LW 格式是 $\mathcal{O}((\Delta x)^{2/3})$。

6.1 迎风格式和 Lax-Wendroff 格式

(b) LW 格式极其糟糕，数值解出现明显的虚假振荡[①] 和 (上下) 溢出，产生数值振荡现象。即使加密网格，上述现象也不会得到明显的改善。

(3) 事实上，LW 格式无法避免数值振荡。换言之，随着时间的推移，在真解的相对光滑区域，数值振荡也会出现。但是，固定时刻的数值振荡表现可以通过网格加密得到改善。这个现象明显有别于间断界面附近的数值振荡现象。

上述数值表现极具代表性，它清楚地表明了双曲型方程的数值困难：高阶精度和数值振荡是无法调和的两个对立面。

简而言之，迎风格式和 LW 格式各有所长，各有所短。一个理想的数值格式应当继承它们的优点，摒弃它们的缺点，实现下面的数值目标：

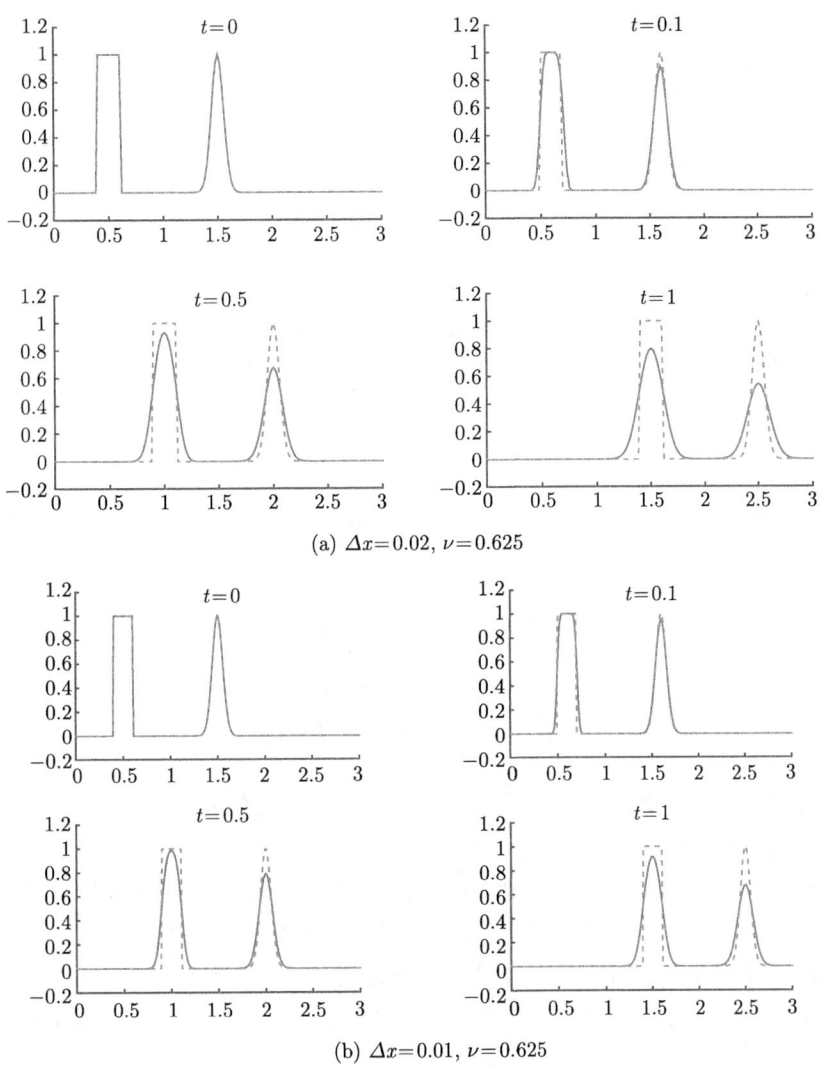

(a) $\Delta x = 0.02$, $\nu = 0.625$

(b) $\Delta x = 0.01$, $\nu = 0.625$

图 6.3 迎风格式的数值表现

[①] 虚假振荡也称为 Gibbs 现象：若周期函数具有间断点，则 Fourier 级数的前有限项截断，将在间断点附近呈现明显的振荡，数值收敛的表现很差。

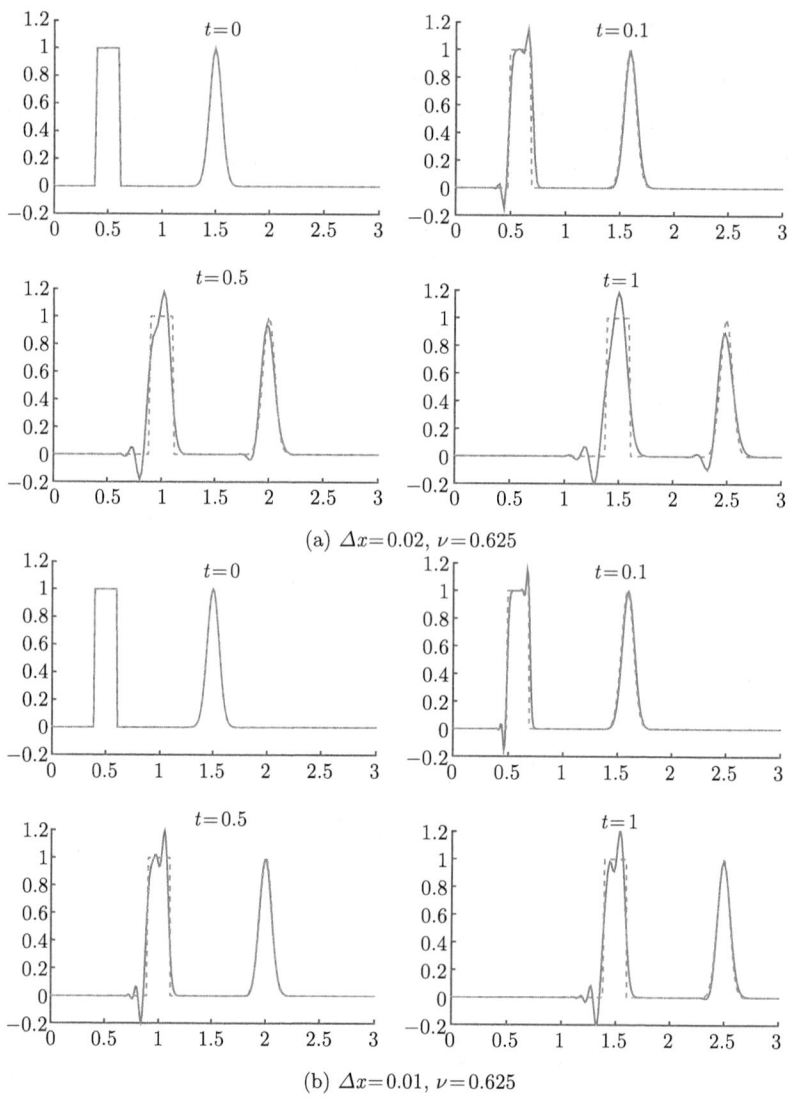

图 6.4 LW 格式的数值表现

(1) 在真解相对光滑的区域，数值格式要具有高阶相容性和良好稳定性；当然，计算效率也是需要考量的因素之一。

(2) 对于间断界面，数值格式既要准确捕捉到位置，还要有效控制附近的数值振荡。换言之，数值间断界面要具有令人满意的尖锐 (陡峭) 度和平滑 (单调) 度。

通常，能够实现上述目标的数值格式称为**高精度高分辨率格式**。它一直是双曲型方程数值研究的核心课题。在后续章节，我们将逐一介绍与其相关的基本内容和最新进展。

6.2 线性常系数差分格式

在介绍其他格式之前，不妨暂停一下，抽象总结一下迎风格式 (6.3) 和 LW 格式 (6.4) 的

6.2 线性常系数差分格式

基本性质。显然，它们都可以归入到线性常系数显式差分格式的基本框架，即

$$u_j^{n+1} = \sum_{s=-l}^{r} \alpha_s u_{j+s}^n, \quad \forall j \forall n, \tag{6.9}$$

其中 $\{\alpha_s\}_{s=-l}^{r}$ 是给定的差分系数，同格点位置和网格函数均无关。这里，l 和 r 是两个非负整数，分别表示离散模板的左右空间臂长。

6.2.1 基本数值概念

基于 Lax-Richtymer 等价定理，我们着重讨论 (6.9) 相容性和稳定性。

定理 6.1 差分方程 (6.9) 同对流方程 (6.1) 相容的充要条件是

$$\sum_{s=-l}^{r} \alpha_s = 1, \quad \sum_{s=-l}^{r} s\alpha_s = -a\nu. \tag{6.10}$$

若相容，则局部截断误差至少达到一阶。

证明：差分方程 (6.9) 的局部截断误差是

$$\tau_j^n = \frac{1}{\Delta t}\left\{[u]_j^{n+1} - \sum_{s=-l}^{r} \alpha_s [u]_{j+s}^n\right\},$$

其中 $[u]$ 是对流方程 (6.1) 的真解。利用 Taylor 展开技术，即可证明本定理结论。 □

注意到对流方程 (6.1) 具有行波解结构，差分方程 (6.9) 的相容阶具有简便的判别方法。如果

$$u_j^n = (x_j - at^n)^\ell, \quad \ell = 0, 1, \cdots, k, \tag{6.11}$$

精确满足差分方程，则局部截断误差至少达到 k 阶。因此，定理 6.1 可以重述为：函数 1 和 $x - at$ 均精确满足差分方程，则差分方程是相容的。

定理 6.2 设对流方程 (6.1) 的流速为负，即 $a < 0$。若差分方程 (6.9) 具有 L^2 模稳定性，则其能达到的局部截断误差最高阶是

$$p = \min(l+r, 2l+2, 2r),$$

且离散模板只能具有 $r = l, r = l+1$ 和 $r = l+2$ 三种结构。

证明：详见 A. Iserles 的论文[①]，略。 □

当 $a > 0$ 时，结论是类似的。因此说，差分方程 (6.9) 要 L^2 模稳定，其上游臂长不能低于下游臂长，且两者的差距也不能超过 2。

---

① Iserles A, Strang G. *The optimal accuracy of difference schemes*. Transactions of the American Mathematical Society, 1983, 277(2): 779~803.

6.2.2 单调格式与数值振荡

基于行波解结构可知，对流方程 (6.1) 具有单调保持性质：若初值是单调的，则真解将一直保持相同的单调性。理想的差分格式 (6.9) 应当具有相同的性质：若数值初值是单调的，则数值解也将一直保持相同的单调性。否则，单调性刻画出现错误，数值振荡现象随之产生。因此说，**单调保持性质**是非常重要的，它是数值格式避免数值振荡的前提条件。

事实上，单调保持性质同差分系数的符号有关。假设数值格式 (6.9) 存在负系数，不妨设 $\alpha_\ell < 0$。取单增的初值函数

$$u_j^0 = \begin{cases} 0, & j \leqslant \ell, \\ 1, & j > \ell. \end{cases}$$

将其代入差分方程 (6.9)，简单计算可知

$$u_1^1 - u_0^1 = \sum_{s=-l}^{r} \alpha_s \left[u_{1+s}^0 - u_s^0 \right] = \alpha_\ell < 0.$$

换言之，数值解不再保持单增性质，出现了虚假的数值振荡。基于上述事实，数值工作者提出单调格式的概念。

♠ **定义 6.1** 若差分系数 $\{\alpha_s\}_{s=-l}^{r}$ 都是非负的，则称差分方程 (6.9) 是**单调格式**。有时，也称作**正格式**。

显然，当 CFL 条件成立时，迎风格式 (6.3) 是单调格式；但是，LW 格式 (6.4) 不是单调格式，除非 $\nu a = \pm 1$。

定理 6.3 单调格式具有单调保持性质；反之亦然。

证明：利用简单的数学归纳，前一个结论即证。逆命题可以用前面的反例说明。 □

由定理 6.1 可知，相容的单调格式具有凸组合的系数结构，当前时刻数值解必是前一时刻数值解的凸组合。因此，最小值不减，最大值不增。换言之，相容的单调格式满足离散最大模原理，具有最大模稳定性。

☛ **注释 6.4** 利用 Jessen 不等式可知，它也具有 L^2 模稳定性。参见 §9.3 的内容。

单调格式的致命缺点是它的相容阶不高。相关结论已经收录在下面的 Godunov 定理中①。

定理 6.4 单调格式 (6.9) 至多具有一阶局部截断误差。

证明：不妨设格式是相容的。利用 Taylor 展开技术，由定理 6.1 可知，其局部截断误差是

$$\tau_j^n = \frac{\Delta x}{2\nu} \left[a^2 \nu^2 - \sum_{s=-l}^{r} s^2 \alpha_s \right] [u_{xx}]_j^n + \mathcal{O}((\Delta t)^2 + (\Delta x)^3/\Delta t).$$

对于单调格式而言，差分系数 $\{\alpha_s\}_{s=-l}^{r}$ 都是非负的。利用 Cauchy-Schwartz 不等式和定理 6.1，可知

$$a^2 \nu^2 = \left[\sum_{s=-l}^{r} s \alpha_s \right]^2 \leqslant \sum_{s=-l}^{r} s^2 \alpha_s \sum_{s=-l}^{r} \alpha_s = \sum_{s=-l}^{r} s^2 \alpha_s.$$

---

① Harten A, Hyman J M, Lax P D, Keyfity B. *On the finite difference approximation and entropy conditions for shocks*. Communications on Pure & Applied Mathematics, 1976, 29(3): 297~322.

等号成立的条件是 $\{\alpha_s\}_{s=-l}^r$ 只有一个非零系数; 这样的差分方程没有实际价值, 无须考虑。换言之, 在通常情况下,

$$a^2 v^2 - \sum_{s=-l}^{r} s^2 \alpha_s \neq 0,$$

使得单调格式的局部截断误差至多一阶。定理得证。 □

Godunov 定理表明: **高阶相容的线性格式必定存在负系数, 数值振荡现象是不可避免的**。这是一个令人沮丧的结论。若要建立高阶无振荡格式, 我们必须跳出单调格式的框架。

6.2.3 数值耗散、数值频散和数值振荡

要有效控制数值振荡现象, 需明确数值振荡的产生机制和发展规律。事实上, 数值振荡的本质就是各种波数 (或频率) 的数值简谐波在离散系统内具有不同的传播速度。对于线性常系数差分格式 (6.9) 而言, 数值简谐波信息可以由 Fourier 方法的 (数值) 增长因子中提取, 包括振幅变化、相位速度和传播速度等。相关研究称为差分格式的色散分析。

1. 波函数的基本概念

记 $\mathrm{i} = \sqrt{-1}$。给定非负实数 A, 称时空函数

$$u(x,t) = \frac{A}{\sqrt{2\pi}} \mathrm{e}^{\mathrm{i}\phi(x,t)} \tag{6.12}$$

是一个波函数, 其中 $\phi(x,t) \colon \Re \times \Re^+ \to \Re$ 称为**相位函数**。最简单的相位函数是

$$\phi(x,t) = kx + \omega t,$$

其中 k 和 ω 是给定的实数, 相应的 (6.12) 称为简谐波, 其中 A 称为**振幅**, $k = \phi_x$ 称为**波数**, $\omega = \phi_t$ 称为**相位速度**,

$$c = -\frac{\phi_t}{\phi_x} = -\frac{\omega}{k} \tag{6.13}$$

称为**波速**。若 $c > 0$, 则简谐波从左到右传播; 若 $c < 0$, 则简谐波从右到左传播。相关的概念还有波长 $\ell = 2\pi/|k|$、频率 $f = |\omega|/(2\pi)$ 和能量 $E = |A|^2$。

将不同波数的简谐波叠加起来, 相应的波包函数可以表示为

$$u(x,t) = \sum_{k \in \mathcal{O}} \frac{A_k}{\sqrt{2\pi}} \mathrm{e}^{\mathrm{i}(kx+wt)}, \tag{6.14}$$

其中 k 是波数, $\mathcal{O}$ 是波数指标集合, A_k 蕴含简谐波振幅和初始相位,

$$\omega = \omega(k) \tag{6.15}$$

称为**色散关系**或**频散关系**[①]。事实上, 表达式 (6.14) 对应函数 $u(x,t)$ 的 Fourier 理论。简单分析, 不难发现:

(1) 如果 $\omega(k)$ 是线性函数, 则波包内各个简谐波具有相同的波速, 整体波形 (包络线) 保持不变。

[①] 通常约定 $\omega(0) = 0$。

(2) 如果 $\omega(k)$ 是非线性函数，则不同波数的简谐波具有不同的波速，整体波形可能因此而产生明显变化。相应的物理现象称为**色散**或**频散**。示意图 6.5 给出了波包函数在两个时刻的波形片段，肉眼可见波形结构已经变化。

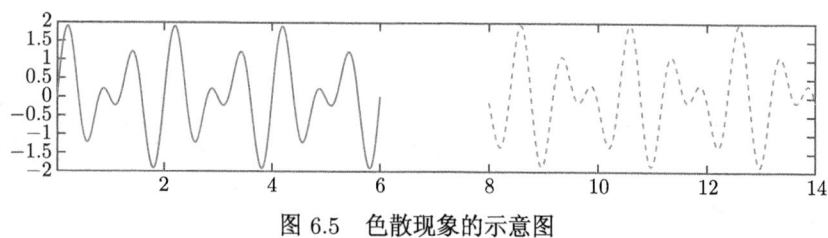

图 6.5　色散现象的示意图

事实上，波包函数 (6.14) 的整体波形 (包络线) 也是一个波函数。假设简谐波的波数均集中在 k 附近，则整体波形的传播速度是

$$C(k) = -\frac{\mathrm{d}w(k)}{\mathrm{d}k}. \tag{6.16}$$

它称为**群速度**，有时候也称为能量的传播速度。在常规介质中，波包函数的群速度低于其所含简谐波的波速；参见图 6.6。

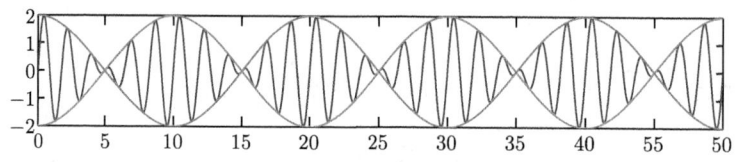

图 6.6　群速度示意图：外围曲线是整体波形

在后续论述中，以下术语会经常使用。波函数的峰 (谷) 或者间断界面，称为典型的**波面**结构。沿着波的传播方向，位于波面前面的位置简称为**波前**，位于波面后面的位置简称为**波后**。

2. 数值色散分析

在微分系统和差分系统中，不同波数的单位简谐波

$$u(x,0) = \mathrm{e}^{\mathrm{i}kx}, \quad x \in \Re \tag{6.17}$$

常常具有不同的传播规律[①]。显然，对流方程 (6.1) 的真解是

$$u(x,t) = \mathrm{e}^{\mathrm{i}(kx+\omega t)}, \tag{6.18}$$

其相位速度 $\omega = \omega(k) = -ak$ 是线性的，没有色散现象。利用分离变量方法或 Fourier 方法，可知差分格式 (6.9) 的数值解是

$$u_j^n = \mathrm{e}^{\mathrm{i}(kj\Delta x+\omega^\star n\Delta t)} = [\lambda(k)]^n \mathrm{e}^{\mathrm{i}kj\Delta x}, \tag{6.19}$$

---

① Trefethen L N. *Group velocity in finite difference schemes*. Stanford University, 1981, 24(2): 113~136.

其中 $\omega^\star = \omega^\star(k)$ 称为广义数值色散关系,$\lambda(k)$ 是增长因子,且满足

$$\lambda(k) = \mathrm{e}^{\mathrm{i}\omega^\star(k)\Delta t}, \tag{6.20}$$

按实部和虚部展开 $\omega^\star$,有

$$\lambda(k) = \mathrm{e}^{-\omega^\star_{\mathrm{Im}}(k)\Delta t} \cdot \mathrm{e}^{\mathrm{i}\omega^\star_{\mathrm{Re}}(k)\Delta t} = |\lambda(k)|\mathrm{e}^{\mathrm{i}\arg\lambda(k)}, \tag{6.21}$$

其中

$$|\lambda(k)| = \mathrm{e}^{-\omega^\star_{\mathrm{Im}}(k)\Delta t} \tag{6.22a}$$

表示推进 Δt 之后的振幅变化率,

$$\arg\lambda(k) = \omega^\star_{\mathrm{Re}}(k)\Delta t \tag{6.22b}$$

表示推进 Δt 之后的相位改变量。换言之,增长因子蕴含丰富的数值波动信息。

(1) 增长因子的模决定数值耗散性质。

(a) 若 $\omega^\star(k)$ 的虚部为正,则相应的简谐波振幅 (或者能量) 将会衰减,形成**数值耗散现象**。此时,差分格式称为**有耗散**的。通常,在双曲方程的差分格式中,高波数简谐波要承受更强的数值耗散。格式的稳定性结论主要取决于低波数简谐波的数值表现。

(b) 若 $\omega^\star(k)$ 的虚部为负,则相应的简谐波振幅将会膨胀,形成**反数值耗散现象**。若反数值耗散现象极其严重,破坏了 von Neumann 条件,则 L^2 模稳定性也将丧失。

(c) 若 $\omega^\star(k)$ 的虚部是零,则相应的简谐波振幅保持不变。若 $\omega^\star(k)$ 恒为实数,则差分格式称为**无耗散**的。

(2) 增长因子的辐角决定数值色散性质。利用数值相位速度

$$\arg\lambda(k)/\Delta t = \omega^\star_{\mathrm{Re}}(k), \tag{6.23}$$

或者利用相位速度相对误差

$$\frac{\omega^\star_{\mathrm{Re}}(k)}{\omega(k)} - 1 = -\frac{\arg\lambda(k)}{ka\Delta t} - 1, \tag{6.24}$$

均可以说明数值简谐波同真实简谐波的速度差异。换言之,有

(a) 若 (6.24) 为正,则数值简谐波超前于真实简谐波;

(b) 若 (6.24) 为负,则数值简谐波滞后于真实简谐波。

通常,数值相位速度 (6.23) 是非线性的,不同波数的数值简谐波具有不同的波速,从而产生数值色散现象。在无耗散格式中,数值色散现象尤其突出。

注释 6.5 事实上,数值耗散和数值色散是数值误差的两个根本原因。因此说,上述概念和结论不仅适用于双曲型方程,也适用于其他类型的偏微分方程,不仅适用于显式格式,也适用于隐式格式,不仅适用于双层格式,也适用于多层格式。

由于数值色散现象,数值解的整体波形可能出现明显变化,进而产生虚假的数值振荡现象[1]。若出现数值振荡,其位置可以采用下面的某种方法进行判断:

---

[1] 数值色散不一定产生数值振荡,例如单调的迎风格式。

(1) 其一是计算数值相位速度或相位速度相对误差。若 (6.24) 恒正，则数值振荡出现在波前；若 (6.24) 恒负，则数值振荡出现在波后。

(2) 其二是计算数值群速度

$$C_{\Delta x} := C_{\Delta x}(k) = -\frac{\mathrm{d}\,\omega_{\mathrm{Re}}^{\star}(k)}{\mathrm{d} k} = -\frac{1}{\nu}\frac{\mathrm{d}\arg\lambda(\xi)}{\mathrm{d}\xi}, \tag{6.25}$$

其中 $\xi = k\Delta x$。要保证数值解具有正确的传播方向，数值群速度 $C_{\Delta x}$ 和波速 a 必须同号。若 $|C_{\Delta x}| > |a|$ 恒成立，则数值振荡出现在波前；若 $|C_{\Delta x}| < |a|$ 恒成立，则数值振荡出现在波后。

论题 6.8　在 LW 格式中，数值振荡必然出现在波后。

答：假设 $\xi = k\Delta x$ 足够小，或者说数值简谐波具有较低的波数，在空间网格上具有较高的辨识度。利用 Taylor 展开技术，有

$$\begin{aligned}\arg\lambda(k) &= -\arctan\left[\frac{\nu a \sin\xi}{1 - 2\nu^2 a^2 \sin^2\frac{1}{2}\xi}\right] \\ &= -\nu a \xi\left[1 - \frac{1}{6}(1 - \nu^2 a^2)\xi^2 + \cdots\right].\end{aligned} \tag{6.26}$$

在方括号内，数字 1 后面的部分就是相位速度相对误差。当 $\nu|a| < 1$ 时，它是非正的。因此，数值速度低于真实速度，数值振荡出现在波后[①]。　□

前面已经指出：对于光滑函数和间断函数，LW 格式的数值振荡现象略有不同。要回答这个问题，需要说明两个基本事实：

(1) 由 (6.26) 可知：在 LW 格式中，简谐波的波数越高，相位速度相对误差越大，在水平方向突破整体波形的能力也就越强。

(2) 当空间网格密集的时候，数值初值和真实初值的波谱分布越来越接近。经典的 Fourier 理论指出：对于定义在整个数轴上的局部可积速降函数，或者定义在有限区间的周期函数，其波谱分布同光滑程度相关。若 α 阶导数连续有界，则波谱满足 $\mathcal{O}(1/k^{\alpha+2})$ 的变化规律，其中 k 是波数。简而言之，函数越光滑，其高频 (简谐) 波成分越少。

于是，LW 格式的数值振荡现象可以解释为：

(1) 间断函数 (例如符号函数) 的波谱具有缓慢的衰减，高频波占有较高的比重。由于较强的数值色散现象，高频波迅速突破包络线，明显改变波包函数的整体形状，引起严重的数值振荡。

(2) 光滑函数 (例如 Gauss 核) 的波谱具有快速的衰减，高频波的比重非常低。虽然它们具有不同的波速，水平方向产生较强的破坏，但是高频波的比重过于微弱，在短时间内无法突破包络线。因此，波包函数的基本形状没有受到严重破坏，数值解也就没有出现明显的数值振荡。但是，注意到 LW 格式的增长因子满足

$$|\lambda(k)| = 1 - \frac{1}{8}\nu^2 a^2 (1 - \nu^2 a^2)\xi^4 + \cdots, \tag{6.27}$$

[①] 数值群速度概念可以给出相同的结论。

可知其数值耗散速度 $\mathcal{O}(\xi^4)$ 远远低于其数值色散速度 $\mathcal{O}(\xi^2)$。换言之，相对于数值色散效应而言，高频波的振幅衰减速度极其缓慢，在某种程度上不妨认为其振幅保持不变。因此，在较长时间的发展之后，微弱的高频波终将突破包络线，明显改变波包函数的整体形状，从而产生肉眼可见的数值振荡。

因此说，**数值色散是数值振荡的根本原因**；**数值耗散同数值色散的平衡关系，决定数值振荡的具体表现**。

事实上，数值耗散可以压制数值振荡。当数值耗散机制足够强的时候，数值振荡可以得到避免。

⚓ **论题 6.9** 讨论迎风格式的数值耗散和数值色散。

答：利用迎风格式的增长因子，简单计算可知

$$\arg(\lambda) = -\nu a \xi \left[1 - \frac{1}{6}(1 - \nu a)(1 - 2\nu a)\xi^2 + \cdots \right], \tag{6.28a}$$

$$|\lambda(k)| = 1 - \frac{1}{2}\nu a(1 - \nu a)\xi^2 + \cdots \tag{6.28b}$$

在相位速度方面，迎风格式比 LW 格式精准，捕捉波面位置的能力更强；在数值耗散方面，迎风格式比 LW 格式严重，相应的数值稳定性表现更好。

由于迎风格式具有强烈的数值耗散作用，在高频波的色散效应影响到整体波形之前，高频波就已经几乎消失殆尽，无法明显改变波包函数的整体波形，肉眼很难看到数值振荡。在 §6.1.4 的数值实验中，由于真解具有局部单调性，迎风格式没有产生数值振荡现象，同迎风格式是单调格式的结论相吻合。 □

下面以迎风格式和 LW 格式为例，指出数值黏性系数和增长因子的关系。回忆 §6.1.3 可知：当 $\nu|a| < 1$ 时，迎风格式的数值黏性系数大于 LW 格式。由 (6.28b) 和 (6.27) 可知，迎风格式的增长因子比 LW 格式更加远离 1，蕴含更强的数值耗散。事实上，这是一个普遍成立的规律：数值黏性系数越大，增长因子越远离 1，差分格式的数值耗散越强，抑制或避免数值振荡现象的能力也就越强。但是，数值黏性系数也不能太大，否则差分格式的相容阶有可能受损。

⚓ **注释 6.6** 对于线性常系数双曲型方程，混合使用具有不同耗散强度和色散强度的数值格式，可以减弱数值振荡的强度，或者改善数值峰面的追踪准确度。尽管静态调整策略的推广性较差，其基本思想还是极具启发意义的。

6.3 其他著名格式

除了迎风格式和 LW 格式，适用于对流方程 (6.1) 的差分格式还有很多，可谓不胜枚举。因篇幅有限，本节重点介绍三个格式。

6.3.1 Lax-Friedrichs 格式

Lax-Friedrichs(LF) 格式[1] 是由 Lax 和 Friedrichs 率先提出的，其具体形式是

---

[1] Lax P D. *Weak solutions of nonlinear hyperbolic equations and their numerical computation*. Communications on Pure & Applied Mathematics, 1954, 7: 159~193.

$$u_j^{n+1} = \frac{1}{2}(u_{j-1}^n + u_{j+1}^n) - \frac{1}{2}\nu a(u_{j+1}^n - u_{j-1}^n). \tag{6.29}$$

利用 Taylor 展开技术可知，它是有条件相容的。当网比 ν 固定时，它具有整体一阶的局部截断误差。由 Lax-Richtmyer 等价定理可知：若 LF 格式是稳定的，则它具有整体一阶的数值精度。

⚓ **论题 6.10** LF 格式 L^2 模稳定的充要条件是 $|\nu a| \leqslant 1$，同它的 CFL 条件是一样的。

答：利用 Fourier 方法。简单计算，可知其增长因子为

$$\lambda(k) = \cos k\Delta x - \mathrm{i}\nu a \sin k\Delta x. \tag{6.30}$$

分离实部和虚部，可得

$$|\lambda(k)|^2 = 1 - (1 - \nu^2 a^2)\sin^2(k\Delta x).$$

当且仅当 $|\nu a| \leqslant 1$ 时，严格的 von Neumann 条件成立，LF 格式具有 L^2 模稳定性。 □

LF 格式具有两个显著优点。其一，在相应的 CFL 条件下，它是单调格式，可以保持数值解的单调性，具有最大模稳定性；其二，它不用判断流场方向，可以轻松地推广到线性变系数双曲型方程和线性双曲型方程组。LF 格式从标量方程到方程组的推广是由 Lax 独立完成的，故而有时直接简称为 Lax 格式。

LF 格式再次展示了算术平均的稳定化作用。在格式设计方面，它还具有两个历史贡献。

⚓ **论题 6.11** 以中心差商显格式为起点，比较迎风格式与 LF 格式的数值黏性。

答：LF 格式 (6.29) 等价于

$$\frac{u_j^{n+1} - u_j^n}{\Delta t} + a\frac{u_{j+1}^n - u_{j-1}^n}{2\Delta x} = \frac{(\Delta x)^2}{2\Delta t}\frac{\delta_x^2 u_j^n}{(\Delta x)^2}, \tag{6.31}$$

可视为中心差商显格式 (6.2) 的数值黏性修正。显然，LF 格式的数值黏性系数是 $(\Delta x)^2/(2\Delta t)$。迎风格式的数值黏性系数是 $|a|\Delta x/2$，注意到 CFL 条件 $|\nu a| \leqslant 1$，可知 LF 格式的数值黏性系数更大。 □

前面曾经提过：数值黏性系数越大，则数值耗散机制越强，抹平间断界面的能力越强。因此，同迎风格式相比，LF 格式的数值间断界面更加平坦，数值过渡区域包含更多的网格点。换言之，若要获得更加陡峭的数值间断界面，迎风格式判别流场方向的时间开销，还是值得的。

⚓ **论题 6.12** LF 格式也可以解释为特征线方法[①] 和函数内插方法的有效结合。

答：利用特征线理论可知，对流方程 (6.1) 的真解满足

$$[u]_j^{n+1} \equiv u(x_j, t^{n+1}) = u(\bar{x}_j, t^n), \quad \forall j,$$

其中 $\bar{x}_j = x_j - a\Delta t$ 是网格点 (x_j, t^{n+1}) 在前一时刻的空间依赖点。若 $|\nu a| \leqslant 1$，则 $\bar{x}_j$ 一定落在网格点 x_{j-1} 和 x_{j+1} 之间。利用周边的网格点信息，近似函数值 $u(\bar{x}_j, t^n)$。比如，基于

[①] 也称为拉格朗日方法。

6.3 其他著名格式

线性多项式插值，可得

$$u(\bar{x}_j, t^n) = \frac{\Delta x + a\Delta t}{2\Delta x}[u]_{j-1}^n + \frac{\Delta x - a\Delta t}{2\Delta x}[u]_{j+1}^n + \mathcal{O}((\Delta x)^2).$$

两式联立，略去无穷小量，用数值解替换精确解，即得 LF 格式 (6.29)。 □

事实上，迎风格式 (6.3) 和 LW 格式 (6.4) 也可采用同样的设计路线。

下面考察 LF 格式 (6.29) 的数值效果。依旧设对流方程 (6.1) 具有初值 (6.8)，其中 $a = 1$。图 6.7 绘制了 LF 格式和迎风格式在 $t = 0.5$ 和 $t = 1$ 两个时刻的数值结果，其空间步长都是 $\Delta x = 0.01$，网比都是 $\nu = 0.625$。显然，两个格式都没有产生数值振荡，波面位置的捕捉也相当准确。但是，在间断界面附近，LF 格式的数值过渡区域更宽一些，峰值的下降量也更多一些。这个数值结果恰好验证了前面的理论结果，即 LF 格式具有更强的数值耗散作用。

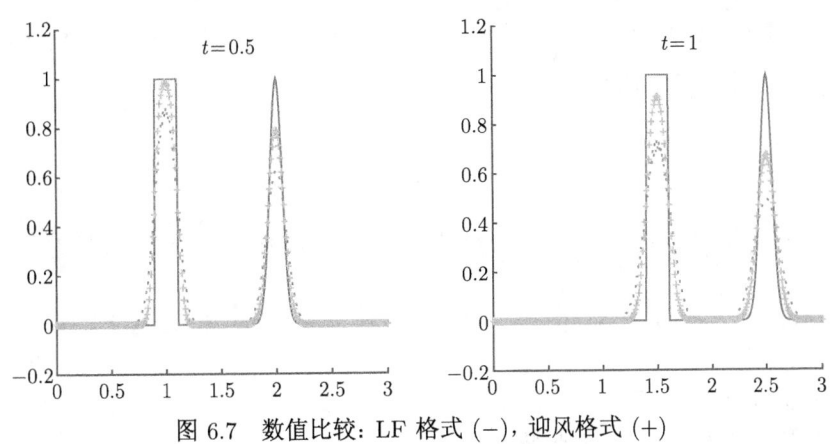

图 6.7 数值比较：LF 格式 ($-$)，迎风格式 ($+$)

6.3.2 蛙跳格式

直接利用中心差商离散时间导数和空间导数，可得对流方程 (6.1) 的蛙跳 (Leapfrog) 格式

$$\frac{u_j^{n+1} - u_j^{n-1}}{2\Delta t} + a\frac{u_{j+1}^n - u_{j-1}^n}{2\Delta x} = 0. \tag{6.32}$$

显然，它是显式三层格式，无条件具有 $(2,2)$ 阶局部截断误差。注意到离散模板的形状，它也称为空心十字架格式。

论题 6.13 当且仅当 $|\nu a| < 1$ 时，蛙跳格式具有 L^2 模稳定性。

答：定义向量型网格函数 $\boldsymbol{w}^n = [u^n, v^n]^T$，其中 $v_j^n = u_j^{n-1}$。蛙跳格式 (6.32) 等价于如下的两层格式

$$\boldsymbol{w}_j^{n+1} = \begin{bmatrix} -\nu a & 0 \\ 0 & 0 \end{bmatrix} \left[\boldsymbol{w}_{j+1}^n - \boldsymbol{w}_{j-1}^n\right] + \begin{bmatrix} 0 & 1 \\ 1 & 0 \end{bmatrix} \boldsymbol{w}_j^n.$$

代入模态解 $\boldsymbol{w}_j^n = \hat{\boldsymbol{w}}^n \mathrm{e}^{\mathrm{i}kj\Delta x}$，可得振幅向量的递推规律[①]

$$\hat{\boldsymbol{w}}^{n+1} = \mathbb{G}\hat{\boldsymbol{w}}^n, \tag{6.33}$$

[①] 若 $\lambda_1 \neq \lambda_2$，则相应的通解为 $\hat{\boldsymbol{w}}^n = C_1 \lambda_1^n \hat{\boldsymbol{w}}_1 + C_1 \lambda_2^n \hat{\boldsymbol{w}}_2$，其中 C_κ 是任意常数，λ_κ 和 $\hat{\boldsymbol{w}}_\kappa$ 是增长矩阵 $\mathbb{G}$ 的特征值和特征向量，$\kappa = 1, 2$。

其中 k 是任意的波数，$\xi = k\Delta x$，

$$\mathbb{G} = \mathbb{G}(\xi) = \begin{bmatrix} -2\mathrm{i}\nu a \sin\xi & 1 \\ 1 & 0 \end{bmatrix}$$

是增长矩阵。简单计算可知，它的两个特征值 (或者增长因子) 是

$$\lambda_{\pm}(k) = -\mathrm{i}\nu a \sin\xi \pm \sqrt{1 - \nu^2 a^2 \sin^2\xi}. \tag{6.34}$$

当 CFL 条件 $|\nu a| \leqslant 1$ 成立时，两个增长因子的模均恒等于 1，严格的 von Neumann 条件得到满足。它是蛙跳格式 L^2 模稳定的必要条件。

当 $|\nu a| < 1$ 时，增长矩阵的两个特征值是互异的。由 Kreiss 定理 3.4 可知，此时的蛙跳格式具有 L^2 模稳定性。

当 $\nu a = \pm 1$ 时，蛙跳格式不稳定。以 $\nu a = 1$ 为例。令 $\xi = -\pi/2$，相应的增长矩阵具有模为 1 的重特征根 i，并且满足

$$\mathbb{G}^n = \mathrm{i}^n \begin{bmatrix} n+1 & -n\mathrm{i} \\ -n\mathrm{i} & 1-n \end{bmatrix}. \tag{6.35}$$

取 $z = (1,0)^{\mathrm{T}}$，有 $\mathbb{G}^n z = \mathrm{i}^n (n+1, -n\mathrm{i})^{\mathrm{T}}$。因此，有 $\|\mathbb{G}^n\|_{2,M} \geqslant \sqrt{2}n$，蛙跳格式是不稳定的。□

论题 6.14 因为 $|\lambda_{\pm}(k)| \equiv 1$ 恒成立，所以蛙跳格式 (6.32) 是**无耗散**的。它具有明显的数值色散现象。

答：对流方程 (6.1) 只有一个 (真实) 增长因子，蛙跳格式的两个 (数值) 增长因子必然有"真"有"假"。利用 Taylor 展开技术，有

$$\lambda_{\pm}(k) = -\mathrm{i}\nu a\left(\xi - \frac{1}{6}\xi^3 + \cdots\right) \pm \left(1 - \frac{1}{2}\nu^2 a^2 \xi^2 + \cdots\right). \tag{6.36}$$

在 Δt 内的数值相位改变量是

$$\begin{aligned}
\arg\lambda_{\pm}(k) &= \arctan\left[\mp \frac{\nu a\left(\xi - \frac{1}{6}\xi^3 + \cdots\right)}{1 - \frac{1}{2}\nu^2 a^2 \xi^2 + \cdots}\right] \\
&= -\nu a \xi \left[\pm 1 \mp \frac{1}{6}(1-\nu^2 a^2)\xi^2 + \cdots\right].
\end{aligned} \tag{6.37}$$

方括号内的 ± 1 表明：$\lambda_{-}(k)$ 是"假"的，相应的数值简谐波反向传播，形成**衍生波现象**，而 $\lambda_{+}(k)$ 是"真"的，相应的数值简谐波沿着正确方向传播。

由于 $\lambda_{+}(k)$ 占据主导地位，下面重点讨论 $\lambda_{+}(k)$ 导致的数值色散作用。当 $|\nu a| < 1$ 时，由 (6.37) 可知，蛙跳格式同 LW 格式的数值色散表现是非常接近的。换言之，相位速度相对误差是非正的，数值简谐波的传播要慢于真实简谐波。由于差分方程含有负系数，数值振荡现象是不可避免的。利用上述结果可知，数值振荡必然出现在波后。□

注释 6.7 事实上，多层格式普遍存在衍生波现象。换言之，只有一个数值增长因子是真的，逼近 (带有一阶时间导数的偏微分方程) 定解问题的真实增长因子；其余的数值

增长因子都是假的，造成虚假的衍生波现象。若要多层格式获得成功，它必须能够有效滤除衍生波或者控制其比重。通常，当数值格式拥有强烈的耗散机制时，衍生波的不良影响可以得到有效的控制。

下面指出一个有趣的数值现象。由图 6.8 可知，蛙跳格式 (6.32) 可以拆解为两个互不干扰的、分别用 ◦ 和 • 标注出来的独立计算系统。若初值设置不够恰当，则数值解可能呈现出两个完全不相关的波形，形成"组间振荡"或"波干涉"现象。常用的方法是：利用已知初值，直接定义第零层的 u_j^0；利用迎风格式或 LW 格式等耗散格式，计算第一层的 u_j^1。此时，反向波的比重极低。

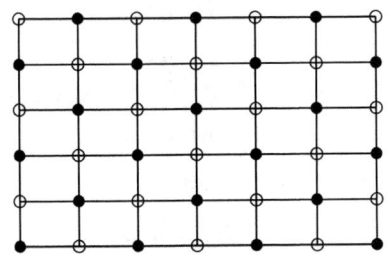

图 6.8　蛙跳格式的网格点分组：◦ 和 •

观察蛙跳格式 (6.32) 的数值效果。考虑对流方程 (6.1) 的纯初值问题，其中 $a=1$，初值条件是

$$u(x,0) = \begin{cases} 1, & x \in [0.25, 0.75] \\ e^{-160(x-2.5)^2}, & \text{其他}. \end{cases}$$

设空间步长为 $\Delta x = 0.01$，网比为 $\nu = 0.625$。图 6.9 绘制了蛙跳格式在四个不同时刻的数值解，其中第零层初值直接赋值，第一层初值分别采用迎风格式和 LW 格式进行设置。数值结果表明：数值振荡出现在波后，污染区域 (振荡区域) 明显地随时间发展而变宽。

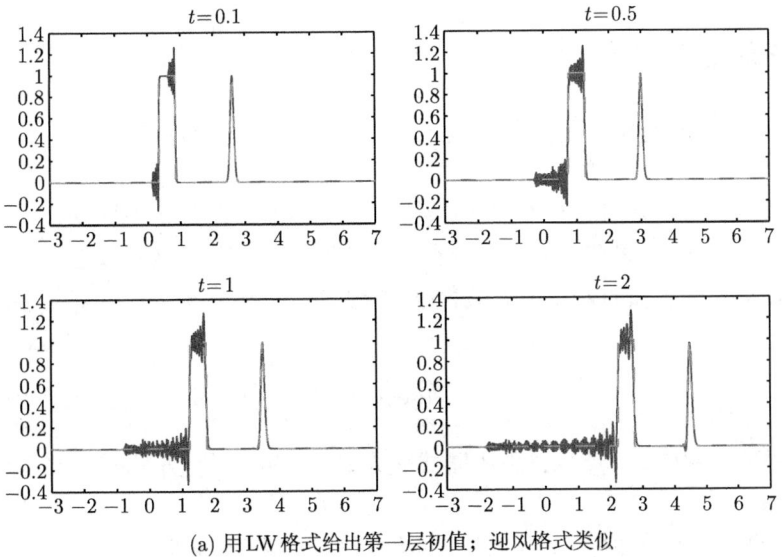

(a) 用 LW 格式给出第一层初值；迎风格式类似

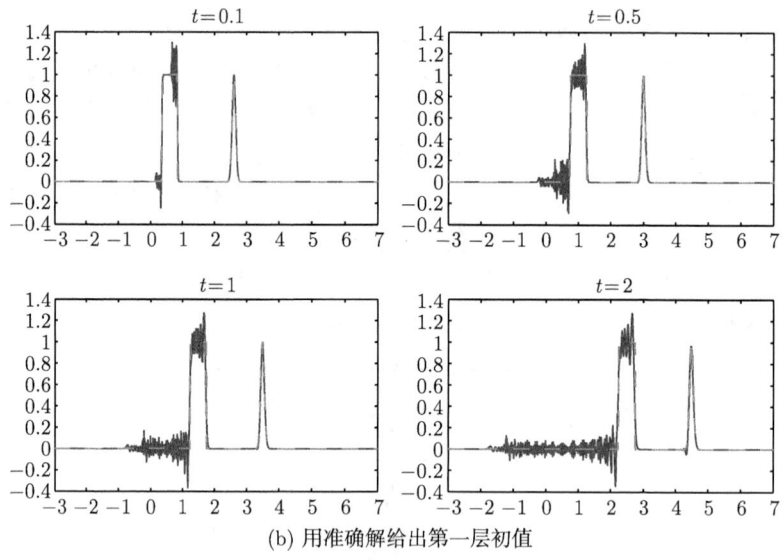

(b) 用准确解给出第一层初值

图 6.9 蛙跳格式的数值表现

6.3.3 盒子格式

在时空网格中，选取四个紧密相邻的网格点，形成方盒状的离散模板；参见图 6.10。在盒子的中心处，利用半步中心差商离散对流方程 (6.1) 的两个导数，有

$$\frac{[u]_{j+\frac{1}{2}}^{n+1} - [u]_{j+\frac{1}{2}}^{n}}{\Delta t} + a\frac{[u]_{j+1}^{n+\frac{1}{2}} - [u]_{j}^{n+\frac{1}{2}}}{\Delta x} \approx 0.$$

利用半点网格的算术平均技术

$$[u]_{j+\frac{1}{2}}^{n} \approx \frac{[u]_{j+1}^{n} + [u]_{j}^{n}}{2}, \quad [u]_{j}^{n+\frac{1}{2}} \approx \frac{[u]_{j}^{n} + [u]_{j}^{n+1}}{2},$$

即可建立著名的盒子格式[1]

$$\frac{u_{j+1}^{n+1} - u_{j+1}^{n} + u_{j}^{n+1} - u_{j}^{n}}{2\Delta t} + a\frac{u_{j+1}^{n+1} - u_{j}^{n+1} + u_{j+1}^{n} - u_{j}^{n}}{2\Delta x} = 0. \quad (6.38)$$

由于离散方式具有时空方向的对称性，它无条件具有 (2,2) 阶局部截断误差。

盒子格式是隐格式，非常适用于"带有方向性"的数值计算。例如，当 $a > 0$ 时，最左端的边界网格点信息由已知的入流边界条件确定。此时，利用盒子格式的等价表达式

$$u_{j+1}^{n+1} = u_{j}^{n} + \frac{1 - \nu a}{1 + \nu a}\left[u_{j+1}^{n} - u_{j}^{n+1}\right], \quad (6.39)$$

从左到右扫描空间网格点，计算过程由隐式变为显式，相应的盒子格式是半隐的。

---

[1] 盒子格式由 Thomée 在 1962 年最早提出的，也称为 Wendroff(1971) 格式。

6.3 其他著名格式

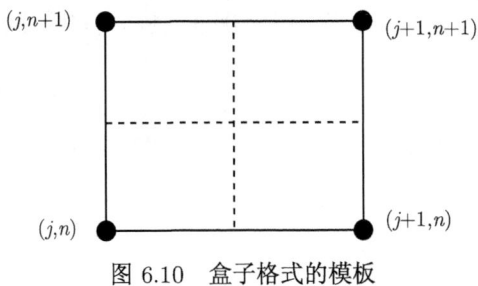

图 6.10 盒子格式的模板

论题 6.15 盒子格式无条件具有 L^2 模稳定性，呈现出明显的数值色散现象。

答：将 $u_j^n = \lambda^n e^{ikj\Delta x}$ 代入到差分方程，简单计算可得增长因子

$$\lambda = \lambda(k) = \frac{\cos\left(\frac{1}{2}\xi\right) - i\nu a \sin\left(\frac{1}{2}\xi\right)}{\cos\left(\frac{1}{2}\xi\right) + i\nu a \sin\left(\frac{1}{2}\xi\right)}, \quad \xi = k\Delta x. \tag{6.40}$$

由于 $|\lambda(k)| = 1$ 恒成立，因此盒子格式是无耗散的，无条件具有 L^2 模稳定性。

因为 (6.39) 的等号右侧存在负系数，所以盒子格式不可避免地产生数值振荡。利用 Taylor 展开技术，由 (6.40) 可知 Δt 内的相位改变量是

$$\begin{aligned}\arg\lambda(k) &= -2\arctan\left(\nu a \tan\frac{1}{2}\xi\right) \\ &= -\nu a \xi \left[1 + \frac{1}{12}(1-\nu^2 a^2)\xi^2 + \cdots\right].\end{aligned} \tag{6.41}$$

换言之，盒子格式的相位速度相对误差只是 LW 格式或蛙跳格式的 50%。当 $|\nu a| < 1$ 时，由于误差主项为正，因此数值振荡出现在波前，同 LW 格式或蛙跳格式截然相反。类似地，当 $|\nu a| > 1$ 时，数值振荡出现在波后。 □

观察盒子格式的数值效果。考虑对流方程 (6.1) 的纯初值问题，其中 $a = 1$，初值条件是

$$u(x,0) = \begin{cases} 1, & x \in [1.25, 1.75], \\ e^{-160(x+0.5)^2}, & 其他, \end{cases}$$

同时含有光滑部分和间断部分。取空间步长为 $\Delta x = 0.01$，相应的网比为 $\nu = 0.625$。图 6.11 绘制了盒子格式在六个时刻的数值解，清晰可见数值振荡出现在波前，且污染区域随着时间发展而逐渐变宽。

注释 6.8 同蛙跳格式一样，盒子格式也拥有高频振荡的棋盘解 $u_j^n = (-1)^{j+n}$。通过初边值条件的合理设置，棋盘解所占比重可以得到满意的控制。

在本节的最后部分，我们再次指出，数值群速度也是有效的分析工具。直接求导 (6.41) 的第一行，可得盒子格式的数值群速度

$$C_{\Delta x} = \frac{a}{\cos^2\left(\frac{1}{2}\xi\right) + \nu^2 a^2 \sin^2\left(\frac{1}{2}\xi\right)}. \tag{6.42}$$

当 $|\nu a| \leqslant 1$ 时，$C_{\Delta x}$ 和 a 同号且绝对值偏大。因此，数值振荡必然出现在波前。利用 Taylor 展开技术，由 (6.42) 可得

$$C_{\Delta x} = a\Big[1 + \frac{1}{4}(1-\nu^2 a^2)\xi^2 + \cdots\Big], \tag{6.43}$$

它等同于直接求导 (6.41) 的 Taylor 展开公式。类似地，蛙跳格式具有数值群速度

$$C_{\Delta x} = \frac{a\cos\xi}{\sqrt{1-\nu^2 a^2 \sin^2\xi}} = a\Big[1 - \frac{1}{2}(1-\nu^2 a^2)\xi^2 + \cdots\Big]. \tag{6.44}$$

比较 (6.43) 和 (6.44) 可知，盒子格式的群速度误差同蛙跳格式反号，且绝对值仅是蛙跳格式的一半。

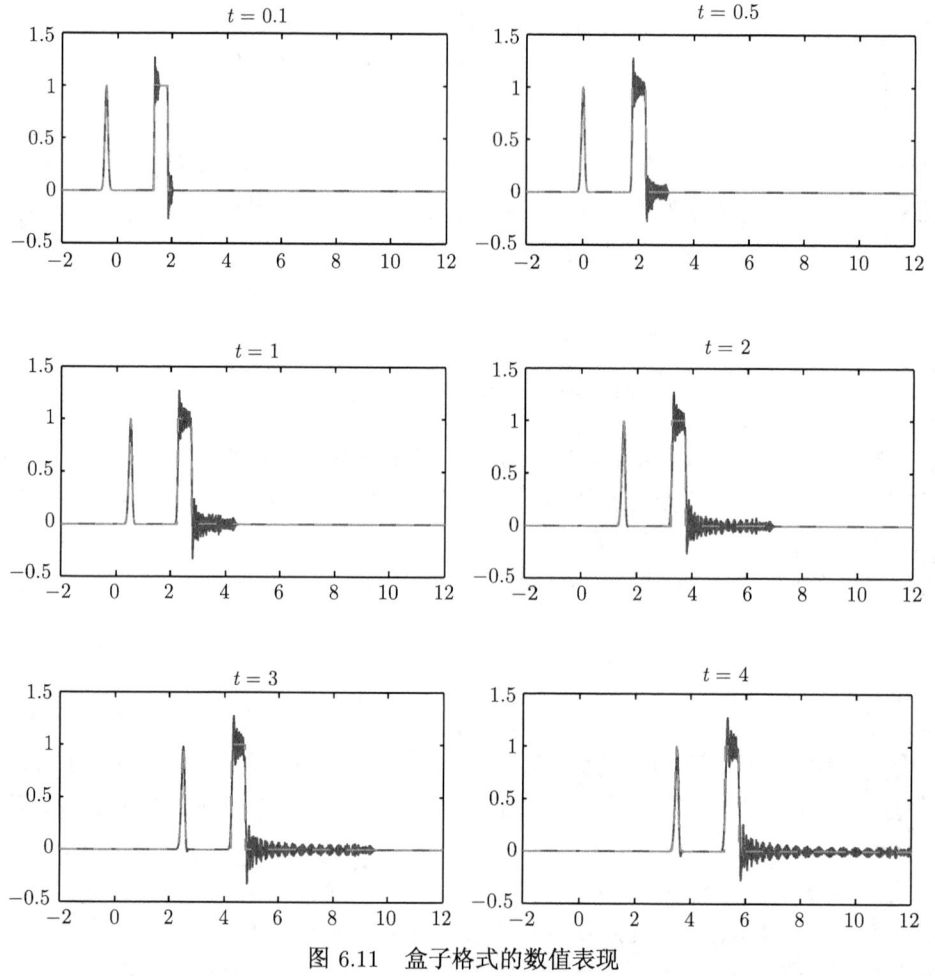

图 6.11 盒子格式的数值表现

注释 6.9 针对线性常系数对流方程 (6.1)，迎风格式、LF 格式、LW 格式、蛙跳格式和盒子格式都是较为成功的格式。在增长因子、相位改变量和数值群速度等方面，它们的表现截然不同。表 6.1 给出了相关信息的汇总。

表 6.1 增长因子、振幅衰减率、相位变化和群速度：$\xi = k\Delta x$

迎风格式	$\lambda = 1 - \nu a + \nu a e^{-\mathrm{i}\xi}$		
	$\|\lambda\| = 1 - \dfrac{1}{2}\nu a(1-\nu a)\xi^2 + \cdots$	一阶	
	$\arg(\lambda) = -\nu a\xi\left[1 - \dfrac{1}{6}(1-\nu a)(1-2\nu a)\xi^2 + \cdots\right]$	强数值耗散	
	$C_{\Delta x} = a\left[1 - \dfrac{1}{2}(1-\nu a)(1-2\nu a)\xi^2 + \cdots\right]$	单调格式	
LF 格式	$\lambda = \cos\xi - \mathrm{i}\nu a\sin\xi$		
	$\|\lambda\| = 1 - \dfrac{1}{2}(1-\nu^2 a^2)\xi^2 + \cdots$	一阶	
	$\arg(\lambda) = -\nu a\xi\left[1 + \dfrac{1}{3}(1-\nu^2 a^2)\xi^2 + \cdots\right]$	强数值耗散	
	$C_{\Delta x} = a\left[1 + (1-\nu^2 a^2)\xi^2 + \cdots\right]$	单调格式	
LW 格式	$\lambda = 1 - \mathrm{i}\nu a\sin\xi - 2\nu^2 a^2\sin^2\left(\dfrac{1}{2}\xi\right)$		
	$\|\lambda\| = 1 - \dfrac{1}{8}\nu^2 a^2(1-\nu^2 a^2)\xi^4 + \cdots$	二阶	
	$\arg(\lambda) = -\nu a\xi\left[1 - \dfrac{1}{6}(1-\nu^2 a^2)\xi^2 + \cdots\right]$	弱数值耗散	
	$C_{\Delta x} = a\left[1 - \dfrac{1}{2}(1-\nu^2 a^2)\xi^2 + \cdots\right]$	波后	
蛙跳格式	$\lambda = -\mathrm{i}\nu a\sin\xi \pm \sqrt{1 - \nu^2 a^2\sin^2\xi}$	二阶	
	$\arg(\lambda) = -\nu a\xi\left[1 - \dfrac{1}{6}(1-\nu^2 a^2)\xi^2 + \cdots\right]$	无数值耗散	
	$C_{\Delta x} = \dfrac{a\cos\xi}{\sqrt{1-\nu^2 a^2\sin^2\xi}}$	波后，有衍生波	
	$\phantom{C_{\Delta x}} = a\left[1 - \dfrac{1}{2}(1-\nu^2 a^2)\xi^2 + \cdots\right]$		
盒子格式	$\lambda = \dfrac{\cos\left(\dfrac{1}{2}\xi\right) - \mathrm{i}\nu a\sin\left(\dfrac{1}{2}\xi\right)}{\cos\left(\dfrac{1}{2}\xi\right) + \mathrm{i}\nu a\sin\left(\dfrac{1}{2}\xi\right)}$	二阶	
	$\arg(\lambda) = -\nu a\xi\left[1 + \dfrac{1}{12}(1-\nu^2 a^2)\xi^2 + \cdots\right]$	无数值耗散	
	$C_{\Delta x} = \dfrac{a}{\cos^2\left(\dfrac{1}{2}\xi\right) + \nu^2 a^2\sin^2\left(\dfrac{1}{2}\xi\right)}$	波前，无衍生波	
	$\phantom{C_{\Delta x}} = a\left[1 + \dfrac{1}{4}(1-\nu^2 a^2)\xi^2 + \cdots\right]$		

6.4 人工边界条件 ‡

对于双曲型方程 (组) 初边值问题，边界条件不能随意地设置。例如，对流方程

$$u_t = u_x, \quad x \in (0,1),\ t > 0, \tag{6.45a}$$

只能在 $x=1$ 处提供入流边界条件

$$u(1,t) = 0, \quad t > 0, \tag{6.45b}$$

不能在 $x=0$ 处提供出流边界条件。利用简单的能量方法，可知模型问题 (6.45) 是适定的，即真解的 L^2 模不增，满足

$$\int_0^1 u^2(x,t)\mathrm{d}x \leqslant \int_0^1 u_0^2(x,t)\mathrm{d}x, \quad \forall t, \tag{6.46}$$

其中 $u_0(x)$ 是给定的初值函数。

下面构造模型问题 (6.45) 的差分格式。为简单起见，设 $\mathcal{T}_{\Delta x,\Delta t}$ 是等距的时空网格，相应的空间网格是

$$\mathcal{T}_{\Delta x} = \{x_j = j\Delta x\}_{j=0}^{J},$$

其中 $\Delta x = 1/J$ 是空间步长，J 是给定的正整数。设时间步长是 Δt，相应的网比记作 $\nu = \Delta t/\Delta x$。

在内部网格点 $\{x_j\}_{j=1}^{J-1}$ 处，本章给出的五个差分格式都是适用的。在入流边界点 $x_J = 1$ 处，数值边界条件是相对简单的，可以直接赋值

$$u_J^n = 0, \quad \forall n.$$

但是，在出流边界点 $x_0 = 0$ 处，数值计算可能遇到困难。对于单边离散模板的迎风格式和盒子格式，出流边界点值可以直接利用格式计算出来；对于双边离散模板的 Lax 格式、LW 格式或者蛙跳格式，出流边界点值无法直接利用格式计算出来，需要采用其他途径进行人工定义。

人工边界条件 的定义要非常小心。若其设置不当，数值结果可能变得极其糟糕，造成稳定性和精度阶的丢失、局部守恒性的破坏或者虚假的波反弹现象等。因篇幅限制，本节仅仅给出两种常见的设置方式：

(1) 利用内部数值解，进行相应的外插多项式逼近。例如，

(a) 常值外插：$u_0^n = u_1^n$，它具有一阶局部截断误差。

(b) 线性外插：$u_0^n = 2u_1^n - u_2^n$，它具有二阶局部截断误差。

换言之，具体操作过程不依赖微分方程和数值格式。

(2) 由于出流边界点的特征线是指向区域外部的，出流边界条件可以利用特征线回溯理论进行内插多项式逼近，即

$$u_0^{n+1} = u_0^n + \nu(u_1^n - u_0^n). \tag{6.47}$$

它就是局部的迎风格式。

为直观理解上述三种人工边界条件的数值差异，下面观察 LW 格式和蛙跳格式的 L^2 模稳定性。设模型问题 (6.45a) 的初值为

$$u(x,0) = \sin(2\pi x), \quad x \in [0,1]. \tag{6.48}$$

由入流边界条件 (6.45b) 可知，问题的真解最终演化为零。图 6.12 绘制了两个格式的数值解 L^2 模演变过程。上侧子图对应蛙跳格式，从上到下的三条曲线分别对应线性插值、常值插值和 (6.47) 给出的人工边界条件。实验结果表明，前两种人工边界条件对于蛙跳格式而言是不

稳定的。下侧子图对应 LW 格式，基于不同人工边界条件的三条曲线几乎重叠在一起。换言之，上述三种人工边界条件对于 LW 格式而言都是可行的。

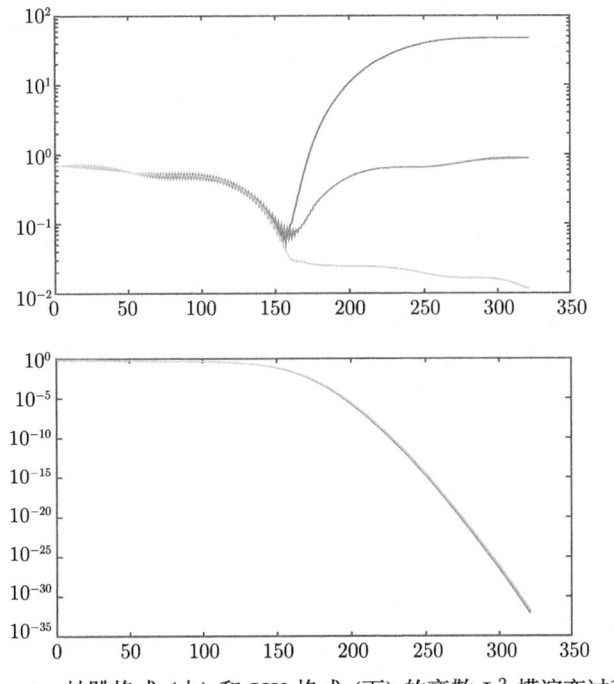

图 6.12　蛙跳格式 (上) 和 LW 格式 (下) 的离散 L^2 模演变过程

注释 6.10　关于数值边界条件造成的稳定性影响，严格的理论分析通常是较难实现的。目前，较为成功的方法有分离变量法、能量方法和 GKS 理论。

注释 6.11　当然，虚拟网格方法也可用于出流边界条件的设置。请读者自行推导或查阅相关文献。

习　题

6.1　设对流方程 (6.1) 的初值充分光滑，具有紧支集，即取值非零的点集闭包是紧的。建立迎风格式的最大模误差估计。

6.2　考虑等距的时空网格，相应的网比是 $\nu = \Delta t/\Delta x$。利用待定系数法，确定差分方程
$$u_j^{n+1} = \alpha u_{j-1}^n + \beta u_j^n + \gamma u_{j+1}^n$$
的待定系数 α, β 和 γ，使它同对流方程 (6.1) 具有整体二阶相容性。

6.3　若线性常系数差分格式 (6.9) 同对流方程 (6.1) 具有至少整体二阶相容性，差分系数要满足什么条件？

6.4　计算迎风格式和 LW 格式的数值群速度。

6.5　利用特征线回溯方法，构造对流方程 (6.1) 的迎风格式和 LW 格式。

6.6　分析 LF 格式 (6.29) 的数值耗散和数值色散。

✍ **6.7** 设 $\delta < 1$ 是给定的正数。利用 Kreiss 定理 3.3，证明：当 $|\nu a| \leqslant \delta$ 时，蛙跳格式 (6.32) 具有 L^2 模稳定性。

✍ **6.8** 当 $a > 0$ 时，差分格式

$$\frac{u_j^{n+1} - u_j^n}{\Delta t} + a\frac{u_j^{n+1} - u_{j-1}^{n+1}}{\Delta x} = 0$$

称为迎风隐格式或 Carlson 格式。利用 Fourier 方法，证明它是无条件 L^2 模稳定的。若 $a < 0$，其 L^2 模稳定性结论是什么？

✍ **6.9** 利用 Taylor 展开技术，证明盒子格式 (6.38) 无条件具有 $(2,2)$ 阶局部截断误差。

✍ **6.10** 验证蛙跳格式和盒子格式的数值群速度，并进行相应的数值检验。

✍ **6.11** 利用本章的五个格式，数值计算 $u_t + u_x = 0$ 的纯初值问题，相应的初值具有如下结构：

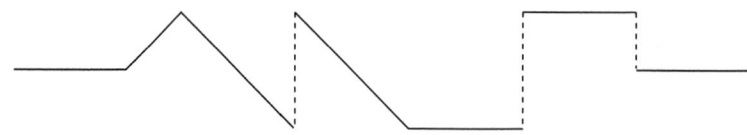

比较它们的数值效果。

第 7 章
线性双曲型方程

本章将前一章的差分格式推广到线性双曲型方程，包括线性变系数对流方程、一阶线性常系数双曲型方程组、二阶声波方程和高维对流方程四个典型问题。为简单起见，本章仅仅考虑纯初值问题或周期边值问题，不涉及边界条件的数值处理。理论上讲，上述推广不会遇到本质障碍，但是随之而来的数值问题需要得到谨慎的解决。

7.1 线性变系数对流方程

设 $a(x,t)$ 是已知的连续函数，考虑线性变系数对流方程

$$u_t + a(x,t)u_x = 0, \quad t > 0. \tag{7.1}$$

设 x_0 是任意的初始位置。经过该点的特征线 $x = x(t; x_0)$ 满足：

$$\frac{\mathrm{d}x}{\mathrm{d}t} = a(x,t), \quad x(0) = x_0.$$

由特征线理论可知，由不同点出发的特征线互不相交，且每条特征线上的 $u(x,t)$ 保持不变[1]，故而问题的真解存在且唯一，即使初值 $u(x,0) = u_0(x)$ 是间断函数。

下面构造对流方程 (7.1) 的差分格式。为简单起见，设 $\mathcal{T}_{\Delta x, \Delta t}$ 是等距的时空网格，相应的网比是 $\nu = \Delta t / \Delta x$，其中 Δx 和 Δt 分别是空间步长和时间步长。

论题 7.1 构造 (7.1) 的迎风格式和 Lax 格式。

答：类似于变系数扩散问题，在离散焦点进行相应的系数冻结。借鉴一阶空间导数的迎风离散策略，可得 (7.1) 的迎风格式

$$u_j^{n+1} = \begin{cases} u_j^n - \nu a_j^n (u_j^n - u_{j-1}^n), & \text{若 } a_j^n \geqslant 0; \\ u_j^n - \nu a_j^n (u_{j+1}^n - u_j^n), & \text{若 } a_j^n < 0. \end{cases} \tag{7.2}$$

利用算术平均技术虚化离散焦点，可得 (7.1) 的 Lax 格式

$$u_j^{n+1} = \frac{1}{2}(u_{j-1}^n + u_{j+1}^n) - \frac{1}{2}\nu a_j^n (u_{j+1}^n - u_{j-1}^n). \tag{7.3}$$

当网比 ν 固定的时候，两者均具有整体一阶相容性。但是，迎风格式需要在所有网格点确定迎风方向，而 Lax 格式不必如此。 □

除了 LW 格式，前面介绍的其他格式都可以形式相近地推广到线性变系数问题。

论题 7.2 构造 (7.1) 的 LW 格式。

---

[1] 通过计算特征线轨迹，进而得到真解的数值方法称为特征线方法。在最近的文献中，它已经发展为 (半)Lagrange 方法。

答：构造思路如前。利用时间方向的 Taylor 展开公式，有

$$[u]_j^{n+1} = [u]_j^n + \Delta t[u_t]_j^n + \frac{1}{2}(\Delta t)^2[u_{tt}]_j^n + \mathcal{O}((\Delta t)^3).$$

定义函数 $b = aa_x - a_t$。利用偏微分方程 (7.1)，将时间导数和空间导数互相转换，有

$$[u_t]_j^n = -a_j^n[u_x]_j^n,$$
$$[u_{tt}]_j^n = -(a_t)_j^n[u_x]_j^n + a_j^n[(au_x)_x]_j^n = b_j^n[u_x]_j^n + (a_j^n)^2[u_{xx}]_j^n.$$

采用中心差商离散两个空间导数，联立可得 (7.1) 的 LW 格式

$$u_j^{n+1} = u_j^n - \frac{\nu}{2}\left[a_j^n - \frac{1}{2}b_j^n\Delta t\right]\Delta_{0x}u_j^n + \frac{1}{2}\nu^2(a_j^n)^2\delta_x^2 u_j^n. \tag{7.4}$$

当 $a(x,t) \equiv a$ 时，它退化为线性常系数问题的 LW 格式 (6.4)。由构造过程可知，差分方程 (7.4) 无条件具有 (2,2) 阶局部截断误差。 □

至于线性变系数差分格式的稳定性，前面章节介绍的分析技术依旧有效。例如，**CFL 方法** 和 **冻结系数方法** 可以给出模糊的稳定性结论，**离散最大模原理** 可以建立最大模稳定的充分条件，**能量方法** 可以导出 L^2 模稳定的充分条件。

⇕ **论题 7.3** 利用 CFL 方法，建立迎风格式 (7.2)、Lax 格式 (7.3) 和 LW 格式 (7.4) 的稳定性条件。

答：在单步时间推进中，三个格式的数值依赖区域至多在两侧展开一个网格点。因此，相应的 CFL 条件是

$$\max_{\forall x \forall t}|a(x,t)|\nu \leqslant 1. \tag{7.5}$$

当 $a(x,t) \equiv a$ 时，它同线性常系数问题的 CFL 条件一致。 □

⇕ **论题 7.4** 利用冻结系数方法，建立迎风格式 (7.2) 和 Lax 格式 (7.3) 的稳定性条件。

答：将 a_j^n 冻结为常值，得到线性常系数差分格式；利用前一章的结果，给出相应的稳定性条件；考虑所有可行的冻结方式，上述稳定性结论的交集，即 CFL 条件 (7.5) 就是它们的稳定性条件。 □

显然，CFL 条件 (7.5) 保证迎风格式和 Lax 格式满足离散最大模原理，具有相应的最大模稳定性。利用能量方法可证：当 $a(x,t)$ 足够光滑时，CFL 条件 (7.5) 也可以保证 L^2 模稳定性；类似讨论，可参见论题 9.8。

⇕ **论题 7.5** 利用冻结系数方法，建立 LW 格式 (7.4) 的 L^2 模稳定性条件。

答：将 a_j^n 和 b_j^n 分别冻结为常值 a 和 b，LW 格式 (7.4) 转化为线性常系数差分格式

$$u_j^{n+1} = u_j^n - \frac{\nu}{2}\left[a - \frac{1}{2}b\Delta t\right]\Delta_{0x}u_j^n + \frac{1}{2}\nu^2 a^2 \delta_x^2 u_j^n. \tag{7.6}$$

简单计算，可知其增长因子是

$$\lambda(k) = \tilde{\lambda}(k) + \frac{\mathrm{i}\nu b\Delta t}{2}\sin(k\Delta x),$$

其中 $\tilde{\lambda}(k)$ 是 LW 格式 (6.4) 的增长因子。由前一章的结果，可知：当且仅当 $\nu|a| \leqslant 1$ 时，$|\tilde{\lambda}(k)| \leqslant 1$ 是恒成立的。因此，差分格式 (7.6) 满足 von Neumann 条件

$$|\lambda(k)| \leqslant 1 + \frac{|b|\Delta t}{2|a|}, \quad \forall k,$$

具有相应的 L^2 模稳定性结论

$$\|u^n\|_2 \leqslant e^{\frac{|b|T}{2|a|}} \|u^0\|_2, \quad \forall n : n\Delta t \leqslant T. \tag{7.7}$$

最后，取遍所有可行的系数冻结方式，可知 LW 格式 (7.4) 的稳定性条件也是 CFL 条件 (7.5)。 □

注释 7.1 论题 7.5 的讨论过程已经表明：同线性常系数差分格式相比，线性变系数差分格式的 L^2 模稳定性结论可能发生明显的变化。比如，考虑线性变系数对流方程 (7.1) 的纯初值问题或周期边值问题，其中 $a(x,t) \equiv a(t)$ 连续且同空间变量无关。此时，真解的 L^2 模将保持恒定。但是，LW 格式 (7.4) 的数值解 L^2 离散模却可能呈现出 $\|u^n\|_2 \approx \exp(\mathcal{O}(\max|\beta(t^n)|t^n))$ 的增长方式，其中 $\beta(t) = a'(t)/a(t)$。这种稳定性表现完全偏离了定解问题的适定性表现，特别是当 $a(t)$ 不够光滑且含有零点的时候，数值格式可能是不稳定的。

前面已经指出过：冻结系数方法无法判别**线性不稳定现象**，稳定性结论存在理论风险。下面给出一个实例。假设对流方程 (7.1) 的流速同时间无关，即 $a(x,t) = a(x)$。若在四个相邻的空间网格点 $x_0 < x_1 < x_2 < x_3$ 上，$a_j = a(x_j)$ 满足

$$a_0 = 0, \quad a_1 > 0 > a_2, \quad a_3 = 0, \tag{7.8}$$

且令 $u_0^0 = u_3^0 = 0$，则相应的蛙跳格式

$$u_j^{n+1} = u_j^{n-1} - \nu a_j \left[u_{j+1}^n - u_{j-1}^n\right] \tag{7.9}$$

可以局部构成一个封闭的离散系统

$$\begin{bmatrix} u_1^{n+1} \\ u_2^{n+1} \end{bmatrix} = \begin{bmatrix} u_1^{n-1} \\ u_2^{n-1} \end{bmatrix} - \nu \begin{bmatrix} 0 & a_1 \\ -a_2 & 0 \end{bmatrix} \begin{bmatrix} u_1^n \\ u_2^n \end{bmatrix}. \tag{7.10}$$

由于 $a_1 a_2 < 0$，右端的二阶矩阵具有互异的实特征值 $\pm\sqrt{|a_1 a_2|}$，相应的特征向量满足

$$\begin{bmatrix} 0 & a_1 \\ -a_2 & 0 \end{bmatrix} \begin{bmatrix} \Theta_1^\pm \\ \Theta_2^\pm \end{bmatrix} = \pm\sqrt{|a_1 a_2|} \begin{bmatrix} \Theta_1^\pm \\ \Theta_2^\pm \end{bmatrix}.$$

基于分离变量方法，可以验证

$$\begin{bmatrix} u_1^n \\ u_2^n \end{bmatrix} = \left(\frac{\nu}{2}\sqrt{|a_1 a_2|} + \sqrt{\frac{1}{4}\nu^2 |a_1 a_2| + 1}\right)^n \begin{bmatrix} \Theta_1^+ \\ \Theta_2^+ \end{bmatrix}$$

$$= \mathcal{O}\left(e^{\frac{1}{2}n\nu\sqrt{|a_1 a_2|}}\right) \begin{bmatrix} \Theta_1^+ \\ \Theta_2^+ \end{bmatrix} \tag{7.11}$$

满足差分格式 (7.10)。因此，有：

(1) 若 $a(x)$ 局部连续可导，确保 $a'(x)$ 局部有界，则

$$\sqrt{|a_1 a_2|} = \mathcal{O}(\Delta x) = \mathcal{O}(\Delta t).$$

此时，指数增长方式是可控的，数值解 (7.11) 保持有界。

(2) 若 $a(x)$ 局部变化剧烈，则情况有所不同。比如，$a(x) = x^{\frac{1}{3}} \sin \frac{1}{x^2}$ 在原点附近的导数是无界的，仅仅满足

$$\sqrt{|a_1 a_2|} = \mathcal{O}((\Delta x)^{1/3}) = \mathcal{O}((\Delta t)^{1/3}),$$

相应的数值解 (7.11) 将趋于无穷，蛙跳格式将产生明显的数值不稳定现象。

事实上，若 $a(x)$ 的符号保持不变，则蛙跳格式 (7.9) 不会产生线性不稳定现象。通常，由于数值耗散机制可以压制线性变系数造成的负面影响，有耗散格式通常都具有相对良好的稳定性表现。

7.2 一阶双曲型方程组

设 $\boldsymbol{u}(x,t) = (u_1, u_2, \cdots, u_m)^\mathrm{T}$ 是未知的 m 维向量值函数。考虑线性常系数一阶偏微分方程组

$$\boldsymbol{u}_t + \mathbb{A} \boldsymbol{u}_x = 0, \tag{7.12}$$

其中 $\mathbb{A}$ 是给定的 m 阶实矩阵。若 $\mathbb{A}$ 的特征值 $\{d_\ell\}_{\ell=1}^m$ 都是实数，且 (右) 特征向量 $\{\boldsymbol{r}_\ell\}_{\ell=1}^m$ 线性无关，则称 (7.12) 是双曲型的。

换言之，一阶双曲型方程组 (7.12) 的矩阵 $\mathbb{A}$ 具有**特征分解**

$$\mathbb{A} = \mathbb{R} \mathbb{D} \mathbb{R}^{-1}, \tag{7.13}$$

其中 $\mathbb{D} = \mathrm{diag}\{d_\ell\}_{\ell=1}^m$ 是特征值构成的对角阵，$\mathbb{R} = (\boldsymbol{r}_1, \cdots, \boldsymbol{r}_m)$ 是特征向量构成的相似变换阵。令

$$\mathbb{D}^\oplus = \mathrm{diag}\{\max(d_\ell, 0)\}_{\ell=1}^m, \quad \mathbb{D}^\ominus = \mathrm{diag}\{\min(d_\ell, 0)\}_{\ell=1}^m,$$

定义矩阵 $\mathbb{A}$ 的正 (负) 部

$$\mathbb{A}^\oplus = \mathbb{R} \mathbb{D}^\oplus \mathbb{R}^{-1}, \quad \mathbb{A}^\ominus = \mathbb{R} \mathbb{D}^\ominus \mathbb{R}^{-1}, \tag{7.14a}$$

和绝对值

$$|\mathbb{A}| = \mathbb{A}^\oplus - \mathbb{A}^\ominus = \mathbb{R} |\mathbb{D}| \mathbb{R}^{-1}. \tag{7.14b}$$

下面建立一阶双曲型方程组 (7.12) 的差分格式。为简单起见，时空网格定义如前。

⚓ **论题 7.6** 构造 (7.12) 的迎风格式。

答：利用特征分解 (7.13)，由 (7.12) 可以得到完全解耦的双曲型方程组

$$\boldsymbol{v}_t + \mathbb{D} \boldsymbol{v}_x = 0, \tag{7.15}$$

其中 $\boldsymbol{v}$ 是 $\boldsymbol{u}$ 在特征 (向量) 空间 $\mathrm{span}\{\boldsymbol{r}_1, \cdots, \boldsymbol{r}_m\}$ 的投影坐标，即

$$\boldsymbol{v} = \mathbb{R}^{-1} \boldsymbol{u} = (v_1, v_2, \cdots, v_m)^\mathrm{T}.$$

7.2 一阶双曲型方程组

换言之，有 $(v_\ell)_t + d_\ell(v_\ell)_x = 0$。利用标量方程的迎风离散技术，写出相应的差分方程

$$(v_\ell)_j^{n+1} = (v_\ell)_j^n - \nu \max(d_\ell, 0)\left[(v_\ell)_j^n - (v_\ell)_{j-1}^n\right] \\ -\nu \min(d_\ell, 0)\left[(v_\ell)_{j+1}^n - (v_\ell)_j^n\right], \tag{7.16}$$

其中 $\ell = 1:m$。将它们整合起来，(7.15) 的迎风格式可以简述为

$$\boldsymbol{v}_j^{n+1} = \boldsymbol{v}_j^n - \nu \mathbb{D}^\oplus \left[\boldsymbol{v}_j^n - \boldsymbol{v}_{j-1}^n\right] - \nu \mathbb{D}^\ominus \left[\boldsymbol{v}_{j+1}^n - \boldsymbol{v}_j^n\right]. \tag{7.17}$$

将 $\boldsymbol{v}$ 变换到 $\boldsymbol{u}$，可得双曲型方程组 (7.12) 的迎风格式

$$\boldsymbol{u}_j^{n+1} = \boldsymbol{u}_j^n - \nu \mathbb{A}^\oplus \left[\boldsymbol{u}_j^n - \boldsymbol{u}_{j-1}^n\right] - \nu \mathbb{A}^\ominus \left[\boldsymbol{u}_{j+1}^n - \boldsymbol{u}_j^n\right]. \tag{7.18}$$

由于表达形式同标量方程的 CIR 格式基本相同，故而也称为 CIR 格式。 □

事实上，矩阵的特征分解隐含着"通量分裂技术"的基本思想，即

$$\mathbb{A}\boldsymbol{u} \equiv \boldsymbol{f}(\boldsymbol{u}) = \boldsymbol{f}^\oplus(\boldsymbol{u}) + \boldsymbol{f}^\ominus(\boldsymbol{u}) \equiv \mathbb{A}^\oplus \boldsymbol{u} + \mathbb{A}^\ominus \boldsymbol{u}.$$

由于通量函数 $\boldsymbol{f}^\oplus(\boldsymbol{u})$ 和 $\boldsymbol{f}^\ominus(\boldsymbol{u})$ 均具有明确的上游方向，相应的迎风离散是显而易见的，让迎风格式 (7.18) 的构造变得水到渠成。

论题 7.7 建立迎风格式 (7.18) 的 L^2 模稳定性结果。

答：利用 Fourier 方法或熟知的 L^2 模稳定性结论，可知：当且仅当 $|d_\ell|\Delta t \leqslant \Delta x$ 时，差分格式 (7.16) 具有 L^2 模稳定性，即

$$\|v_\ell^n\|_2 \leqslant \|v_\ell^0\|_2, \quad \forall n, \quad \ell = 1:m.$$

注意到 (7.17) 是完全解耦的，可以断言：当且仅当

$$\rho(\mathbb{A})\Delta t = \max_{\ell=1:m}|d_\ell|\Delta t \leqslant \Delta x, \tag{7.19}$$

差分格式 (7.17) 具有 L^2 模稳定性结论

$$\|\boldsymbol{v}^n\|_2 \leqslant \|\boldsymbol{v}^0\|_2 \equiv \left(\sum_{\ell=1}^m \|v_\ell^0\|_2^2\right)^{\frac{1}{2}}, \quad \forall n. \tag{7.20}$$

注意到 $\boldsymbol{v} = \mathbb{R}^{-1}\boldsymbol{u}$，两个网格函数的 L^2 模要么同时稳定，要么同时不稳定。事实上，由 (7.20) 可得

$$\|\boldsymbol{u}^n\|_2 \leqslant \|\mathbb{R}\|_2\|\mathbb{R}^{-1}\boldsymbol{u}^n\|_2 = \|\mathbb{R}\|_2\|\boldsymbol{v}^n\|_2 \leqslant \|\mathbb{R}\|_2\|\boldsymbol{v}^0\|_2 \\ = \|\mathbb{R}\|_2\|\mathbb{R}^{-1}\boldsymbol{u}^0\|_2 \leqslant \|\mathbb{R}\|_2\|\mathbb{R}^{-1}\|_2\|\boldsymbol{u}^0\|_2, \tag{7.21}$$

即存在界定常数 $C = \|\mathbb{R}\|_2\|\mathbb{R}^{-1}\|_2$，使得

$$\|\boldsymbol{u}^n\|_2 \leqslant C\|\boldsymbol{u}^0\|_2, \quad \forall n. \tag{7.22}$$

反之亦然。因此说，迎风格式 (7.18) 具有 L^2 模稳定性的充要条件也是 (7.19)。 □

在迎风格式中，特征分解是必需的。对于线性常系数问题，特征分解只需执行一次。但是，对于线性变系数 (或者半线性) 问题，特征分解需要在每个网格点上执行，消耗大量的 CPU 时间。基于这种原因，无须执行特征分解的数值格式更受欢迎，例如 Lax 格式

$$\boldsymbol{u}_j^{n+1} = \frac{1}{2}(\boldsymbol{u}_{j-1}^n + \boldsymbol{u}_{j+1}^n) - \frac{1}{2}\nu\mathbb{A}\Delta_{0,x}\boldsymbol{u}_j^n, \tag{7.23}$$

和 LW 格式

$$\boldsymbol{u}_j^{n+1} = \boldsymbol{u}_j^n - \frac{1}{2}\nu\mathbb{A}\Delta_{0,x}\boldsymbol{u}_j^n + \frac{1}{2}\nu^2\mathbb{A}^2\delta_x^2\boldsymbol{u}_j^n. \tag{7.24}$$

与标量方程的同名格式相比，它们的表达形式基本相同，仅仅是数 a 变成了矩阵 $\mathbb{A}$ 而已。类似于论题 7.7 的分析过程，可知 Lax 格式和 LW 格式的 L^2 模稳定性条件都是 (7.19)。类似于标量情形，Lax 格式的数值耗散过多，LW 格式则略显不足。

7.3 二阶声波方程

声音的传播或者弦的振动现象，都可以简化描述为一维二阶声波方程

$$u_{tt} = a^2 u_{xx}, \quad x \in \Re, t > 0, \tag{7.25}$$

其中常数 $a > 0$ 是给定的"声速"。对于空气中的声波，u 是局部气压；对于振动的弦，u 是相对静止位置的位移。给定初值条件

$$u(x,0) = f(x), \quad u_t(x,0) = g(x),$$

二阶声波方程 (7.25) 的差分真解可以利用 D'Alembert 公式表示，即

$$u(x,t) = \frac{1}{2}\Big[f(x-at) + f(x+at)\Big] + \frac{1}{2a}\int_{x-at}^{x+at}g(s)\mathrm{d}s. \tag{7.26}$$

换言之，$[x-at, x+at]$ 是点 (x,t) 在初始时刻的真实依赖区域。不同于一阶对流方程，它的真解具有双向传播的特点。

二阶声波方程 (7.25) 的差分格式设计，主要有两种方式，其一是直接离散方式，其二是间接离散方式。

7.3.1 直接离散方式

为简单起见，时空网格定义如前。直接利用二阶中心差商离散 (7.25) 的两个导数，可得经典的中心差商格式

$$\delta_t^2 u_j^n = \nu^2 a^2 \delta_x^2 u_j^n. \tag{7.27}$$

它无条件具有 (2,2) 阶局部截断误差。作为一个三层格式，它的数值启动需要两个初值，比如

$$u_j^0 = f_j, \quad u_j^1 = f_j + \frac{1}{2}\nu^2 a^2 \delta_x^2 f_j + \Delta t g_j, \tag{7.28}$$

7.3 二阶声波方程

其中 $f(\cdot)$ 和 $g(\cdot)$ 是给定的初值信息。上式中后一式是这样导出的：先用中心差商近似 $u_t(x,0)$，有

$$u_j^1 - u_j^{-1} = 2\Delta t g_j,$$

其中 u_j^{-1} 定义在虚拟时间层 $t^{-1} = -\Delta t$ 上。又设声波方程在 $t=0$ 时成立，在 (7.27) 中令 $n=0$，即有

$$\delta_t^2 u_j^0 = \nu^2 a^2 \delta_x^2 u_j^0.$$

两式联立，消去虚拟点值 u_j^{-1}，即得到所要的式子。

⚓ **论题 7.8** 讨论中心差商格式 (7.27) 的 L^2 模稳定性条件。

答：设 p 是正整数，$T>0$ 是给定的终止时刻。回忆 §3.1.2 的内容，$p+1$ 层格式的 L^2 模稳定性概念 [3] 定义如下：存在同初值和时间层数均无关 (但可能同 T 有关) 的界定常数 $C>0$，使得

$$\|u^n\|_2 \leqslant C \sum_{m=0}^{p-1} \|u^m\|_2, \quad \forall n : n\Delta t \leqslant T. \tag{7.29}$$

若基于这个定义，中心差商格式 (7.27) 将是无条件线性不稳定的。事实上，这个结论极易验证。利用 Fourier 方法可知，对于任意的网比 ν，均可找到某个波数，使得增长矩阵具有模 1 的重特征根，相应的简谐波振幅呈现出 $\mathcal{O}(n)$ 的增长速度。但是，数值实验表明：当 CFL 条件 $\nu a \leqslant 1$ 成立时，中心差商格式 (7.27) 的数值解收敛到问题的真解。由 Lax-Richtmyer 等价定理可知，它应当是稳定的。这产生明显的矛盾!

因此，稳定性概念需要修正，指明它同离散对象的关系。以声波方程 (7.25) 的周期边值问题为例。它可以具有真解 $u(x,t) = t$，相应的 L^2 模呈现出线性增长的状态。因此，数值解的离散 L^2 模也应当允许出现类似的状态，即 $\|u^n\|_2 = \mathcal{O}(n)$。将上述事实抽象化，对于带有二阶时间导数的发展型偏微分方程

$$u_{tt} = P(x, u_x, u_{xx}, \cdots), \tag{7.30}$$

$p+1$ 层格式的稳定性概念 [5] 可以定义如下：存在同初值和时间层数均无关 (但可能同 T 有关) 的界定常数 $C>0$，使得

$$\|u^n\|_2 \leqslant C(1+n) \sum_{m=0}^{p-1} \|u^m\|_2, \quad \forall n : n\Delta t \leqslant T. \tag{7.31}$$

基于这个新定义，利用前面的 Fourier 方法可知：中心差商格式 (7.27) 具有 L^2 模稳定性的充要条件是 $\nu a \leqslant 1$，即格式的 CFL 条件。 □

对于声波方程的初边值问题，Dirichlet、Neumann 和 Robin 边界条件都是常见的定解条件。相应的边界条件离散技术，可以参见 §3.4 的具体内容；此处不再赘述。

7.3.2 间接离散方式

定义 $v = u_t$ 和 $w = -au_x$，将二阶声波方程 (7.25) 转化为一阶双曲型方程组

$$\begin{bmatrix} v_t \\ w_t \end{bmatrix} + \begin{bmatrix} 0 & a \\ a & 0 \end{bmatrix} \begin{bmatrix} v_x \\ w_x \end{bmatrix} = 0. \tag{7.32}$$

相应的迎风格式、Lax 或者 LW 格式都是容易构造的；详细内容可参见 §7.2，此处不再赘述。它们均是耗散格式，系统总能量

$$\mathcal{E}^n = \|v^n\|_2^2 + \|w^n\|_2^2$$

是单减序列，无法数值保持声波方程的能量守恒性质。下面给出三个无耗散格式。

1. 非交错网格盒子格式

等距时空网格的定义如前。将两个网格函数定义在相同的时空网格上，利用盒子格式离散 (7.32) 的两个方程，有

$$\Pi_x v_{j+\frac{1}{2}}^{n+1} - \Pi_x v_{j+\frac{1}{2}}^n + va(\Pi_t w_{j+1}^{n+\frac{1}{2}} - \Pi_t w_j^{n+\frac{1}{2}}) = 0, \tag{7.33a}$$

$$\Pi_x w_{j+\frac{1}{2}}^{n+1} - \Pi_x w_{j+\frac{1}{2}}^n + va(\Pi_t v_{j+1}^{n+\frac{1}{2}} - \Pi_t v_j^{n+\frac{1}{2}}) = 0, \tag{7.33b}$$

其中 Π_x 和 Π_t 是沿不同方向的两个平均算子。它是双层格式，相应的初值条件是 $w_j^0 = -af_x(x_j)$ 和 $v_j^0 = g(x_j)$。

2. 非交错网格蛙跳格式

等距时空网格的定义如前。将两个网格函数定义在相同的时空网格上，利用蛙跳格式离散 (7.32) 的两个方程，有

$$v_j^{n+1} - v_j^{n-1} + va(w_{j+1}^n - w_{j-1}^n) = 0, \tag{7.34a}$$

$$w_j^{n+1} - w_j^{n-1} + va(v_{j+1}^n - v_{j-1}^n) = 0. \tag{7.34b}$$

它是三层格式，数值启动需要两个初值。第零层的 v^0 和 w^0 可以直接赋值，第一层的 v^1 和 w^1 需要借用其他格式给出。

3. 交错网格蛙跳格式

参见图 7.1，实线交叉点形成一个时空网格，虚线交叉点也形成一个时空网格。两个时空网格彼此交错，构成一套**交错网格**。习惯上，时空指标分别标注为整数和分数，相应的时空网格分别定义为

$$\mathcal{T}_{\Delta x, \Delta t} = \{(x_j, t^{n+\frac{1}{2}})\}_{\forall j \forall n}, \quad \widetilde{\mathcal{T}}_{\Delta x, \Delta t} = \{(x_{j+\frac{1}{2}}, t^n)\}_{\forall j \forall n}.$$

将两个网格函数分别定义在不同的时空网格上，借用蛙跳格式离散 (7.32) 的两个方程，可得

$$v_j^{n+\frac{1}{2}} - v_j^{n-\frac{1}{2}} + \nu a(w_{j+\frac{1}{2}}^n - w_{j-\frac{1}{2}}^n) = 0, \tag{7.35a}$$

$$w_{j+\frac{1}{2}}^{n+1} - w_{j+\frac{1}{2}}^n + \nu a(v_{j+1}^{n+\frac{1}{2}} - v_j^{n+\frac{1}{2}}) = 0. \tag{7.35b}$$

事实上，它是双层格式，相应的初值条件是

$$w_{j+\frac{1}{2}}^0 = -af_x(x_{j+\frac{1}{2}}), \quad v_j^{\frac{1}{2}} = g(x_j) + \frac{1}{2}\Delta t a^2 f_{xx}(x_j).$$

上述三个格式都无条件具有 $(2,2)$ 阶局部截断误差，无须执行特征分解过程。

7.3 二阶声波方程

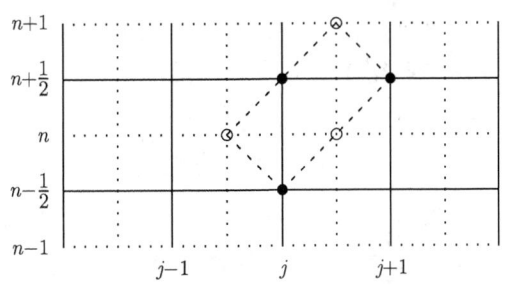

图 7.1 交错网格上的蛙跳格式

论题 7.9 当且仅当 $\nu a < 1$ 时, 交错网格蛙跳格式 (7.35) 具有 L^2 模稳定性。

答: 由于离散对象是带有一阶时间导数的偏微分方程组, 双层格式的稳定性概念定义如前。将模态解

$$v_j^{n+1/2} = \hat{v}^{n+1/2} e^{ikj\Delta x}, \quad w_{j+1/2}^n = \hat{w}^n e^{ik(j+1/2)\Delta x}, \tag{7.36}$$

代入 (7.35), 其中 k 是任意的波数。简单计算, 可得增长矩阵

$$\mathbb{G}(k, \Delta t) = \widetilde{\mathbb{G}}(\xi) = \begin{bmatrix} 1 & ic \\ ic & 1-c^2 \end{bmatrix}, \tag{7.37}$$

其中 $c = -2\nu a \sin(\xi/2)$ 和 $\xi = k\Delta x$。格式 L^2 模稳定的必要条件是严格的 von Neumann 条件成立, 它等价于 CFL 条件 $\nu a \leqslant 1$。那么, 它能够确保格式的 L^2 模稳定性吗?

(1) 设 $\nu a < 1$。当 $\xi \neq 2m\pi$ 时, 两个互异的特征值均落在单位圆周上。当 $\xi = 2m\pi$ 时, 增长矩阵是单位阵, 其导数矩阵是

$$\widetilde{\mathbb{G}}'(2m\pi) = \begin{bmatrix} 0 & -i\nu a(-1)^m \\ -i\nu a(-1)^m & 0 \end{bmatrix},$$

相应的谱半径小于 1。利用 Kreiss 定理 3.4 可知, 蛙跳格式 (7.35) 具有 L^2 模稳定性。

(2) 设 $\nu a = 1$。取 $v_j^{1/2} = (-1)^j$ 和 $w_{j+1/2}^0 = 0$, 利用数学归纳法可证

$$v_j^{n+1/2} = (-1)^{n+j}(1+2n), \quad w_{j+1/2}^n = (-1)^{n+j+1} \cdot (2n). \tag{7.38}$$

因此, 蛙跳格式是不稳定的。

综上所述, 命题得证。 □

同非交错网格蛙跳格式相比, 交错网格蛙跳格式的数值结果更加完美。其主要原因是, 声波方程的局部能量守恒性质得到完美的数值保持。详见下一小节的讨论。

7.3.3 哈密顿系统和辛格式 ‡

通常, 数学物理问题可以利用微分方程定解问题、变分问题和哈密顿问题, 在不同层面进行相应的描述。当解函数足够光滑的时候, 上述三种描述方式是彼此等价的。

下面简要介绍一下哈密顿问题的基本概念和主要内容[3]。假设某个系统的总能量可以表示为一个哈密顿泛函

$$\mathcal{H}(u,v) = \int E(x,t) \mathrm{d}x, \tag{7.39}$$

其中的积分区域是给定的封闭空间，$E(x,t)$ 是位于 x 点 t 时的能量密度，同位移 $u = u(x,t)$ 和速度 $v = v(x,t)$ 相关。相应的哈密顿微分系统定义为

$$\begin{bmatrix} u_t \\ v_t \end{bmatrix} = \begin{bmatrix} 0 & 1 \\ -1 & 0 \end{bmatrix} \begin{bmatrix} \delta_u \mathcal{H} \\ \delta_v \mathcal{H} \end{bmatrix}, \tag{7.40}$$

其中 $\delta_u \mathcal{H}$ 和 $\delta_v \mathcal{H}$ 是哈密顿泛函 $\mathcal{H}(u,v)$ 的两个变分，右端的二阶矩阵具有辛结构。

定义 7.1 称 $\delta_u \mathcal{H}$ 和 $\delta_v \mathcal{H}$ 是 $\mathcal{H}(u,v)$ 的两个变分，若它们满足

$$\int \delta_u \mathcal{H}(u,v) \delta u \mathrm{d}x \equiv \lim_{\varepsilon \to 0} \frac{\mathcal{H}(u + \varepsilon \delta u, v) - \mathcal{H}(u,v)}{\varepsilon}, \tag{7.41a}$$

$$\int \delta_v \mathcal{H}(u,v) \delta v \mathrm{d}x \equiv \lim_{\varepsilon \to 0} \frac{\mathcal{H}(u, v + \varepsilon \delta v) - \mathcal{H}(u,v)}{\varepsilon}, \tag{7.41b}$$

其中 δu 和 δv 为任意的扰动函数，使得 $u + \delta u$ 和 u 满足相同的约束条件，$v + \delta v$ 和 v 也满足相同的约束条件。

定义 7.2 称矩阵 $\mathbb{J}$ 具有辛结构，若 $\mathbb{J} + \mathbb{J}^{-1} = \mathbb{O}$。

哈密顿微分系统包含丰富的数学和物理概念，比如轨迹、相流、泊松括号、运动不变量和外积运算等。特别地，它还具有许多完美的结构，比如轨迹相流是保面积的，系统能量是局部守恒的。因篇幅有限，本节跳过相关内容的详细介绍与抽象论证，而是直接借助一个具体的模型问题，展示哈密顿微分系统的基本性质。

对于小振幅的钟摆系统而言，哈密顿函数的能量密度是

$$E(x,t) = f(u) + g(u_x) + \frac{1}{2}v^2. \tag{7.42}$$

它包含外力做功、势能和动能三个因素。注意到钟摆运动的周期性，利用分部积分公式，按 (7.41) 计算可得

$$\int \delta_u \mathcal{H}(u,v)(\delta u)\mathrm{d}x = \int \left[f'(u)\delta u + g'(u)(\delta u)_x \right] \mathrm{d}x$$
$$= \int \left[f'(u) - \partial_x g'(u_x) \right](\delta u)\mathrm{d}x, \quad \forall \delta u,$$
$$\int \delta_v \mathcal{H}(u,v)(\delta v)\mathrm{d}x = \int v(\delta v)\mathrm{d}x, \quad \forall \delta v.$$

因此，$\mathcal{H}(u,v)$ 的两个变分是 $\delta_u \mathcal{H} = f'(u) - \partial_x g'(u_x)$ 和 $\delta_v \mathcal{H} = v$。相应的哈密顿微分系统 (7.40) 是

$$u_t = v, \quad v_t = \partial_x g'(u_x) - f'(u). \tag{7.43}$$

由 (7.42) 和 (7.43) 可得

$$E_t = f'(u)u_t + g'(u_x)u_{tx} + vv_t = \partial_x[vg'(u_x)].$$

定义能量通量函数 $F = -vg'(u_x)$，上式蕴含一个重要的能量守恒定律[①]

$$E_t + F_x = 0. \tag{7.44}$$

---
① 通常，一个哈密顿系统可以同时满足多条能量守恒定律。

再次利用空间方向的周期性,积分 (7.44) 可知哈密顿泛函 $\mathcal{H}$ 保持不变。

要长时间地模拟哈密顿系统而不失准确性,能量守恒定律 (7.44) 的数值保持是非常重要的。基于这个目标,数值工作者 (例如国内的冯康先生) 提出了辛格式的概念。它最初出现在常微分方程的数值模拟中,称为**单辛格式**;现在,它已经推广到偏微分方程的数值模拟,称为**多辛格式**。因篇幅有限,具体内容不作展开。

论题 7.10 交错网格蛙跳格式 (7.35) 的数值优势源于它的多辛结构,可以局部地数值保持声波方程的能量守恒定律。

答: 在 (7.42) 中,取 $f=0$ 和 $g(u_x) = \frac{1}{2}(-au_x)^2$,则相应的哈密顿微分系统 (7.43) 就是 $u_t = v$ 和 $v_t = a^2 u_{xx}$,同声波方程 (7.25) 是等价的。因此,能量守恒定律 (7.44) 成立,其中

$$E = \frac{1}{2}(v^2 + w^2), \quad F = avw, \quad w = -au_x. \tag{7.45}$$

在差分方程 (7.35a) 的两端,同乘检验函数 $(v_j^{n+1/2} + v_j^{n-1/2})/2$;在差分方程 (7.35b) 的两端,同乘检验函数 $(w_{j+1/2}^n + w_{j-1/2}^n)/2$。将两个等式相加,消去混合项 $v_j^{n+1/2} w_{j+1/2}^n$,可得

$$\triangle E \Delta x + \triangle F \Delta t = 0, \tag{7.46a}$$

其中

$$\triangle E = \frac{1}{2}\left[\left(v_j^{n+\frac{1}{2}}\right)^2 + \left(w_{j+\frac{1}{2}}^{n+1}\right)^2\right] - \frac{1}{2}\left[\left(v_j^{n-\frac{1}{2}}\right)^2 + \left(w_{j+\frac{1}{2}}^n\right)^2\right], \tag{7.46b}$$

$$\triangle F = \frac{a}{2}\left[v_j^{n-\frac{1}{2}} w_{j+\frac{1}{2}}^n + v_{j+1}^{n+\frac{1}{2}} w_{j+\frac{1}{2}}^n + v_{j+1}^{n+\frac{1}{2}} w_{j+\frac{1}{2}}^{n+1}\right]$$
$$- \frac{a}{2}\left[v_j^{n+\frac{1}{2}} w_{j+\frac{1}{2}}^{n+1} + v_j^{n+\frac{1}{2}} w_{j-\frac{1}{2}}^n + v_j^{n-\frac{1}{2}} w_{j-\frac{1}{2}}^n\right]. \tag{7.46c}$$

参见图 7.1,等式 (7.46) 可以理解为 $F\mathrm{d}t - E\mathrm{d}x$ 沿着四条斜线的围道积分,是能量守恒定律 (7.44) 和 (7.45) 的局部积分描述。□

7.4 高维对流方程

粗略地讲,双曲型方程的数值方法可以顺利地由一维问题推广到高维问题。但是,如同高维扩散方程,维数造成的数值困扰依旧存在。为说明这个现象,考虑二维线性常系数对流方程

$$u_t + a u_x + b u_y = 0 \tag{7.47}$$

的纯初值问题或周期边值问题,其中 a 和 b 是给定的两个正常数。设 $\mathcal{T}_{\Delta x, \Delta y, \Delta t}$ 是等距的时空网格,其中 Δx 和 Δy 是两个空间方向的空间步长,Δt 是时间步长。对应两个空间方向,相应的网比分别记作 $\nu_x = \Delta t/\Delta x$ 和 $\nu_y = \Delta t/\Delta y$。

基于一阶空间导数的迎风离散策略,利用逐维离散化技术,即可轻松地建立 (7.47) 的二维迎风格式

$$u_{jk}^{n+1} = u_{jk}^n - \nu_x a\left[u_{j,k}^n - u_{j-1,k}^n\right] - \nu_y b\left[u_{j,k}^n - u_{j,k-1}^n\right]. \tag{7.48}$$

显然,它无条件具有 $(1,1,1)$ 阶局部截断误差。

⚓ **论题 7.11** 稳定性分析略显烦冗。为简单起见,设 $a=b=1$ 且 $\Delta x=\Delta y=h$,记 $r=\Delta t/h$,则二维迎风格式 (7.48) 可以简写为

$$u_{jk}^{n+1}=(1-2r)u_{jk}^n+r\left[u_{j,k-1}^n+u_{j-1,k}^n\right]. \tag{7.49}$$

建立相应的 CFL 条件、L^2 模稳定性结论和最大模稳定性结论。

答:任取一个时空网格点,考虑其在 Δt 回溯之后的依赖区域。参见图 7.2,其中 $O(x_j,y_k)$ 是时空网格点的空间位置;真实依赖区域是 $C(x_j-\Delta t,y_k-\Delta t)$,线段 OC 的长度是 $\sqrt{2}\Delta t$;数值依赖区域是等腰直角三角形 $\triangle OBA$,直边 OA 和 OB 的长度是 h。因此,迎风格式 (7.49) 的 CFL 条件是扇形区域不超出直角三角形,即

$$r\leqslant\frac{1}{2}. \tag{7.50}$$

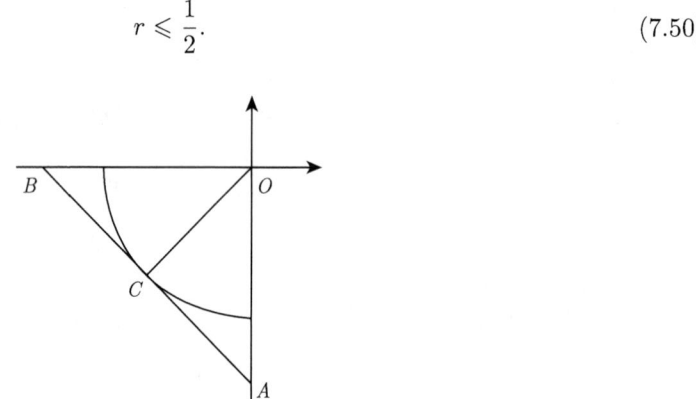

图 7.2 数值依赖区域和真实依赖区域

设 ℓ_1 和 ℓ_2 是任意实数,对应两个方向的波数。将二维模态解

$$u_{jk}^n=[\lambda(\ell_1,\ell_2)]^n e^{i(\ell_1 jh+\ell_2 kh)}$$

代入差分方程 (7.49),简单计算,有

$$|\lambda(\ell_1,\ell_2)|^2=(1-2r)^2+2r^2+2r(1-2r)[\cos(\ell_1 h)+\cos(\ell_2 h)]$$
$$+2r^2\cos[(\ell_1-\ell_2)h]$$
$$\leqslant\max(1,(1-4r)^2),\quad\forall\ell_1,\forall\ell_2.$$

这是一个简单的二元函数极值问题,具体推导过程略。由于右端上界可以取到,故而结论是无法改进的。此时,迎风格式 (7.49) 具有 L^2 模稳定性的充要条件是严格的 von Neumann 条件,即

$$\max(1,(1-4r)^2)\leqslant 1,$$

相应的等价条件是 $r\leqslant 1/2$。

当 $r\leqslant 1/2$ 时,迎风格式 (7.49) 的右端系数都是非负的。由离散最大模原理可知,它具有最大模稳定性。 □

⚓ **论题 7.12** 构造二维对流方程 (7.47) 的 LW 格式。

答：利用时间 Taylor 方法，有

$$[u]_{jk}^{n+1} = [u]_{jk}^n + \Delta t [u_t]_{jk}^n + \frac{1}{2}\Delta t^2 [u_{tt}]_{jk}^n + \mathcal{O}((\Delta t)^3),$$

其中对流方程 (7.47) 蕴含

$$[u_t]_{jk}^n = -a[u_x]_{jk}^n - b[u_y]_{jk}^n,$$
$$[u_{tt}]_{jk}^n = a^2[u_{xx}]_{jk}^n + 2ab[u_{xy}]_{jk}^n + b^2[u_{yy}]_{jk}^n.$$

利用中心差商离散空间导数，可得二维 LW 格式

$$\begin{aligned}u_{jk}^{n+1} = & u_{jk}^n - \frac{1}{2}(\nu_x a \Delta_{0x} u_{jk}^n + \nu_y b \Delta_{0y} u_{jk}^n) \\ & + \frac{1}{2}(\nu_x^2 a^2 \delta_x^2 u_{jk}^n + \nu_y^2 b^2 \delta_y^2 u_{jk}^n) + \frac{1}{4}\nu_x \nu_y ab \Delta_{0x}\Delta_{0y} u_{jk}^n.\end{aligned} \quad (7.51)$$

它的离散模板共含有九个空间网格点。利用 Fourier 方法可知，

$$|\nu_x a| \leqslant \frac{1}{2\sqrt{2}}, \quad |\nu_y b| \leqslant \frac{1}{2\sqrt{2}} \quad (7.52)$$

是二维 LW 格式 (7.51) 的 L^2 模稳定性条件。同一维 LW 格式 (6.4) 相比，它的时空约束条件显得更加苛刻。   □

请注意，二维 LW 格式 (7.51) 不是一维 LW 格式 (6.4) 的直接推广。若简单地采用逐维离散的思路，在两个空间方向都借用一维 LW 格式的导数离散技巧，则最终得到的差分格式是

$$\begin{aligned}u_{jk}^{n+1} = & u_{jk}^n - \frac{1}{2}(\nu_x a \Delta_{0x} u_{jk}^n + \nu_y b \Delta_{0y} u_{jk}^n) \\ & + \frac{1}{2}(\nu_x^2 a^2 \delta_x^2 u_{jk}^n + \nu_y^2 b^2 \delta_y^2 u_{jk}^n).\end{aligned} \quad (7.53)$$

尽管它的离散模板更为简洁，但是时间方向的二阶相容不再成立。更为致命的问题是，它是线性无条件 L^2 模不稳定的，应用价值极低。

⚓ **注释 7.2** 算子分裂方法可以改善高维双曲型方程的计算效率，例如 LOD 格式

$$u^{n+\frac{1}{2}} = u^n - \frac{1}{2}\nu_x a \Delta_{0x} u^n + \frac{1}{2}\nu_x^2 a^2 \delta_x^2 u^n, \quad (7.54a)$$

$$u^{n+1} = u^{n+\frac{1}{2}} - \frac{1}{2}\nu_y b \Delta_{0y} u^{n+\frac{1}{2}} + \frac{1}{2}\nu_y^2 b^2 \delta_y^2 u^{n+\frac{1}{2}} \quad (7.54b)$$

具有更为宽松的时空约束条件。若采用 Strang 镜像策略，相应的数值效果更为理想。

习　题

7.1 设源项 $f(x,t)$ 是已知的。建立平衡方程

$$u_t + a(x,t)u_x = f(x,t)$$

的 Lax-Wendroff 格式，确保其具有整体二阶的局部截断误差。

✍ **7.2** 利用特征线和函数内插理论，建立线性变系数对流方程 (7.1) 的 Lax 格式，并利用 CFL 方法和冻结系数方法给出粗糙的稳定性分析。

✍ **7.3** 建立线性变系数对流方程 (7.1) 的蛙跳格式，给出粗糙的稳定性分析。

✍ **7.4** 建立一阶双曲型方程组 (7.12) 的 Lax 格式，给出准确的 L^2 模稳定性条件。

✍ **7.5** 利用 Fourier 方法验证：基于传统的 L^2 模稳定性概念，中心差商格式 (7.27) 是线性无条件 L^2 模不稳定的。

✍ **7.6** 考虑 (7.32) 的 Courant-Friedrichs-Lewy(CFL) 格式

$$\frac{v_j^{n+1} - v_j^n}{\Delta t} = a \frac{w_{j+\frac{1}{2}}^n - w_{j-\frac{1}{2}}^n}{\Delta x},$$

$$\frac{w_{j-\frac{1}{2}}^{n+1} - w_{j-\frac{1}{2}}^n}{\Delta t} = a \frac{v_j^{n+1} - v_{j-1}^{n+1}}{\Delta x},$$

其中 v 和 w 分别定义在空间方向的交错网格上。若令

$$v_j^n = \frac{u_j^n - u_j^{n-1}}{\Delta t}, \quad w_{j-\frac{1}{2}}^n = a \frac{u_j^n - u_{j-1}^n}{\Delta x},$$

证明 CFL 格式等价于二阶中心差商格式 (7.27)，并建立 CFL 格式的 L^2 模稳定性结论。

✍ **7.7** 证明 (7.38)。

✍ **7.8** 讨论非交错网格蛙跳格式的初值启动方式。

✍ **7.9** 分析非交错网格盒子格式的 L^2 模稳定性。

✍ **7.10** 证明：非交错网格上的盒子格式 (7.33) 也能数值满足能量的局部守恒定律 (7.45)。

✍ **7.11** 写出二维对流方程 (7.47) 的 Lax 格式，建立相应的 L^2 模稳定性分析。

✍ **7.12** 设 $a = b = 1$ 且 $\Delta x = \Delta y = h$。证明：(7.52) 是二维 LW 格式 (7.51) 的 L^2 模稳定性条件。

✍ **7.13** 讨论二维"简化"LW 格式 (7.53) 的 L^2 模稳定性。

✍ **7.14** 考虑变系数对流方程

$$u_t + a(x,t)u_x = 0, \quad x \geqslant 0, \quad t \geqslant 0,$$

其中 $a(x,t) = (1+x^2)/(1+2xt+2x^2+x^4)$ 是已知函数。若入流边界条件是 $u(0,t) = 0$，初值条件是

$$u(x,0) = u_0(x) = \begin{cases} 1, & \text{当 } 0.2 \leqslant x \leqslant 0.4, \\ 0, & \text{其他}. \end{cases}$$

则相应的精确解是 $u(x,t) = u_0(x^\star)$，其中

$$x^\star = x - \frac{t}{1+x^2}.$$

利用迎风格式、Lax 格式和 LW 格式进行模拟，给出它们在不同时刻的数值解截图和误差关系。

第 8 章

非线性双曲守恒律

非线性双曲守恒律方程具有广泛的应用背景,例如交通流、Euler 方程组和浅水波方程组等。为简单起见,本章主要考虑一维标量双曲守恒律

$$u_t + f(u)_x = 0, \quad (x,t) \in \Re \times \Re^+ \tag{8.1}$$

的纯初值问题或者周期边值问题,其中 $u: \Re \times \Re^+ \to \Re$ 是待解的未知函数,$f: \Re \to \Re$ 是连续可微的已知通量函数。若 $f(u)$ 是线性的,则守恒律是线性的;若 $f(u)$ 是非线性的,则守恒律是非线性的。同线性双曲型方程相比,非线性双曲守恒律具有许多截然不同的性质,相应的理论研究和数值模拟更富挑战性。特别地,即使初值充分光滑,它也可能演化出激波、稀疏波和接触间断等各种复杂多变的结构。由于局部光滑程度可能发生突变,许多成功用于线性问题的数值格式可能给出完全错误的计算结果。换言之,前面的数值格式不能简单地移植到非线性双曲守恒律,需要谨慎地筛选和完善。因篇幅限制,本章仅仅简要介绍一些目前较为成熟的理论观点和解决方案。

8.1 弱解和熵解

首先要指出:即使初值充分光滑,非线性双曲守恒律 (8.1) 的古典解也可能不存在。理由非常简单。假设 (8.1) 具有连续可微的古典解,则它等价于半线性方程

$$u_t + a(u)u_x = 0, \tag{8.2}$$

其中 $a(\cdot) = f'(\cdot)$ 表示流场速度。由特征线理论可知,位于特征线

$$\frac{\mathrm{d}x}{\mathrm{d}t} = a(u)$$

上的函数值保持不变,故而双曲守恒律的特征线都是直线段。换言之,古典解满足隐函数方程

$$u(x,t) = u_0(x - a(u(x,t))t), \tag{8.3}$$

其中 $u_0(x)$ 是 $t=0$ 时刻的初值。利用隐函数定理可知:在适当的条件下,古典解可以在短时间内存在且唯一。此时,由于同点出发的特征线是互不相交的。

然而,非线性双曲守恒律可能出现特征线相交的情形。例如,当初值是一个严格单减函数的时候,无黏 Burgers 方程

$$u_t + (u^2/2)_x = 0 \tag{8.4}$$

的左侧特征线可以在有限时间内追赶到右侧特征线;参见图 8.1。若古典解存在,利用前面的分析可知:在两条特征线的交点 P 处,函数值不再唯一,矛盾!因此,古典解的概念需要进行拓展。

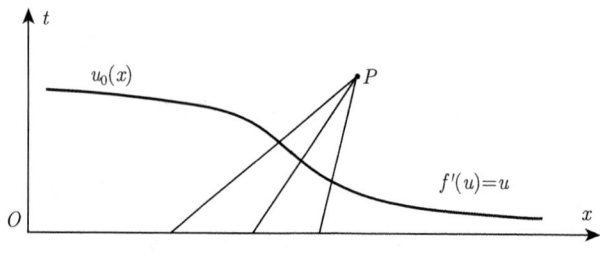

图 8.1 Burgers 方程的初值和特征线

定义 8.1 定义在上半时空平面 $\Re \times \Re^+$ 且具有紧支集① 的无穷光滑函数全体，构成检验函数空间 $\mathcal{H}$。称可测的有界函数

$$u(x,t)\colon \Re \times \Re^+ \to \Re$$

是双曲守恒律 (8.1) 的弱解，若它对于任意的检验函数 $\phi(x,t) \in \mathcal{H}$ 均成立

$$\iint_{t\geqslant 0}[u\phi_t + f(u)\phi_x]\mathrm{d}x\mathrm{d}t + \int_{t=0}u_0(x)\phi(x,0)\mathrm{d}x = 0, \tag{8.5}$$

其中 $u_0(x)$ 是 $t=0$ 时刻的已知初值。

为简单起见，本书将弱解概念局限于分片古典解，并且任意时刻的间断点个数都是有限的。比如，设一条连续可微的时空界面曲线

$$\Gamma\colon x = x(t), \quad t \geqslant 0 \tag{8.6}$$

将上半平面划分为左右两块区域，相应的古典解分别记为 $u_1(x,t)$ 和 $u_2(x,t)$。拼接而成的函数

$$u(x,t) = \begin{cases} u_1(x,t), & x < x(t), \\ u_2(x,t), & x > x(t), \end{cases} \tag{8.7}$$

要成为双曲守恒律 (8.1) 的弱解，时空界面曲线 Γ 必须满足著名的 **Rankine Hugoniot(RH) 跳跃条件**：

$$s(u_+ - u_-) = f(u_+) - f(u_-), \tag{8.8}$$

其中 $s \equiv x'(t)$ 是界面移动速度，$u_\pm = \lim_{x \to x(t) \pm 0} u(x,t)$ 是左右 (空间) 极限。

注释 8.1 事实上，RH 跳跃条件可以由弱解的定义直接导出。它阐述了双曲守恒律的局部守恒性质，无论时空界面曲线 Γ 两侧的函数是否连续。详细证明可参见 [14]。

弱解是古典解的拓展，但常常是不唯一的。具体实例参见 (8.12)。为此，我们引进适当的限制条件，从多个弱解中筛选出唯一的物理解。

定义 8.2 设 $u(x,t)$ 是双曲守恒律 (8.1) 的弱解，在时空界面曲线上满足 RH 跳跃条件 (8.8)。若还成立 **Oleinik 熵条件**：

$$\frac{f(u_-) - f(v)}{u_- - v} \geqslant s \geqslant \frac{f(u_+) - f(v)}{u_+ - v}, \\ \forall v \in [\min(u_-, u_+), \max(u_-, u_+)], \tag{8.9}$$

---

① 取值非零的函数点集闭包是有界的。

8.1 弱解和熵解

则称 $u(x,t)$ 是双曲守恒律 (8.1) 的**熵解**。

Oleinik (1957) 已经证明：标量双曲守恒律 (8.1) 的熵解存在且唯一。若通量函数 $f(\cdot)$ 是凸可微的，则 Oleinik 熵条件可以简化为著名的 Osher 熵条件：

$$f'(u_-) \geqslant s \geqslant f'(u_+). \tag{8.10}$$

换言之，熵解的特征线不会远离时空界面曲线。

下面给出一些直观的例子。跳出连续可微的古典解范畴，假设熵解在 $(x_\star, t^\star)$ 点出现间断。依据间断点两侧的状态，后续时刻的熵解可以局部演化出下面的结构：

(1) 若后续时刻的时空区域处处有特征线穿过，则间断点 $(x_\star, t^\star)$ 将演化成一个间断界面 $x = x(t)$，相应的熵解具有局部间断结构。

(a) 若熵条件 (8.9) 或 (8.10) 中的不等式严格成立，则两侧的特征线均交汇到间断界面。相应的局部间断结构称为**激波**，其移动速度 $s = x'(t)$ 称为激波速度。

(b) 若熵条件 (8.9) 或 (8.10) 中的不等式局部退化为恒等式，则两侧的特征线同间断界面是局部平行的。此时，双曲守恒律局部退化为线性双曲型方程，相应的局部间断结构称为**接触间断**。事实上，线性常系数对流方程的间断界面就是接触间断。

(2) 若后续时刻的某个扇形 (时空) 区域没有特征线穿过，则间断点 $(x_\star, t^\star)$ 将会消失，相应的熵解具有局部的**稀疏波**结构。在扇形区域内部，稀疏波通过自相似结构

$$u(x,t) = u\left(\frac{x - x_\star}{t - t^\star}\right),$$

将扇形区域外侧的两个状态连续地连接起来。除去起始点 $(x_\star, t^\star)$，后续时刻的稀疏波是局部连续的，但是位于扇形区域边界 (两条射线) 的空间导数是间断的。

举例说明。考虑 Burgers 方程 (8.4) 的 **Riemann 问题**，相应的初值是简单的分段常值函数，即

$$u(x,0) = \begin{cases} u_-, & x < 0; \\ u_+, & x > 0. \end{cases} \tag{8.11}$$

当 $u_- = u_+$ 时，熵解就是一个常值函数，属于古典解。当 $u_- > u_+$ 时，熵解是激波，即 (图 8.2 的左侧)

$$u(x,t) = \begin{cases} u_-, & x - st < 0, \\ u_+, & x - st > 0, \end{cases} \tag{8.12a}$$

其中 $s = \frac{1}{2}(u_- + u_+)$ 是激波速度。当 $u_- < u_+$ 时，熵解是稀疏波，即 (图 8.2 的右侧)

$$u(x,t) = \begin{cases} u_-, & x - u_- t < 0; \\ u_+, & x - u_+ t > 0; \\ x/t, & \text{其他}. \end{cases} \tag{8.12b}$$

事实上，(8.12a) 永远都是弱解。但是，当 $u_- < u_+$ 时，它违背熵条件 (8.10)，不是熵解。

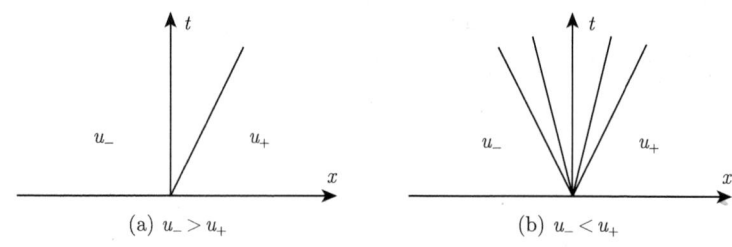

图 8.2 激波和稀疏解

至此, 我们已经看到非线性双曲守恒律的特殊性, 真解可以具有不断演化的各种不同细微结构. 因此, 相应的数值方法面临严峻的挑战, 需要解决以下问题:

(1) 激波速度的刻画以及间断界面的捕捉要准确;
(2) 在真解相对光滑区域, 相容阶和计算效率要高;
(3) 在间断界面附近, 数值振荡现象要得到控制;
(4) 数值解要收敛到熵解, 至少是弱解.

能够实现上述目标的格式称为**高精度高分辨率格式**. 常用的构造方法有两种: 其一是激波装配技术, 基本思路是先用特殊的算法确定间断界面的位置, 再用其他高效高精度格式计算界面之间的光滑解. 其二是激波捕捉技术, 基本思路是不再追踪间断界面的位置, 而是直接建立统一的数值操作过程, 可以同时适用于光滑解和间断解的数值模拟.

本书重点关注激波捕捉技术.

8.2 守恒型差分格式

为简单起见, 设 $\mathcal{T}_{\Delta x, \Delta t} = \{(x_j, t^n)\}_{\forall j \forall n}$ 是等距的时空网格, 相应的网比是 $\nu = \Delta t / \Delta x$, 其中 Δx 和 Δt 分别是空间步长和时间步长. 基于激波捕捉技术, 数值构造过程主要包含两个步骤:

(1) 假设真解足够光滑, 建立高效的数值格式;
(2) 存在间断结构, 探讨数值格式的健壮性. 首先观察数值解是否具有理想的表现, 比如收敛效果和数值振荡等; 然后, 在此基础上, 对数值格式进行不断完善.

探讨数值格式的健壮性, 特别是它面对激波等间断结构时, 数值解是否具有理想的数值表现, 比如收敛效果和数值振荡等.

下面将按照上述流程进行讨论, 重点介绍守恒型差分格式概念.

8.2.1 基于光滑解的格式构造

当真解 (古典解) 足够光滑时, (8.1) 和 (8.2) 是等价的. 前者是守恒形式, 后者是非守恒形式, 均可用于数值格式的设计. 通常, 基于守恒形式的数值格式更加简洁.

基于非守恒形式 在离散焦点进行简单的系数冻结, 利用一阶导数的迎风离散技巧, 可以定义 (8.2) 的迎风格式

$$u_j^{n+1} = \begin{cases} u_j^n - \nu a(u_j^n)(u_j^n - u_{j-1}^n), & \text{若 } a(u_j^n) > 0; \\ u_j^n - \nu a(u_j^n)(u_{j+1}^n - u_j^n), & \text{若 } a(u_j^n) \leqslant 0. \end{cases} \quad (8.13)$$

8.2 守恒型差分格式

显然，它无条件具有 $(1,1)$ 阶局部截断误差。利用 CFL 方法或者系数冻结分析方法，可知它 (最大模或 L^2 模) 稳定的模糊条件是

$$\max_{\forall j \forall n} |a(u_j^n)| \Delta t \leqslant \Delta x. \tag{8.14}$$

利用算术平均技术虚化离散焦点，增加中心差商显格式的稳定性，可得 (8.2) 的 Lax 格式

$$u_j^{n+1} = \frac{1}{2}(u_{j-1}^n + u_{j+1}^n) - \frac{1}{2}\nu a(u_j^n)\left[u_{j+1}^n - u_{j-1}^n\right]. \tag{8.15}$$

当网比 ν 固定时，Lax 格式具有整体一阶局部截断误差。利用 CFL 方法或者系数冻结分析方法，可知它 (最大模或 L^2 模) 稳定的模糊条件也是 CFL 条件 (8.14)。

当 (8.14) 成立的时候，迎风格式 (8.13) 和 Lax 格式 (8.15) 均满足离散最大模原理，从而具有最大模稳定性。

⚓ **论题 8.1** 构造 (8.2) 的 LW 格式。

答：利用时间 Taylor 方法，有

$$[u]_j^{n+1} = [u]_j^n + \Delta t[u_t]_j^n + \frac{1}{2}(\Delta t)^2 [u_{tt}]_j^n + \mathcal{O}((\Delta t)^3). \tag{8.16}$$

利用偏微分方程，将时间导数转换为空间导数，有

$$[u_t]_j^n = -[a(u)u_x]_j^n, \tag{8.17a}$$

$$\begin{aligned}[u_{tt}]_j^n &= -[a'(u)u_t u_x]_j^n - [a(u)(u_t)_x]_j^n \\ &= 2[a(u)a'(u)(u_x)^2]_j^n + [a^2(u)u_{xx}]_j^n.\end{aligned} \tag{8.17b}$$

在离散焦点 (x_j, t^n) 处，采用简单的系数冻结方式和中心差商离散空间导数。略去无穷小量，用数值解替换真解，可得 LW 格式

$$u_j^{n+1} = u_j^n - \frac{1}{2}\nu a_j^n \Delta_{0x} u_j^n + \frac{1}{2}(\nu a_j^n)^2 \delta_x^2 u_j^n + \frac{1}{4}\nu^2 b_j^n (\Delta_{0x} u_j^n)^2, \tag{8.18}$$

其中 $a_j^n = a(u_j^n)$ 和 $b_j^n = a(u_j^n) a'(u_j^n)$。□

构造过程表明：LW 格式 (8.18) 无条件具有 $(2,2)$ 阶局部截断误差。利用系数冻结分析方法或者 CFL 方法可知，它具有 L^2 模稳定性的模糊条件也是 (8.14)。

⚓ **注释 8.2** 类似于线性变系数问题的线性不稳定现象，非线性问题的差分格式也存在非线性不稳定现象。比如，利用 Burgers 方程的非守恒形式和系数冻结技术，蛙跳格式可以定义为

$$u_j^{n+1} = u_j^{n-1} - \nu u_j^n (u_{j+1}^n - u_{j-1}^n). \tag{8.19}$$

仿照 Fornberg 的思路[①]，定义空间网格函数

$$\{r_j\}_{\forall j} = (\cdots, 0, \varepsilon, -\varepsilon, 0, \varepsilon, -\varepsilon, 0, \varepsilon, -\varepsilon, 0, \cdots),$$

---

① Fornberg B. *On the instability of leap-frog and Crank-Nicolson approximations of a nonlinear partial differential equation*. Mathematics of Computation, 1973, 27(121): 45~57.

其中 $\varepsilon > 0$ 是给定的扰动参数。令 $\gamma = \nu\varepsilon$；若

$$c^{n+1} - c^{n-1} = \gamma(c^n)^2, \quad n \geqslant 1 \tag{8.20}$$

成立，可以验证

$$u_j^n = c^n r_j, \quad \forall j \forall n$$

精确满足蛙跳格式 (8.19)。令 $c^0 = 1$ 和 $c^1 = \alpha > 1$。利用数学归纳法，可知 (8.20) 的奇偶序列满足

$$c^{2n} \geqslant (1+\gamma)^n, \quad c^{2n+1} \geqslant (1+\gamma)^n, \quad n \geqslant 0.$$

换言之，随着 n 的增加，c^n 趋于无穷大。因此说，对于任意的网比 ν，蛙跳格式 (8.19) 都是不稳定的。

注意到 Burgers 方程的等价形式

$$u_t + \frac{1}{3}uu_x + \frac{1}{3}(u^2)_x = 0 \tag{8.21}$$

相应的蛙跳格式也可以定义为

$$\begin{aligned} u_j^{n+1} &= u_j^n - \frac{\nu}{3}u_j^n(u_{j+1}^n - u_{j-1}^n) - \frac{\nu}{3}\left[(u_{j+1}^n)^2 - (u_{j-1}^n)^2\right] \\ &= u_j^n - \frac{\nu}{3}\left(u_{j+1}^n + u_j^n + u_{j-1}^n\right)\left(u_{j+1}^n - u_{j-1}^n\right). \end{aligned} \tag{8.22}$$

数值经验表明，蛙跳格式 (8.22) 可以改善非线性因素造成的数值不稳定性。上述两个格式的稳定性表现也说明，非线性项的数值离散需要慎重处理。

基于守恒形式 记 $f_j^n = f(u_j^n)$。采用上游信息进行通量导数的单侧逼近，即可得到 (8.1) 的迎风格式

$$u_j^{n+1} = \begin{cases} u_j^n - \nu\left[f_j^n - f_{j-1}^n\right], & \text{若 } a(u_j^n) > 0; \\ u_j^n - \nu\left[f_{j+1}^n - f_j^n\right], & \text{若 } a(u_j^n) \leqslant 0. \end{cases} \tag{8.23}$$

利用算术平均技术改善中心差商全显格式的稳定性，可得 (8.1) 的 Lax 格式

$$u_j^{n+1} = \frac{1}{2}(u_{j-1}^n + u_{j+1}^n) - \frac{1}{2}\nu\left[f_{j+1}^n - f_{j-1}^n\right]. \tag{8.24}$$

显然，迎风格式 (8.23) 是无条件相容，而 Lax 格式 (8.24) 是有条件相容。当网比 ν 固定时，它们均具有整体一阶的局部截断误差。利用系数冻结分析方法或者 CFL 方法，可知它们最大模稳定和 L^2 模稳定的模糊条件都是 (8.14)。

论题 8.2 构造 (8.1) 的 LW 格式。

答：设计起点依旧是基于时间 Taylor 方法的 (8.16)。利用双曲守恒律 (8.1)，进行时间导数和空间导数的转换，有

$$\begin{aligned} [u_t] &= -[f(u)_x], \\ [u_{tt}] &= -[f(u)_{tx}] = -[(a(u)u_t)_x] = [(a(u)f(u)_x)_x], \end{aligned}$$

8.2 守恒型差分格式

其中空间导数的散度结构尽可能地保持。利用积分插值方法,可得 (8.1) 的 LW 格式

$$u_j^{n+1} = u_j^n - \frac{\nu}{2}\left[f_{j+1}^n - f_{j-1}^n\right]$$
$$+ \frac{\nu^2}{2}\left\{A_{j+\frac{1}{2}}^n[f_{j+1}^n - f_j^n] - A_{j-\frac{1}{2}}^n[f_j^n - f_{j-1}^n]\right\}, \tag{8.25a}$$

其中

$$A_{j+\frac{1}{2}}^n = a(u_{j+\frac{1}{2}}^n) = f'\left(\frac{1}{2}(u_j^n + u_{j+1}^n)\right) \tag{8.25b}$$

是位于两个网格点中间位置的流场速度。由构造过程可知,LW 格式 (8.25) 具有整体二阶局部截断误差。利用系数冻结分析方法或者 CFL 方法,可知它们 L^2 模稳定的模糊条件也是 CFL 条件 (8.14)。 □

注释 8.3 若 $f(u) = au$ 是线性函数,其中 a 是给定常数,则 LW 格式 (8.18) 和 (8.25) 都可以退化到线性常系数的 LW 格式 (6.4)。迎风格式和 Lax 格式也是类似的。

补充材料 若通量函数 $\boldsymbol{f}(\boldsymbol{u}): \Re^m \to \Re^m$ 的 Jacobi 矩阵

$$\boldsymbol{f}'(\boldsymbol{u}) = \left(\frac{\partial f_i}{\partial u_j}\right)_{i=1:m}^{j=1:m}$$

处处具有 m 个 (互异) 实特征值和 m 个线性无关的特征向量,则称

$$\boldsymbol{u}_t + \boldsymbol{f}(\boldsymbol{u})_x = 0 \tag{8.26}$$

是 (严格) 双曲守恒律组。同单个方程相比,双曲守恒律组具有更加复杂的熵解结构,例如漩涡、激波、稀疏波和接触间断等,相应的理论研究和数值模拟都将面临更加严峻的挑战。尽管如此,数值工作者在数值离散方法、局部线性化技术、非线性限制器、数值通量等方面,均取得了相对丰硕的研究结果。时至今日,相关内容仍在不断发展和完善中,也是当前数值研究的重点课题之一。

假设真解 $\boldsymbol{u}$ 连续可微。守恒律组 (8.26) 是双曲型的,存在可逆阵 $\mathbb{S}(\boldsymbol{u})$ 和对角阵 $\mathbb{D}(\boldsymbol{u})$,使得[1]

$$\boldsymbol{f}'(\boldsymbol{u}) = [\mathbb{S}(\boldsymbol{u})]^{-1}\mathbb{D}(\boldsymbol{u})\mathbb{S}(\boldsymbol{u}). \tag{8.27}$$

因此, (8.26) 可以改写为**特征形式**

$$\mathbb{S}(\boldsymbol{u})\boldsymbol{u}_t + \mathbb{D}(\boldsymbol{u})\mathbb{S}(\boldsymbol{u})\boldsymbol{u}_x = 0. \tag{8.28}$$

若向量函数 $\boldsymbol{r}(\boldsymbol{u}) = (r_1, r_2, \cdots, r_m)^{\mathrm{T}}$ 满足

$$\boldsymbol{r}_t = \mathbb{S}(\boldsymbol{u})\boldsymbol{u}_t, \quad \boldsymbol{r}_x = \mathbb{S}(\boldsymbol{u})\boldsymbol{u}_x, \tag{8.29}$$

则称其是 (8.26) 的 **Riemann 不变量**。联立 (8.28) 和 (8.29),可以导出一个形式上解耦的偏微分方程组

$$\boldsymbol{r}_t + \mathbb{D}(\boldsymbol{u})\boldsymbol{r}_x = 0. \tag{8.30}$$

---

[1] 不妨设 (8.27) 中的每个元素关于 $\boldsymbol{u}$ 都是光滑的。

由于 $\mathbb{D}(\boldsymbol{u})$ 的对角线元素依赖 $\{u_\ell\}_{\ell=1}^m$ 或者 $\{r_\ell\}_{\ell=1}^m$ 的全部分量, (8.30) 的 m 个偏微分方程依旧耦合在一起。

注释 8.4 当 $m=2$ 时, Riemann 不变量总是存在的。当 $m>2$ 时, Riemann 不变量可能不再存在。但是, 对于常用的双曲守恒律组, 例如浅水波方程和 Euler 方程, Riemann 不变量总是可以显式地表达出来。具体内容超出本课程目标, 详略。

迎风格式的实现同双曲守恒律组 (8.26) 的局部解耦过程密切相关。设 t^n 时刻的数值解 $\boldsymbol{u}^n$ 是已知的。以时空网格点 (x_j, t^n) 为离散焦点, 利用局部线性化技术和非线性双曲守恒律的特征形式, 将 (8.26) 局部近似为线性双曲型方程组

$$[\boldsymbol{v}_t] + \mathbb{D}(\boldsymbol{u}_j^n)[\boldsymbol{v}_x] = 0. \tag{8.31}$$

它关于变量 $[\boldsymbol{v}] = \mathbb{S}(\boldsymbol{u}_j^n)[\boldsymbol{u}]$ 是完全解耦的, 相应的迎风离散可以清楚地实现。将时间推进到 t^{n+1} 的操作过程如下:

(1) 计算 $\boldsymbol{v}_j^n = \mathbb{S}(\boldsymbol{u}_j^n)\boldsymbol{u}_j^n$;

(2) 利用 $\mathbb{D}(\boldsymbol{u}_j^n)$ 判断当时当地的流场方向, 局部离散 (8.31) 可得

$$\boldsymbol{v}_j^{n+1} = \boldsymbol{v}_j^n - \nu \mathbb{D}^{\oplus}(\boldsymbol{u}_j^n)(\boldsymbol{v}_j^n - \boldsymbol{v}_{j-1}^n) - \nu \mathbb{D}^{\ominus}(\boldsymbol{u}_j^n)(\boldsymbol{v}_{j+1}^n - \boldsymbol{v}_j^n);$$

(3) 将第 (2) 步得到的 $\boldsymbol{v}_j^{n+1}$ 逆映射到原始变量 $\boldsymbol{u}_j^{n+1}$, 即

$$\boldsymbol{u}_j^{n+1} = [\mathbb{S}(\boldsymbol{u}_j^n)]^{-1}\boldsymbol{v}_j^{n+1}.$$

换言之, 迎风格式包含大量的局部解耦操作, 计算效率较低。

在某种程度上, 那些无须执行局部解耦的数值格式更受欢迎, 例如一阶的 Lax 格式

$$\boldsymbol{u}_j^{n+1} = \frac{1}{2}(\boldsymbol{u}_{j-1}^n + \boldsymbol{u}_{j+1}^n) - \frac{\nu}{2}\Big[\boldsymbol{f}(\boldsymbol{u}_{j+1}^n) - \boldsymbol{f}(\boldsymbol{u}_{j-1}^n)\Big], \tag{8.32}$$

和二阶的 LW 格式

$$\begin{aligned}\boldsymbol{u}_j^{n+1} = {} & \boldsymbol{u}_j^n - \frac{\nu}{2}\Big[\boldsymbol{f}(\boldsymbol{u}_{j+1}^n) - \boldsymbol{f}(\boldsymbol{u}_{j-1}^n)\Big] \\ & + \frac{\nu^2}{2}\Big\{\mathbb{A}_{j+\frac{1}{2}}^n[\boldsymbol{f}(\boldsymbol{u}_{j+1}^n) - \boldsymbol{f}(\boldsymbol{u}_j^n)] - \mathbb{A}_{j-\frac{1}{2}}^n[\boldsymbol{f}(\boldsymbol{u}_j^n) - \boldsymbol{f}(\boldsymbol{u}_{j-1}^n)]\Big\},\end{aligned} \tag{8.33a}$$

其中

$$\mathbb{A}_{j+1/2}^n = \boldsymbol{f}'(\boldsymbol{u}_{j+\frac{1}{2}}^n) = \boldsymbol{f}'((\boldsymbol{u}_j^n + \boldsymbol{u}_{j+1}^n)/2) \tag{8.33b}$$

是位于两个网格点中间位置的 Jacobi 矩阵。同标量方程的 Lax 格式 (8.24) 和 LW 格式 (8.25) 相比, 它们的表述形式基本保持不变。

在 LW 格式 (8.33) 中, 计算 Jacobi 矩阵仍需花费大量的 CPU 时间。为提高计算效率, 数值工作者利用预测校正框架, 提出了两步 LW 格式, 比如

(1) **Richtmyer 格式**[①]: 依次执行 Lax 格式和蛙跳格式, 有

$$\boldsymbol{u}_{j+\frac{1}{2}}^{n+\frac{1}{2}} = \frac{1}{2}(\boldsymbol{u}_j^n + \boldsymbol{u}_{j+1}^n) - \frac{\nu}{2}\Big[\boldsymbol{f}(\boldsymbol{u}_{j+1}^n) - \boldsymbol{f}(\boldsymbol{u}_j^n)\Big], \tag{8.34a}$$

$$\boldsymbol{u}_j^{n+1} = \boldsymbol{u}_j^n - \nu\Big[\boldsymbol{f}(\boldsymbol{u}_{j+\frac{1}{2}}^{n+\frac{1}{2}}) - \boldsymbol{f}(\boldsymbol{u}_{j-\frac{1}{2}}^{n+\frac{1}{2}})\Big]. \tag{8.34b}$$

---

① Richtmyer R D. *Some mathematical questions connected with fluid-dynamical calculations*. Outlines Joint Sympos Partial Differential Equations (Novosibirsk), 1963: 354~360.

(2) **MacCormack 格式**[①]：基于二阶 Runge-Kutta 时间离散框架，可得

$$\tilde{u}_j^n = u_j^n - \nu\left[f(u_{j+1}^n) - f(u_j^n)\right], \tag{8.35a}$$

$$u_j^{n+1} = \frac{1}{2}(u_j^n + \tilde{u}_j^n) - \frac{\nu}{2}\left[f(\tilde{u}_j^n) - f(\tilde{u}_{j-1}^n)\right], \tag{8.35b}$$

其中第一步采用向前差商离散，第二步采用向后差商离散。事实上，交换差商离散的执行次序，也是可以的。

理论证明：上述两个格式均具有整体二阶的局部截断误差。

因篇幅限制，关于双曲守恒律组的讨论到此为止。更多内容，请查阅相关书籍和文献。

8.2.2 关于间断解的健壮性

非线性双曲守恒律随时产生间断或者激波，相应的数值格式必须要能够同时相对满意地刻画这些结构。下面考察前一小节的数值格式是否健壮。

⚓ **论题 8.3** 考虑 Burgers 方程 (8.4) 的 Riemann 问题。若初始状态是 $u_- = 1$ 和 $u_+ = 0$，则相应的真解是右行速度为 $1/2$ 的激波。定义数值初值

$$u_j^0 = 1,\ j \leqslant 0;\quad u_j^0 = 0,\ j > 0,$$

观察迎风格式 (8.13) 和 (8.23) 的数值结果。

答：简单计算可知，两个格式的数值解在任意时刻都等于初值，数值间断界面没有移动起来。因此说，数值解彻底违背 RH 连接条件，其极限不可能是 Riemann 问题的弱解，更谈不上熵解。 □

换言之，上述两个格式均无法模拟间断熵解，给出的数值解完全错误。失败的主要原因是：

(1) 当熵解含有间断 (或者激波) 时，非守恒形式 (8.2) 和守恒形式 (8.1) 不再等价。前者无法刻画局部守恒性质，相应的差分格式 (8.13) 自然也无法满足局部守恒性质。

(2) 由于流动方向发生改变，基于 (8.1) 构造的差分格式 (8.23) 丧失了整体结构的统一性。在包含间断点的局部区域，数值解不再满足局部守恒性质。

因此说，对于非线性双曲守恒律的数值计算，局部守恒性质的数值保持是非常重要的。否则，RH 跳跃条件的数值刻画可能出现严重偏差，激波位置的捕捉也因此出现严重失真，相应的数值解不会收敛到真解。基于上述观点，Lax 和 Wendroff (1960) 提出了守恒型格式的概念。

☣ **定义 8.3** 称差分格式是**守恒型格式**，若它可以统一表述为

$$u_j^{n+1} = u_j^n - \frac{\Delta t}{\Delta x}\left[\hat{f}_{j+\frac{1}{2}}^n - \hat{f}_{j-\frac{1}{2}}^n\right],\quad \forall j, \tag{8.36}$$

其中 $\hat{f}_{j+\frac{1}{2}}^n$ 称为数值通量，具有相同的表达方式

$$\hat{f}_{j+\frac{1}{2}}^n = \hat{f}(u_{j-l+1}^n, u_{j-l+2}^n, \cdots, u_j^n, u_{j+1}^n, \cdots, u_{j+r}^n). \tag{8.37}$$

这里 l 和 r 是给定的正整数，$\hat{f}$ 是给定的数值通量函数[②]。

[①] MacCormack R W. *The effect of viscosity in hypervelocity impact cratering*. AIAA Paper 1969: 69~354.
[②] 在隐式格式中，数值通量函数还会同 t^{n+1} 时刻的网格函数有关。

由定义 8.3 可知，守恒型格式的数值解必定满足**局部守恒性质**，即

$$\sum_{j=p}^{q} u_j^{n+1} = \sum_{j=p}^{q} u_j^n - \frac{\Delta t}{\Delta x}\left[\hat{f}_{q+\frac{1}{2}}^n - \hat{f}_{p-\frac{1}{2}}^n\right], \tag{8.38}$$

其中 p 和 q 是任意整数。这个性质也是守恒型格式的名称由来。

数值通量函数和守恒型格式是一一对应的，常常冠以相同的名称。数值通量函数通常要满足以下两条性质：

(1) 关于每个变元都是局部 Lipschitz 连续的；

(2) 相容性条件，即 $\hat{f}(p,\cdots,p) = f(p)$;

前者用于控制舍入误差的影响，后者用于保证格式的相容性。最简单的定义方式是仅仅依赖左右网格点值的两点型数值通量

$$\hat{f}_{j+1/2}^n \equiv \hat{f}(u_j^n, u_{j+1}^n). \tag{8.39}$$

下面，我们给出两个具体的实例。

论题 8.4 Lax 格式 (8.24) 和 LW 格式 (8.25) 都是守恒型的。

答：在 Lax 格式，相应的数值通量是

$$(\hat{f}^{\text{Lax}})_{j+1/2}^n = \frac{1}{2}[f_j^n + f_{j+1}^n] - \frac{1}{2\nu}(u_{j+1}^n - u_j^n); \tag{8.40}$$

在 LW 格式中，相应的数值通量是

$$(\hat{f}^{\text{LW}})_{j+1/2}^n = \frac{1}{2}[f_j^n + f_{j+1}^n] - \frac{\nu}{2} A_{j+\frac{1}{2}}^n [f_{j+1}^n - f_j^n]. \tag{8.41}$$

因此，Lax 格式和 LW 格式都是守恒型的。简单验证可知，两个数值通量函数均满足 (局部 Lipschitz) 连续性和相容性条件。 □

事实上，上述两个数值通量具有明显不同的性质。当 CFL 条件

$$\max_{\forall u}|f'(u)|\frac{\Delta t}{\Delta x} \leqslant 1$$

成立时，Lax 数值通量 (8.40) 关于第一个变元不减，关于第二个变元不增，是**熵数值通量**(entropy numerical flux) 或者**单调数值通量**(monotone numerical flux)。恰恰相反，LW 数值通量 (8.41) 不是单调数值通量。

关于双曲守恒律的数值模拟，守恒型格式占据主流地位。数值成功的主要原因是源于以下三个优点：

(1) 数值误差 $e_j^n = u_j^n - [u]_j^n$ 在空间方向的整体求和，同时间层数无关。这个性质符合整体质量守恒的计算目标。

(2) 数值解的局部守恒性质内蕴 RH 跳跃条件的近似满足，间断界面 (或激波) 的位置可以获得相对可靠的数值追踪。

(3) 数值收敛性结论相对完美。著名的 Lax-Wendroff(LW) 定理指出：**设守恒型差分格式同双曲守恒律相容。当网格尺度趋于零时，若数值解几乎处处有界且收敛到某个函数，则极限必定是问题的弱解**。尽管 LW 定理还不能完全保障数值解收敛到弱解，但是它至少表明守恒型格式的数值解是相对合理的。

因此，本章的后续部分将重点关注守恒型格式，详细介绍相关的设计方法和完善技术。

8.3 有限体积方法

同有限差分方法相比，有限体积方法可以灵活地应用于复杂的非规则空间网格，轻松实现数值解的局部守恒性质。事实上，有限体积方法可视为有限差分方法，并用于守恒型差分格式的设计。此时，数值通量函数的含义可以获得准确和直观的理解。

8.3.1 基本框架

对于发展型偏微分方程，(全离散) 有限体积格式[①] 需要同时离散时间变量和空间变量。有别于有限差分方法，此时的空间变量和时间变量采用不同的离散方式。操作过程如下：

(1) 将空间区域分割为互不重叠的一组工作单元，形成所谓的单元剖分。对于一维空间而言，单元剖分是

$$\mathcal{T}_{\Delta x} = \{I_j = (x_{j-\frac{1}{2}}, x_{j+\frac{1}{2}})\}_{\forall j}, \tag{8.42}$$

其中 I_j 称为工作单元。记 $\Delta x_j = x_{j+1/2} - x_{j-1/2}$ 是 I_j 的单元长度，称 $\Delta x = \max_{\forall j} \Delta x_j$ 是单元剖分的参数。

(2) 将时间区间离散为有限个点，构造时间网格 $\mathcal{T}_{\Delta t} = \{t^n\}_{n\geqslant 0}$，其中 $\Delta t^n = t^{n+1} - t^n$ 是局部时间步长，$\Delta t = \max_{\forall n} \Delta t^n$ 是时间步长。

在有限体积方法中，数值求解的目标是

$$[\bar{u}]_j^n \equiv [\bar{u}]_j(t^n) \equiv \frac{1}{\Delta x_j} \int_{x_{j-1/2}}^{x_{j+1/2}} u(x, t^n) \mathrm{d}x, \quad \forall j \forall n, \tag{8.43}$$

即真解在不同时刻不同单元的均值。这是有限体积方法离散化的关键所在。

下面以双曲守恒律 (8.1) 为例，阐述有限体积方法的设计思路。参见图 8.3，在局部区域 $\Omega_j^n = I_j \times (t^n, t^{n+1})$ 内积分偏微分方程。利用 Green 公式，将二维积分转化为一维积分，可得

$$0 = \iint_{\Omega_j^n} \{u_t + f(u)_x\} \mathrm{d}x\mathrm{d}t = \oint_{\partial \Omega_j^n} \{f(u)\mathrm{d}t - u\mathrm{d}x\}.$$

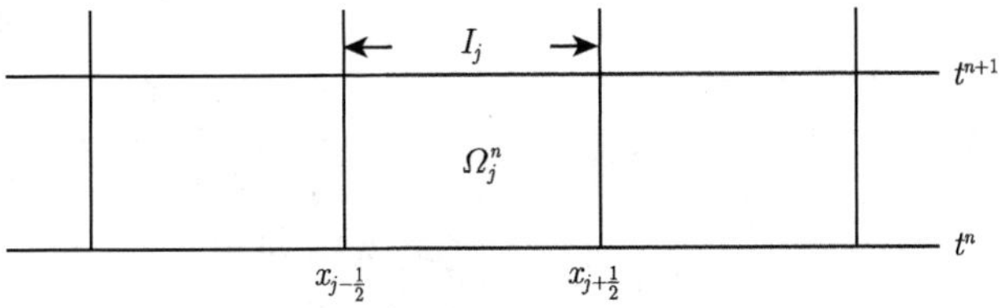

图 8.3 有限体积方法的基本框架

它蕴含的精确等式

$$[\bar{u}]_j^{n+1} = [\bar{u}]_j^n - \frac{\Delta t^n}{\Delta x_j}(F_{j+\frac{1}{2}}^n - F_{j-\frac{1}{2}}^n), \tag{8.44a}$$

[①]当然，时间变量可以保持连续性，直接构造半离散的有限体积方法。

是有限体积格式的设计起点, 其中

$$F_{j+\frac{1}{2}}^n \equiv \frac{1}{\Delta t^n} \int_{t^n}^{t^{n+1}} f(u(x_{j+\frac{1}{2}}, t)) \mathrm{d}t \tag{8.44b}$$

是位于单元界面 $x_{j+1/2}$ 的**真实平均通量**。假设存在某个**数值通量函数** $\mathcal{H}$, 使得

$$F_{j+\frac{1}{2}}^n \approx \mathcal{H}([\bar{u}]_{j-l+1}^n, \cdots, [\bar{u}]_{j+r}^n), \tag{8.45}$$

其中 l 和 r 是给定的正整数。两式联立, 将近似关系视为相等, 用数值均值 $\bar{u}_j^n$ 代替真实均值 $[\bar{u}]_j^n$, 即可得到 (8.1) 的有限体积格式

$$\bar{u}_j^{n+1} = \bar{u}_j^n - \frac{\Delta t^n}{\Delta x_j} \left[\hat{f}_{j+\frac{1}{2}}^n - \hat{f}_{j-\frac{1}{2}}^n \right], \tag{8.46}$$

其中

$$\hat{f}_{j+\frac{1}{2}}^n = \mathcal{H}(\bar{u}_{j-l+1}^n, \cdots, \bar{u}_{j+r-1}^n, \bar{u}_{j+r}^n) \tag{8.47}$$

是**数值通量**。通常, $\mathcal{H}$ 定义为两点型数值通量, 即

$$\hat{f}_{j+\frac{1}{2}}^n \equiv \mathcal{H}(\bar{u}_j^n, \bar{u}_{j+1}^n). \tag{8.48}$$

换言之, 数值通量仅仅依赖单元界面两侧的单元均值, 数值操作相对简便和灵活。事实上, 这样的定义可以顺利地推广到高维问题。

有限体积方法也有相容性、稳定性和收敛性概念。定义方式同有限差分方法相同; 因篇幅有限, 此处不再赘述。类似地, 定义 8.3 也可推广到有限体积格式。由前面的设计流程可知, 有限体积格式 (8.46) 是守恒型格式。

1. 线性问题的有限体积格式

设通量函数是 $f(u) = au$, 其中 a 为给定的常数。换言之, 双曲守恒律 (8.1) 就是线性常系数对流方程 (6.1)。

论题 8.5 为简单起见, 设离散网格是一致的, 即工作单元的长度都是 Δx, 局部时间步长都是 Δt。构造 (6.1) 的迎风有限体积格式和 Lax 有限体积格式。

答: 在单元界面 $x_{j+\frac{1}{2}}$ 处, 定义数值通量

$$\begin{aligned}(\hat{f}^{\mathrm{upw}})_{j+\frac{1}{2}}^n &= \begin{cases} a\bar{u}_j^n, & \text{当 } a > 0, \\ a\bar{u}_{j+1}^n, & \text{当 } a \leqslant 0, \end{cases} \\ &= \frac{a+|a|}{2} \bar{u}_j^n + \frac{a-|a|}{2} \bar{u}_{j+1}^n. \end{aligned} \tag{8.49}$$

由于它只依赖上游单元的数据, 故而称作 (完全) 迎风数值通量。将其代入到 (8.46), 可得迎风有限体积格式

$$\frac{\bar{u}_j^{n+1} - \bar{u}_j^n}{\Delta t} + \frac{a+|a|}{2\Delta x} \left[\bar{u}_j^n - \bar{u}_{j-1}^n \right] + \frac{a-|a|}{2\Delta x} \left[\bar{u}_{j+1}^n - \bar{u}_j^n \right] = 0. \tag{8.50}$$

8.3 有限体积方法

事实上，迎风数值通量 (8.49) 可以视为中心型数值通量

$$(\hat{f}^{\text{cen}})_{j+\frac{1}{2}}^n = \frac{a\bar{u}_j^n + a\bar{u}_{j+1}^n}{2} \tag{8.51}$$

的某种数值黏性修正，因为它具有等价形式

$$(\hat{f}^{\text{upw}})_{j+\frac{1}{2}}^n = \frac{a\bar{u}_j^n + a\bar{u}_{j+1}^n}{2} - \frac{|a|}{2}\left[\bar{u}_{j+1}^n - \bar{u}_j^n\right].$$

右端的第二项就是数值黏性修正项，其中 $\bar{u}_{j+1}^n - \bar{u}_j^n$ 是界面位置的数值跳跃，$\dfrac{|a|}{2}$ 称为修正强度。

仿照上述观点，其他形式的数值通量函数可以类似定义。例如，著名的 Lax 数值通量是

$$(\hat{f}^{\text{Lx}})_{j+\frac{1}{2}}^n = \frac{a\bar{u}_j^n + a\bar{u}_{j+1}^n}{2} - \frac{\Delta x}{2\Delta t}\left[\bar{u}_{j+1}^n - \bar{u}_j^n\right], \tag{8.52}$$

由它导出的有限体积格式

$$\bar{u}_j^{n+1} = \frac{1}{2}(\bar{u}_{j-1}^n + \bar{u}_{j+1}^n) - \frac{a\Delta t}{2\Delta x}(\bar{u}_{j+1}^n - \bar{u}_{j-1}^n), \tag{8.53}$$

称为 Lax 有限体积格式。□

现在，让我们指出有限体积方法和有限差分方法的联系。若将单元均值理解为单元中心的点值，或者说，将 $\bar{u}_j^n$ 改写为 u_j^n，则上述两个有限体积格式都可以诠释为同名的有限差分格式，相应的空间离散网格由所有工作单元的中心点构成。类似地，若将网格点值 u_j^n 视为控制单元的均值 $\bar{u}_j^n$，则有限差分格式也可以诠释为同名的有限体积格式，相应的剖分是所有网格点的控制区间。若函数足够光滑，其单元均值和中心点值的差距是 $\mathcal{O}((\Delta x)^2)$。因此，将空间相容阶不超过 2 的有限差分格式理解为有限体积格式，相应的数值结果和理论概念不会产生本质性的变化。反之亦然。基于上述解读，有限体积方法可以视为一种具有特殊结构的有限差分方法。

注释 8.5 尽管如此，有限体积方法的收敛性证明需要借用有限元方法的分析技术，特别是当单元剖分不是均匀的时候。

事实上，有限差分方法中的积分插值方法和有限体积方法的设计思想非常接近，均基于偏微分方程在局部区域的积分近似过程。积分插值方法属于差分方法的范畴，数值积分的信息来源是周边的点值信息，而有限体积方法的信息来源是周边的均值信息。

论题 8.6 为简单起见，设 $\mathcal{T}_{\Delta x, \Delta t} = \{(x_j, t^n)\}_{\forall j}^{\forall n}$ 是等距的时空网格，其中 Δx 和 Δt 分别是空间步长和时间步长。利用积分插值方法，构造 (6.1) 的迎风有限差分格式。

答：不妨以 $a > 0$ 为例。选取局部区域 $(x_{j-1}, x_j) \times (t^n, t^{n+1})$，积分 (6.3)，有

$$\int_{x_{j-1}}^{x_j} \left[u(x, t^{n+1}) - u(x, t^n)\right] \mathrm{d}x = -a\int_{t^n}^{t^{n+1}} \left[u(x_j, t) - u(x_{j-1}, t)\right] \mathrm{d}x.$$

参见图 8.4。空间积分用右矩形公式近似，而时间积分用左矩形公式近似，有

$$([u]_j^{n+1} - [u]_j^n)\Delta x \approx -a([u]_j^n - [u]_{j-1}^n)\Delta t.$$

用数值解替换真解，即可得到迎风格式 (6.3)。若 $a < 0$，迎风格式的构造是类似的，详略。□

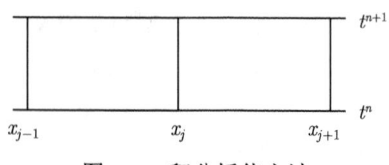

图 8.4 积分插值方法

Lax 有限差分格式可以类似地构造, 略.

注释 8.6 基于上述观点, 本书常常略去有限体积格式的均值符号. 换言之, 离散信息可以理解为中心点值或单元均值, 数值格式可以视为有限体积格式或有限差分格式.

2. 非线性问题的有限体积格式

对于非线性双曲守恒律 (8.1), 有限体积格式可以类似构造. 为简单起见, 设离散网格是一致的, 即工作单元的长度都是 Δx, 局部时间步长都是 Δt.

论题 8.7 构造 (8.1) 的迎风有限体积格式.

答: 为行文简便, 不妨直接用数值解进行描述. 在 t^n 时刻, 位于单元界面 $x_{j+1/2}$ 的流速可以定义为

$$A_{j+1/2}^n = f'(\{\bar{u}\}_{j+1/2}^n), \tag{8.54}$$

其中 $\{\bar{u}\}_{j+1/2}^n = \frac{1}{2}(\bar{u}_j^n + \bar{u}_{j+1}^n)$ 是两侧单元均值的算术平均.

利用 $A_{j+1/2}^n$ 的符号, 断定当时当地的上游方向, 定义 (完全依赖于上游信息的) 迎风数值通量

$$\begin{aligned}\hat{f}_{j+\frac{1}{2}}^n &= \begin{cases} f_j^n, & \text{当 } A_{j+\frac{1}{2}} > 0, \\ f_{j+1}^n, & \text{当 } A_{j+\frac{1}{2}} \leqslant 0 \end{cases} \\ &= \frac{1}{2}\left[f_j^n + f_{j+1}^n\right] - \frac{1}{2}\mathrm{sgn}A_{j+\frac{1}{2}}^n\left[f_{j+1}^n - f_j^n\right],\end{aligned} \tag{8.55}$$

其中 $f_j^n = f(\bar{u}_j^n)$, 符号函数 $\mathrm{sgn}z$ 的定义是: 当 $z > 0$ 时取值 1, 否则 -1. 由基本框架 (8.46) 可知, 相应的守恒型迎风格式为

$$\begin{aligned}\bar{u}_j^{n+1} = \bar{u}_j^n - \frac{\nu}{2}\Big\{ &\left[1 - \mathrm{sgn}A_{j+\frac{1}{2}}^n\right]\Delta_{+x}f_j^n \\ &+ \left[1 + \mathrm{sgn}A_{j-\frac{1}{2}}^n\right]\Delta_{-x}f_j^n \Big\},\end{aligned} \tag{8.56}$$

其中 $\Delta_{\pm x}$ 是向前/向后差分算子, $\nu = \Delta t/\Delta x$ 为网比. □

若将单元均值 $\bar{u}_j^n$ 看作单元中心的点值 u_j^n, 由 (8.56) 可得守恒型迎风格式

$$u_j^{n+1} = u_j^n - \frac{\nu}{2}\Big\{\left[1 - \mathrm{sgn}A_{j+\frac{1}{2}}^n\right]\Delta_{+x}f_j^n + \left[1 + \mathrm{sgn}A_{j-\frac{1}{2}}^n\right]\Delta_{-x}f_j^n\Big\},$$

其中 $A_{j+1/2}^n = f'((u_j^n + u_{j+1}^n)/2)$ 和 $f_j^n = f(u_j^n)$. 回忆 (8.23) 给出的简单迎风格式

$$u_j^{n+1} = u_j^n - \frac{\nu}{2}\Big\{\left[1 - \mathrm{sgn}A_j^n\right]\Delta_{+x}f_j^n + \left[1 + \mathrm{sgn}A_j^n\right]\Delta_{-x}f_j^n\Big\},$$

其中 $A_j^n = f'(u_j^n)$. 前面已经指出, 简单迎风格式不是守恒型格式, 数值解不一定收敛到真解. 两者相比, 上游方向的判断位置是不同的. 守恒型迎风格式基于控制区域的界面位置,

8.3 有限体积方法

而简单迎风格式直接基于网格点位置。如果流场方向保持恒定，它们是完全相同的。但是，当流场方向发生变化时，它们将有所区别。

论题 8.8 构造 (8.1) 的 LW 有限体积格式。

答：格式设计的关键是真实平均通量的高阶近似。假设真解充分光滑。依次利用中点矩形公式、时间 Taylor 展开公式和时空导数转移技术，可知单元界面的真实平均通量满足

$$F_{j+\frac{1}{2}}^n = f([u]_{j+\frac{1}{2}}^{n+\frac{1}{2}}) + \mathcal{O}((\Delta t)^2)$$
$$= f([u]_{j+\frac{1}{2}}^n) - \frac{\Delta t}{2} f'([u]_{j+\frac{1}{2}}^n)[f(u)_x]_{j+\frac{1}{2}}^n + \mathcal{O}((\Delta t)^2),$$

其中 $t^{n+\frac{1}{2}} = (t^n + t^{n+1})/2$ 是中间时刻。注意到单元中心点值同单元均值具有二阶逼近性质，利用算术平均和中心差商，可得

$$f([u]_{j+\frac{1}{2}}^n) = \frac{1}{2}\left[f([\bar{u}]_{j+1}^n) + f([\bar{u}]_j^n)\right] + \mathcal{O}((\Delta x)^2),$$
$$f'([u]_{j+\frac{1}{2}}^n) = f'\left(\{[\bar{u}]\}_{j+\frac{1}{2}}^n\right) + \mathcal{O}((\Delta x)^2),$$
$$[f(u)_x]_{j+\frac{1}{2}}^n = \frac{1}{\Delta x}\left[f([\bar{u}]_{j+1}^n) - f([\bar{u}]_j^n)\right] + \mathcal{O}((\Delta x)^2).$$

综上所述，真实平均通量具有如下的高阶近似，即

$$F_{j+\frac{1}{2}}^n = \mathcal{H}([\bar{u}]_j^n, [\bar{u}]_{j+1}^n) + \mathcal{O}((\Delta x)^2 + (\Delta t)^2), \tag{8.57}$$

其中

$$\mathcal{H}(a,b) = \frac{1}{2}\left[f(a) + f(b)\right] - \frac{\Delta t}{2\Delta x}f'\left(\frac{a+b}{2}\right)\left[f(b) - f(a)\right]$$

是 LW 数值通量函数。略去无穷小量，用数值均值替代真实均值，由基本框架 (8.46) 可得到 (8.1) 的 LW 有限体积格式

$$\bar{u}_j^{n+1} = \bar{u}_j^n - \frac{\nu}{2}\left\{\left[1 - \nu A_{j+\frac{1}{2}}^n\right]\Delta_{+x}f_j^n + \left[1 + \nu A_{j-\frac{1}{2}}^n\right]\Delta_{-x}f_j^n\right\}, \tag{8.58}$$

其中 $f_j^n = f(\bar{u}_j^n)$ 且 $A_{j+\frac{1}{2}}^n = f'(\{\bar{u}\}_{j+\frac{1}{2}}^n)$。 □

类似地，Lax 有限体积格式是

$$\bar{u}_j^{n+1} = \frac{1}{2}(\bar{u}_{j-1}^n + \bar{u}_{j+1}^n) - \frac{\nu}{2}\left(f(\bar{u}_{j+1}^n) - f(\bar{u}_{j-1}^n)\right). \tag{8.59}$$

因篇幅限制，更多的有限体积格式不再一一介绍。有兴趣的读者可参见专著 [2]。

8.3.2 Godunov 方法 ‡

Godunov 方法是由苏联的著名数学家 Godunov 提出的[①]，用于证明气动力学方程组存在唯一的熵解。在某种程度上，它被公认为首个成功模拟非线性双曲守恒律的有限体积格式。该方法具有清晰的物理背景，已经发展为非线性双曲守恒律 (组) 的一种主流数值方法。

下面以双曲守恒律 (8.1) 为模型，简要描述 Godunov 方法的 EA(Evolution-Average) 和 REA(Reconstruction-Evolution-Average) 实现过程。为简单起见，设离散网格是一致的，即工作单元的长度都是 Δx，局部时间步长都是 Δt。

---

① Godunov S K. *A finite difference method for the numerical computation of discontinuous solutions of the equations of fluid dynamics*. Mat. Sb., 1959, 47: 271~306.

1. EA 过程

参见图 8.5; 设 t^n 时刻的单元均值 $\{\bar{u}_j^n\}_{\forall j}$ 是已知的,t^{n+1} 时刻的单元均值 $\{\bar{u}_j^{n+1}\}_{\forall j}$ 可以按照下面的计算流程给出:

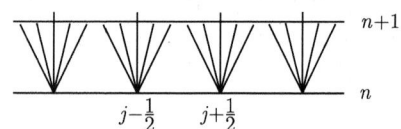

图 8.5 Godunov 方法的主要思想

(1) **局部推进**: 在单元边界 $x_{j+\frac{1}{2}}$ 处,构造 (8.1) 的局部 Riemann 问题,相应的初值是

$$u(x,t^n) = \begin{cases} u_{j+\frac{1}{2}}^-, & \text{当 } x < x_{j+\frac{1}{2}}, \\ u_{j+\frac{1}{2}}^+, & \text{当 } x > x_{j+\frac{1}{2}}, \end{cases} \tag{8.60}$$

其中 $u_{j+\frac{1}{2}}^\pm$ 是位于单元边界两侧的已知函数。这里取最简单的左右均值,即

$$u_{j+\frac{1}{2}}^- = \bar{u}_j^n, \quad u_{j+\frac{1}{2}}^+ = \bar{u}_{j+1}^n. \tag{8.61}$$

基于初值 (8.60) 在单元界面两侧的不同状态,局部 Riemann 问题的真解 (简称为局部 Riemann 解) 可能是古典解、激波、接触间断或者稀疏波等。当 $\bar{u}_{j+1}^n \neq \bar{u}_j^n$ 时,用

$$s_{j+\frac{1}{2}}^n = \frac{f(\bar{u}_{j+1}^n) - f(\bar{u}_j^n)}{\bar{u}_{j+1}^n - \bar{u}_j^n},$$

表示 (可能存在的) 激波速度。若时间步长足够小,使得

$$\max_{\forall j} \left(|s_{j+\frac{1}{2}}^n|, |f'(\bar{u}_j^n)| \right) \frac{\Delta t}{\Delta x} \leqslant \frac{1}{2}, \tag{8.62}$$

则相邻的两个局部 Riemann 解在 t^{n+1} 时刻不会产生双值冲突。全体拼接而成的函数记为 $\tilde{u}(x,t^{n+1})$。

(2) **单元平均**: 计算单元均值,定义

$$\bar{u}_j^{n+1} \equiv \frac{1}{\Delta x} \int_{x_{j-1/2}}^{x_{j+1/2}} \tilde{u}(x,t^{n+1}) \mathrm{d}x, \quad \forall j. \tag{8.63}$$

显然,EA 过程的数值误差主要源于单元平均。受限于常值函数的逼近效果,它的局部截断误差只能达到整体一阶。

⚓ **论题 8.9** 设双曲守恒律 (8.1) 是线性的,即 $f(u) = au$,其中 a 是给定的常数。利用 EA 过程,构造相应的 Godunov 格式。

答: 局部 Riemann 问题 (8.60) 具有精确解

$$u_{j+\frac{1}{2}}(x,t^{n+1}) = \begin{cases} \bar{u}_j^n, & \text{当 } x < x_{j+\frac{1}{2}} + a\Delta t, \\ \bar{u}_{j+1}^n, & \text{其他}. \end{cases} \tag{8.64}$$

8.3 有限体积方法

当 (8.62) 或者等价的 $\nu a \leqslant 1/2$ 成立时[①]，相邻的局部 Riemann 解 (8.64) 没有出现双值冲突。不妨设 $a > 0$，计算单元均值

$$\bar{u}_j^{n+1} = \frac{1}{\Delta x}\left[\int_{x_{j-\frac{1}{2}}}^{z} u_{j-\frac{1}{2}}(x,t^{n+1})\mathrm{d}x + \int_{z}^{x_{j+\frac{1}{2}}} u_{j+\frac{1}{2}}(x,t^{n+1})\mathrm{d}x\right]$$
$$= \frac{1}{\Delta x}\left[\bar{u}_{j-1}^n a\Delta t + (\Delta x - a\Delta t)\bar{u}_j^n\right],$$

其中 $z = x_{j-\frac{1}{2}} + a\Delta t$。事实上，它就是熟知的迎风有限体积格式，相应的数值通量 $\hat{f}_{j+\frac{1}{2}}^n = a\bar{u}_j^n$ 恰好就是局部 Riemann 解 (8.64) 在单元边界 $x_{j+\frac{1}{2}}$ 的通量取值。 □

事实上，关于数值通量的这个论断是普遍成立的，因为 EA 实现过程等同于双曲守恒律 (8.1) 在局部区域 $\Omega_j^n = I_j \times (t^n, t^{n+1})$ 内的积分过程。换言之，EA 过程的数值解满足有限体积格式

$$\bar{u}_j^{n+1} = \bar{u}_j^n - \frac{\Delta t}{\Delta x}(\hat{f}_{j+\frac{1}{2}}^n - \hat{f}_{j-\frac{1}{2}}^n), \tag{8.65}$$

相应的数值通量是 Riemann 问题 (8.60) 在单元界面处对应的平均通量，即

$$\hat{f}_{j+\frac{1}{2}}^n = \frac{1}{\Delta t}\int_{t^n}^{t^{n+1}} f(u_{j+\frac{1}{2}}(x_{j+\frac{1}{2}},t))\mathrm{d}t.$$

注意到双曲守恒律的自相似性质，(8.60) 的局部 Riemann 解可以表示为

$$u_{j+\frac{1}{2}}(x,t) = \mathcal{R}\left(\frac{x - x_{j+\frac{1}{2}}}{t - t^n}; \bar{u}_j^n, \bar{u}_{j+1}^n\right), \tag{8.66}$$

其中 $\mathcal{R}$ 称为局部 Riemann 解算子。既然 (8.66) 在单元界面上保持不变，相应的数值通量就是

$$\hat{f}_{j+\frac{1}{2}}^n = f(\mathcal{R}(0; \bar{u}_j^n, \bar{u}_{j+1}^n)). \tag{8.67}$$

换言之，在有限体积方法中，数值通量可以按照 (8.67) 进行构造。核心工作是局部 Riemann 解 (8.66) 的计算。

对于非线性双曲守恒律 (8.1)，局部 Riemann 解 (8.66) 通常是无法准确计算的。不妨引进合适的局部线性化过程，将非线性双曲守恒律 (8.1) 在 $(x_{j+1/2}, t^n)$ 处局部近似为线性双曲型方程

$$u_t + A_{j+\frac{1}{2}}^n u_x = 0, \tag{8.68}$$

然后利用 (8.68) 的局部 Riemann 解替代 (8.66)。

论题 8.10 利用 Godunov 方法，构造非线性双曲守恒律 (8.1) 的 Roe 型迎风格式。

答：在线性双曲型方程 (8.68) 中，定义

$$A_{j+1/2}^n = f'(\{\bar{u}\}_{j+1/2}^n), \tag{8.69}$$

计算相应的局部 Riemann 解，利用 EA 过程即可给出迎风格式 (8.56)。推导过程类似，略。

[①] 可以放松到 $a\Delta t \leqslant \Delta x$。

更加有效的局部线性化方式是将 (8.68) 中的 $A_{j+1/2}$ 定义为单元界面的 Roe 平均值，即

$$A_{j+1/2}^n = \begin{cases} \dfrac{f(\bar{u}_{j+1}^n) - f(\bar{u}_j^n)}{\bar{u}_{j+1}^n - \bar{u}_j^n}, & \bar{u}_{j+1}^n \neq \bar{u}_j^n, \\ f'(\bar{u}_j^n), & \text{否则}. \end{cases} \quad (8.70)$$

换言之，Roe 平均值满足离散版本的 RH 跳跃条件

$$A_{j+\frac{1}{2}}^n \left[\bar{u}_{j+1}^n - \bar{u}_j^n \right] = f(\bar{u}_{j+1}^n) - f(\bar{u}_j^n), \quad (8.71)$$

可以更加准确地刻画激波速度。(8.71) 也称为 Roe 平均条件[①]。此时，利用 EA 过程即可导出著名的 Roe 型迎风格式，即迎风格式 (8.56) 中的 $A_{j+1/2}^n$ 替换为 Roe 平均值 (8.70)。□

Roe 平均值同算术平均值具有形式上的二阶近似，即

$$A_{j+\frac{1}{2}}^n - f'(\{\bar{u}\}_{j+\frac{1}{2}}^n) = \mathcal{O}(|\bar{u}_{j+1}^n - \bar{u}_j^n|^2).$$

面对光滑真解时，两者的差距甚微，数值效果极其接近；但是，面对间断解时，两者的数值效果具有明显差异。

注释 8.7 Roe 平均条件 (8.71) 可以推广到双曲守恒律组，相应的 Roe 平均值变为 Roe 平均矩阵。但是，Roe 平均矩阵无法由 Roe 平均条件 (8.71) 唯一确定。对于常见的双曲守恒律组，比如浅水波方程和 Euler 方程组，我们可以利用适当的路径技术，成功地构造出 Roe 平均矩阵。因篇幅有限，详略。

2. REA 过程

若在局部推进和单元平均之前，增加一个高阶重构 (reconstruction) 的操作，则相应的 EA 过程升级到 REA 过程。换言之，利用有限个工作单元的均值信息，将目标单元的常值函数提升到多项式函数，改善局部 Riemann 问题的逼近效果，从而提升 Godunov 方法的相容阶。

举例说明。以分片线性多项式为重构目标。基于局部守恒性的要求，重构函数的单元均值应保持不变。换言之，线性多项式可以逐个单元定义为

$$u(x, t^n) = \bar{u}_j^n + \sigma_j^n \frac{x - x_j}{\Delta x}, \quad x \in I_j, \quad (8.72)$$

其中 σ_j^n 是广义斜率，可以利用各种方式进行重构，例如

$$\sigma_j^n = \bar{u}_{j+1}^n - \bar{u}_j^n; \quad (8.73a)$$

$$\sigma_j^n = \bar{u}_j^n - \bar{u}_{j-1}^n; \quad (8.73b)$$

$$\sigma_j^n = (\bar{u}_{j+1}^n - \bar{u}_{j-1}^n)/2. \quad (8.73c)$$

若 $\sigma_j^n \equiv 0$，则 REA 过程退化为 EA 过程。

论题 8.11 设双曲守恒律 (8.1) 是线性的，即 $f(u) = au$，其中 a 是给定的常数。按照 (8.73a) 定义线性多项式的广义斜率，构造相应的 REA 过程。

[①] Roe P L. *Approximate Riemann solvers, parameter vectors, and difference schemes*. Journal of Computational Physics, 1997, 43(2): 357~372.

答: 在重构分片线性多项式之后，局部 Riemann 问题的初值条件 (8.60) 定义为

$$u_{j+\frac{1}{2}}^{-} = \bar{u}_j^n + (\bar{u}_{j+1}^n - \bar{u}_j^n)\frac{x-x_j}{\Delta x},$$
$$u_{j+\frac{1}{2}}^{+} = \bar{u}_{j+1}^n + (\bar{u}_{j+2}^n - \bar{u}_{j+1}^n)\frac{x-x_{j+1}}{\Delta x}, \quad (8.74)$$

相应的局部 Riemann 解可以精确表达为

$$u_{j+\frac{1}{2}}(x, t^{n+1}) = \begin{cases} \bar{u}_j^n + (\bar{u}_{j+1}^n - \bar{u}_j^n)\frac{x-a\Delta t-x_j}{\Delta x}, & \text{当 } x < x_{j+\frac{1}{2}} + a\Delta t, \\ \bar{u}_{j+1}^n + (\bar{u}_{j+2}^n - \bar{u}_{j+1}^n)\frac{x-a\Delta t-x_{j+1}}{\Delta x}, & \text{其他}. \end{cases}$$

不妨设 $a > 0$。若 $a\Delta t \leqslant \Delta x$，则相邻两个局部 Riemann 解没有发生冲突。利用中点矩阵公式精确计算线性函数积分，可知下一时刻的单元均值是

$$\bar{u}_j^{n+1} = \nu a u_{j-\frac{1}{2}}(x_{j-\frac{1}{2}} - \frac{1}{2}a\Delta t, t^{n+1}) + (1-\nu a)u_{j+\frac{1}{2}}(x_j + \frac{1}{2}a\Delta t, t^{n+1})$$
$$= \bar{u}_j^n - \frac{1}{2}\nu a\left[\bar{u}_{j+1}^n - \bar{u}_{j-1}^n\right] + \frac{1}{2}(\nu a)^2\left[\bar{u}_{j+1}^n - 2\bar{u}_j^n + \bar{u}_{j-1}^n\right].$$

将均值视为点值，它就是 LW 格式 (6.4)。□

类似地，基于同样的分片线性多项式重构技术，REA 方法可以导出非线性双曲守恒律 (8.1) 的 LW 格式 (8.58)，其中近似 Riemann 解由 (8.68) 给出，$A_{j+1/2}^n$ 由 (8.69) 给出。若 $A_{j+1/2}^n$ 由 (8.70) 给出，相应的 LW 格式称为 Roe 型 LW 格式。具体推导过程，略。

8.4 稳定性和收敛性

对于非线性双曲守恒律，守恒型格式在某种程度上确保数值解收敛到弱解，给出相对理想的数值结果，但是高阶相容和数值振荡的矛盾依旧存在。

以 Burgers 方程为代表，观察迎风格式 (8.56) 和 LW 格式 (8.25) 的数值表现。由图 8.6 可知：

(1) LW 格式 (8.25) 具有二阶局部截断误差[1]，但是在间断界面附近出现数值振荡。即使网格不断加密，数值解的 (上下) 溢出现象也不会得到减弱。

(2) 迎风格式 (8.56) 具有一阶局部截断误差，但是在间断界面附近没有出现数值振荡。数值过渡区间包含多个计算单元，相应的数值间断界面略显平坦。

因此，要提高守恒型格式的计算效果，我们还需改善数值解在间断界面的光滑度和陡峭度。

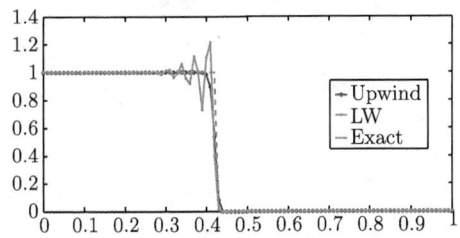

图 8.6 Burgers 方程的迎风格式和 LW 格式

---

[1] 指问题真解充分光滑的时候。

本节的首选目标是数值解在间断界面的光滑度，给出数值振荡的合理控制方法。时至今日，基于数值振荡的不同诠释，数值工作者建立了一些相对成功的理论框架。

8.4.1 单调保持格式

双曲守恒律具有单调保持性质：若初值是单增或单减函数，则任意时刻的熵解保持相同的单调性。理想的数值格式应当继承这个性质。

定义 8.4 只要数值初值是单调的，则任意时刻的数值解均具有相同的单调性。满足上述性质的格式称为单调保持 (monotonicity-preserving) 格式。

由定义可知，当数值初值和真实初值均单增 (或单减) 时，单调保持格式的数值解和双曲守恒律的真解保持相同的单调性，非单调保持格式必定出现错误的单调性刻画，形成数值振荡。因此说，避免数值振荡的前提是数值格式属于单调保持格式。

一个数值格式是否属于单调保持格式，通常是难以验证的。出于实际应用的目标，一些相对简单易行的理论框架被相继提出。

8.4.2 单调格式

相对于单调保持性质，双曲守恒律 (8.1) 的熵解还具有更强的比较性质：

$$v(x,0) \gtreqless u(x,0), \forall x \quad \Rightarrow \quad v(x,t) \gtreqless u(x,t), \forall x, \forall t > 0.$$

因此，数值格式也应继承这个性质，即数值解 u 和 v 满足

$$v_j^n \gtreqless u_j^n, \forall j \quad \Rightarrow \quad v_j^{n+1} \gtreqless u_j^{n+1}, \forall j. \tag{8.75}$$

对于线性差分格式，前面介绍的单调格式概念已经实现了这个目标。下面将其推广到非线性格式。

定义 8.5 设 l 和 r 是给定的左右臂长。称数值格式

$$u_j^{n+1} = H(u_{j-l}^n, u_{j-l+1}^n, \cdots, u_j^n, \cdots, u_{j+r-1}^n, u_{j+r}^n) \tag{8.76}$$

是**单调格式**，如果函数 H 关于每个变元都是非减的。

若 H 是可微的，则定义 (8.5) 可以简化。换言之，若 H 的一阶偏导数都是非负的，则数值格式 (8.76) 是单调格式。

论题 8.12 在相应的 CFL 条件下，Lax 格式 (8.24) 是单调格式。

答：将 Lax 格式写成 (8.76) 的形式，相应的函数是

$$H(a,b,c) = \frac{1}{2}\big[a + \nu f(a)\big] + \frac{1}{2}\big[c - \nu f(c)\big].$$

当 CFL 条件 $\nu \max_{\forall u} |f'(u)| \leqslant 1$ 成立时，H 的一阶偏导数

$$H'(a) = \frac{1}{2}[1 + \nu f'(a)], \quad H'(b) = 0, \quad H'(c) = \frac{1}{2}[1 - \nu f'(c)]$$

都是非负的。换言之，Lax 格式是单调格式。 □

单调保持格式可以不是单调格式，但是**单调格式必然是单调保持格式**。局限于线性格式的范畴，单调保持格式和单调格式是完全等价的两个概念。

8.4 稳定性和收敛性

⚓ 论题 8.13   LW 格式 (8.25) 不是单调格式。

答：对于线性问题，结论是显然的。对于非线性问题，论证过程是类似的。构造一个具体实例，或者参见图 8.6，可以说明 LW 格式 (8.25) 不具备单调保持性质。因此，它不是单调格式。 □

Harten、Hyman 和 Lax 已经证明[①]：**单调格式的数值解一致有界，必然收敛到双曲守恒律的熵解**。但是，Godunov 定理依旧成立：**单调格式至多具有一阶局部截断误差**。换言之，在相容阶方面，非线性单调格式同线性单调格式没有差别。类似地，非线性单调格式也会抹平数值间断界面，产生较宽的数值过渡区间。

⚓ 论题 8.14   在相应的 CFL 条件下，Roe 型迎风格式

$$u_j^{n+1} = u_j^n - \frac{\nu}{2}\left\{\left[1 - \mathrm{sgn}A_{j+\frac{1}{2}}^n\right]\Delta_{+x}f_j^n + \left[1 + \mathrm{sgn}A_{j-\frac{1}{2}}^n\right]\Delta_{-x}f_j^n\right\}$$

不是单调格式，其中 $A_{j+\frac{1}{2}}$ 是 Roe 平均值 (8.70)。

答：以 Burgers 方程的 Riemann 问题为例。若初值是 $u_- = -1$ 和 $u_+ = 1$，则相应的真解是稀疏波。定义空间网格 $\{x_j = j\Delta x\}_{\forall j}$ 和相应的数值初值

$$u_j^0 = 1, \quad j \geqslant 0; \quad u_j = -1, \quad j < 0.$$

简单计算可知，Roe 型迎风格式的数值解保持不变。换言之，数值解仅仅收敛到某个弱解而已，没有收敛到熵解。因此，利用前面的理论结果可知，守恒型 Roe 迎风格式不是单调格式。 □

8.4.3 TVD 格式

Godunov 定理表明：只有跳出单调格式的框架，才有可能构造出高阶的单调保持格式。换言之，微弱的数值振荡是可以接受的。当然，这种数值振荡最好是"本质可消失"，可以随着网格不断加密而减弱到零。

设 $v: \Re \to \Re$ 是 Lebesgue 可测函数，其振荡强度可以用连续 (型) 函数的全变差[②]

$$\mathrm{TV}(v) = \lim_{\varepsilon \to 0} \sup \frac{1}{\varepsilon} \int_{-\infty}^{\infty} |v(x) - v(x-\varepsilon)| \mathrm{d}x = \int_{-\infty}^{\infty} |v'(x)| \mathrm{d}x$$

来描述。类似地，网格函数 $w = \{w_j\}_{\forall j}$ 的振荡强度可以利用离散 (型) 函数的全变差

$$\mathrm{TV}(w) = \sum_j |w_{j+1} - w_j| \tag{8.77}$$

来描述。若将全变差视为一种度量[③]，则无法控制的数值振荡可以解读为全变差度量下的数值不稳定。

偏微分方程理论已经证明，双曲守恒律 (8.1) 的熵解满足**全变差不增**，即

$$\mathrm{TV}(u(x,t_2)) \leqslant \mathrm{TV}(u(x,t_1)), \quad t_2 > t_1.$$

[①] Harten A. Hyman J M, Lax P D, Keyfitz B. *On finite-difference approximations and entropy conditions for shocks*. Communications on Pure and Applied Mathematics, 1976, 29(3): 297~322.

[②] 这里的导数应当理解为分布导数，例如间断函数的导数是 δ 函数。

[③] 事实上，全变差是半模，因为常值函数的全变差均为零。

基于数值保持的目标, 一个重要的数值概念被提出。

⚓ **定义 8.6** 称数值格式是全变差不增的, 若它的数值解恒满足

$$\mathrm{TV}(u^{n+1}) \leqslant \mathrm{TV}(u^n), \quad \forall n.$$

最初的简称是 TVNI(total variation non-increasing) 格式, 现在多简称为 TVD(total variation diminishing) 格式。

Harten 引理[①] 具有重要的理论价值。时至今日, 它依旧是判定 TVD 格式的基本分析工具。

引理 8.1(Harten 引理) 设数值格式具有增量形式[②]

$$u_j^{n+1} = u_j^n - C_{j-\frac{1}{2}}\left[u_j^n - u_{j-1}^n\right] + D_{j+\frac{1}{2}}\left[u_{j+1}^n - u_j^n\right], \tag{8.78}$$

且处处成立

$$C_{j+\frac{1}{2}} \geqslant 0, \quad D_{j+\frac{1}{2}} \geqslant 0, \quad C_{j+\frac{1}{2}} + D_{j+\frac{1}{2}} \leqslant 1, \tag{8.79}$$

则它是 TVD 的。

证明 证明是简单的。利用三角不等式和 (8.79) 可知

$$\begin{aligned}
\mathrm{TV}(u^{n+1}) \leqslant & \sum_j \left[1 - C_{j+\frac{1}{2}} - D_{j+\frac{1}{2}}\right]|u_{j+1}^n - u_j^n| \\
& + \sum_j C_{j-\frac{1}{2}}|u_j^n - u_{j-1}^n| + \sum_j D_{j+\frac{3}{2}}|u_{j+2}^n - u_{j+1}^n|.
\end{aligned}$$

平移最后两项的求和指标, 即证 $\mathrm{TV}(u^{n+1}) \leqslant \mathrm{TV}(u^n)$。因此, 数值格式是 TVD 的。 □

目前已知的 TVD 格式均可用 Harten 引理来证明, 理论分析的关键步骤是将数值格式改写为一个合适的增量形式。

⚓ **论题 8.15** 在相应的 CFL 条件下, Roe 型迎风格式 (论题 8.14) 是 TVD 的。

答: 将 Roe 型迎风格式改写增量形式 (8.78), 其中

$$C_{j+\frac{1}{2}} = \frac{\nu}{2}\left[1 + \mathrm{sgn} A_{j+\frac{1}{2}}^n\right]\frac{\Delta_{+x} f_j^n}{\Delta_{+x} u_j^n},$$

$$D_{j+\frac{1}{2}} = -\frac{\nu}{2}\left[1 - \mathrm{sgn} A_{j+\frac{1}{2}}^n\right]\frac{\Delta_{+x} f_j^n}{\Delta_{+x} u_j^n}.$$

注意到 Roe 平均值的定义 (8.71), 可知 $C_{j+\frac{1}{2}}$ 和 $D_{j+\frac{1}{2}}$ 都是非负的。当 CFL 条件 $\nu \max_{\forall u} |f'(u)| \leqslant 1$ 成立时, 有

$$C_{j+\frac{1}{2}} + D_{j+\frac{1}{2}} = \nu \mathrm{sgn} A_{j+\frac{1}{2}}^n \frac{\Delta_{+x} f_j^n}{\Delta_{+x} u_j^n} = \nu|A_{j+\frac{1}{2}}^n| \leqslant 1.$$

利用 Harten 引理可知, Roe 型迎风格式是 TVD 的。 □

[①] Harten A. *On a class of high resolution total-variation-stable finite-difference schemes, with an appendix by Peter D. Lax*. Siam Journal on Numerical Analysis, 1984, 21(1): 1~23.

[②] 增量系数 C 和 D 也可以依赖数值解。

8.5 TVD 修正技术 ‡

下面，我们不加证明地陈述一些重要结论：**单调格式是 TVD 格式，且 TVD 格式是单调保持格式**。但是，逆命题是不成立的。例如，Roe 型迎风格式只是 TVD 格式，不是单调格式。**局限于线性差分格式的范畴，单调格式、TVD 格式和单调保持格式是彼此等价的**。利用 Godunov 定理可知，线性的 TVD 格式至多具有一阶局部截断误差。换言之，高阶 TVD 格式必须是非线性的，即使离散对象是线性双曲守恒律。

论题 8.16 Roe 型 LW 格式既不是 TVD 格式，也不是单调格式。

答：既然它不是单调保持格式，结论是显然的。 □

由论题 8.14 和 8.15 可知，Roe 型迎风格式是守恒型 TVD 格式，不是单调格式。虽然它可以避免剧烈的数值振荡，但数值解却有可能收敛到非熵解的某个弱解。究其原因是，计算过程中遇到的间断结构均被武断地归结为激波，完全忽略了稀疏波的存在性。要想走出上述困境，数值计算需要有效区别激波和稀疏波两种结构。换言之，在局部 Riemann 解的近似过程，或者数值通量的定义中，引进"熵修正"技术是非常必要的。典型工作是带有熵修正的 Roe 型数值通量或 Engquist-Osher 数值通量[①]

$$\hat{f}_{j+\frac{1}{2}}^n = \frac{1}{2}\left[1 + \operatorname{sgn} f'(u_j^n)\right]f(u_j^n) + \frac{1}{2}\left[1 - \operatorname{sgn} f'(u_{j+1}^n)\right]f(u_{j+1}^n)$$
$$+ \frac{1}{2}\left[\operatorname{sgn} f'(u_{j+1}^n) - \operatorname{sgn} f'(u_j^n)\right]f(u_s), \qquad (8.80)$$

其中 u_s 满足 $f'(u_s) = 0$，称为声波点。若 $f(u)$ 是可微的凸函数，可证：在相应的 CFL 条件下，带有熵修正的 Roe 型迎风格式是 TVD 格式。事实上，它是单调格式，保证数值解收敛到熵解。

注释 8.8 在数值通量进行恰当的熵修正之后，大多数的守恒型 TVD 格式都可以给出较为理想的数值结果，相应的数值解收敛到问题的熵解。虽然大量的数值实验支持这个结论，但是严格的理论证明还是一个具有挑战性的公开问题。

8.5 TVD 修正技术 ‡

高阶 TVD 格式是一种高精度高分辨率格式。基本设计思路是 TVD 修正技术，即引入恰当的非线性限制器技术，将高阶 (但振荡) 格式和低阶 (但单调) 格式动态地结合起来。本节简要介绍两种实现策略，其一是数值通量修正技术，其二是数值斜率修正技术。

8.5.1 数值通量修正技术

原始思想可以追溯到**人工黏性法**或者**人工跳转方法**：若数值解被判断为"局部间断"的，则局部增加数值黏性，压制可能产生的数值振荡。通常，低阶 (但单调) 格式具有较强的数值黏性，高阶 (非单调) 格式具有较弱的数值黏性。对于守恒型格式，数值黏性的差异通过数值通量来体现。因此，上述操作等价于高阶格式和低阶格式的自动跳转，或者高阶数值通量和低阶数值通量的自动跳转。

[①] Engquist B, Osher O. *One-sided difference approximations for nonlinear conservation laws.* Mathematics of Computation, 1981, 36(154): 321~352.

实现过程简要描述如下。已知双曲守恒律 (8.1) 的高阶格式和低阶格式，分别记为

$$u_j^{n+1} = u_j^n - \nu\left[(\hat{f}_{\mathcal{H}})_{j+\frac{1}{2}}^n - (\hat{f}_{\mathcal{H}})_{j-\frac{1}{2}}^n\right], \tag{8.81a}$$

$$u_j^{n+1} = u_j^n - \nu\left[(\hat{f}_{\mathcal{L}})_{j+\frac{1}{2}}^n - (\hat{f}_{\mathcal{L}})_{j-\frac{1}{2}}^n\right], \tag{8.81b}$$

其中 $\hat{f}_{\mathcal{H}}$ 称为高阶数值通量，$\hat{f}_{\mathcal{L}}$ 称为低阶数值通量。它们可以是守恒型差分格式，也可以是守恒型体积格式。基于数值通量修正技术，定义新的守恒型格式

$$u_j^{n+1} = u_j^n - \frac{\Delta t}{\Delta x}\left[(\hat{f}_{\mathcal{M}})_{j+\frac{1}{2}}^n - (\hat{f}_{\mathcal{M}})_{j-\frac{1}{2}}^n\right], \tag{8.82a}$$

相应的数值通量是

$$(\hat{f}_{\mathcal{M}})_{j+\frac{1}{2}}^n = \theta_{j+\frac{1}{2}}^n (\hat{f}_{\mathcal{H}})_{j+\frac{1}{2}}^n + (1 - \theta_{j+\frac{1}{2}}^n)(\hat{f}_{\mathcal{L}})_{j+\frac{1}{2}}^n. \tag{8.82b}$$

这里，$\theta_{j+\frac{1}{2}}^n$ 称为**开关函数或者通量限制器**，用于实现高阶数值通量和低阶数值通量之间的自动跳转。具体来说，数值格式要实现下述功能：

(1) 若数值解被判断为局部"光滑"的，则开关函数趋向一，相应格式趋于高阶格式；

(2) 若数值解被判断为局部"间断"的，则开关函数趋向零，相应格式趋于低阶格式。

由 Godunov 定理可知，若要 (8.82) 是高阶 TVD 格式，相应的通量限制器必定是非线性的。常见的定义方式是[①]

$$\theta_{j+\frac{1}{2}}^n \equiv \max(0, \min(1, s_{j+\frac{1}{2}}^n)), \tag{8.83a}$$

$$s_{j+\frac{1}{2}}^n = \begin{cases} (u_j^n - u_{j-1}^n)/(u_{j+1}^n - u_j^n), & \text{当 } A_{j+\frac{1}{2}}^n > 0; \\ (u_{j+2}^n - u_{j+1}^n)/(u_{j+1}^n - u_j^n), & \text{当 } A_{j+\frac{1}{2}}^n \leqslant 0. \end{cases} \tag{8.83b}$$

其中 $A_{j+\frac{1}{2}}^n$ 是位于界面位置的 Roe 平均值。若高阶格式是 Roe 型 LW 格式，低阶格式是 Roe 型迎风格式，则守恒型差分格式 (8.82) 是 (形式上) 二阶 TVD 格式。证明过程是 Harten 引理的直接应用；因篇幅有限，详略。

8.5.2 数值斜率修正技术

数值斜率修正技术主要用于有限体积格式，相应的开创性工作是 MUSCL (Monotone upwind scheme for conservation law) 格式[②]。它基于 LW 格式的 REA 过程，其主要贡献是分片线性函数

$$u_j^n = \bar{u}_j^n + \sigma_j^n \frac{x - x_j}{\Delta x}, \quad x \in I_j \tag{8.84}$$

的广义斜率重构过程具有动态调整的功能。

为简单起见，以线性双曲守恒律 (8.1) 为例，即 $f(u) = au$，其中 a 是给定的正常数。在 LW 格式中，广义斜率的基础定义是 $\sigma_j^n = \bar{u}_{j+1}^n - \bar{u}_j^n$。它主要有两个作用：其一是提高相容

[①] Harten A, Zwas G. *Self-adjusting hybrid schemes for shock computations*. Journal of Computational Physics, 1972, 9(3): 568~583.

[②] van Leer B. *Towards the ultimate conservative difference scheme V. a second order sequel to Godunov's method*. Journal of Computational Physics, 1997, 32(1): 101~136.

8.5 TVD 修正技术 ‡

阶，其二是导致数值振荡。若数值解已经被判定为"局部间断"，则我们应当削减目标单元的广义斜率，降低局部区域的数值振荡强度。比如，借用 minmod 限制器

$$\mathrm{minmod}(a_1, a_2, a_3) = \begin{cases} s\min\{|a_1|, |a_2|, |a_3|\}, & s = \mathrm{sgn}(a_1) = \mathrm{sgn}(a_2) = \mathrm{sgn}(a_3), \\ 0, & \text{其他}, \end{cases}$$

将 (8.84) 的广义斜率定义为

$$\sigma_j^n = \mathrm{minmod}\left(\bar{u}_{j+1}^n - \bar{u}_j^n, \bar{u}_j^n - \bar{u}_{j-1}^n, \frac{1}{2}(\bar{u}_{j+1}^n - \bar{u}_{j-1}^n)\right), \tag{8.85}$$

利用 Harten 引理，可以证明：在相应的 CFL 条件下，MUSCL 格式是 TVD 的；详略。

下面阐述斜率限制器 (8.85) 的工作机制。若它的返回值等于第一个参数，则 MUSCL 格式退化为 LW 格式，具有二阶局部截断误差。否则，将有以下两种情况发生：

(1) 当三个参数的符号不同时，相邻三个单元的均值有增有减。此时，minmod 函数认为局部区域的真解含有间断界面，将导致数值振荡现象。为避免数值振荡，minmod 函数将目标单元的广义斜率直接清零，相应的 MUSCL 格式局部退化为单调的迎风格式。

(2) 当三个参数符号相同时，相邻三个单元的均值是局部单调的。此时，minmod 函数判定局部区域的真解是光滑和单调的。若目标单元的数值解在重构之后，相应的高次多项式 (实斜线) 超出两侧单元的均值，则 minmod 函数会认为局部区域产生了较弱的数值振荡；参见图 8.7。此时，它自动调整目标单元的广义斜率，使得校正解 (虚斜线) 整体落在两侧单元均值之间，从而改善了局部区域的数值振荡强度。

换言之，斜率限制器 (8.85) 能够动态地压制目标单元的广义斜率，使得相应的 MUSCL 格式呈现出相对理想的数值效果。

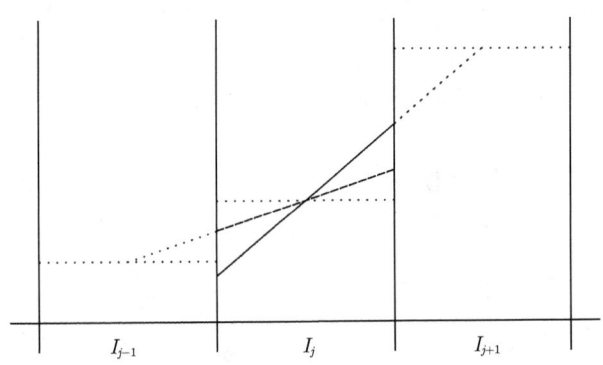

图 8.7 斜率限制器：实线是修正前，虚线是修正后

数值经验表明：对于一维双曲守恒律而言，基于 TVD 修正技术的高分辨率格式是较为成功的。但是，不足之处依旧然存在，例如：

(1) 非线性限制器还需完善。例如，基于 minmod 函数的斜率限制器，常常将具有极值点的光滑解误判为间断解。由于三个参数异号，minmod 函数的返回值是零，MUSCL 格式退化为单调格式，局部截断误差变为一阶，TVD 格式的高阶相容性遭到了破坏。目前，一些新型的非线性限制器被不断提出，努力减少或者避免"误判和漏判"现象。

(2) 理论证明, 一维 TVD 格式至多具有二阶局部截断误差; 但是, 二维 TVD 格式至多具有一阶局部截断误差, 无法实现高精度和高分辨率。为解决上述困难, 数值工作者跳出 TVD 格式的框架, 相继提出全变差有界 (TVB) 格式、本质不振荡 (ENO) 格式和加权本质不振荡 (WENO) 格式等新型算法, 并取得良好的数值效果和实际应用。

作为本章的结束语, 非线性双曲守恒律的数值研究极具挑战性。直到现在, 很多的关键问题还没有得到完美解决, 相关研究仍属于热点课题之一。因篇幅限制, 本章不再展开。有兴趣的读者可查阅相关文献和书籍, 追踪双曲守恒律数值方法的最新进展。

习 题

8.1 设双曲守恒律 (8.1) 的初值为 (8.11), 其中 $f(u)$ 是凸函数。请给出相应情形的熵解表达式。

8.2 基于双曲守恒律的非守恒形式 (8.2), 给出相应的 Lax 格式, 并指出它的稳定性条件。

8.3 给出 Lax 格式 (8.24) 的 CFL 条件, 并证明 CFL 条件也是 Lax 格式具有最大模稳定性的充分条件。

8.4 设双曲守恒律方程组中的通量函数是 $f(u) = \mathbb{A}u$, 其中 $\mathbb{A}$ 为给定的常数矩阵。证明: 此时的 MacCormack 与 Richtymer 格式均等价于一步 LW 格式。

8.5 若数值通量函数按 (8.51) 定义, 请问对应的有限体积格式是什么? 它具有应用价值吗?

8.6 利用积分插值方法, 构造 $u_t + au_x = 0$ 的 Lax 格式, 其中 a 是给定的常数。

8.7 基于 (8.73) 的不同定义, 利用 REA 方法, 构造出相应的数值格式。

8.8 以 Burgers 方程为例, 请给出相应的数值反例, 表明 LW 格式 (8.25) 不是单调保持格式。

8.9 证明: 对于线性常系数差分格式 (6.9), 单调格式同单调保持格式两个概念是等价的。

8.10 证明: 在相应的 CFL 条件下, Lax 格式是 TVD 格式。

8.11 在 1981 年, Engquist 和 Osher 构造了如下的格式:
$$u_j^{n+1} = u_j^n - \nu \left\{ \left[f_-(u_{j+1}^n) - f_-(u_j^n) \right] + \left[f_+(u_j^n) - f_+(u_{j-1}^n) \right] \right\},$$
其中通量函数被分裂为 $f(u) = f_+(u) + f_-(u)$, 相应的
$$f_+(u) = \int_0^u \max(0, f'(s)) \mathrm{d}s, \quad f_-(u) = \int_0^u \min(0, f'(s)) \mathrm{d}s.$$
请证明: 在相应的 CFL 条件下, 它是守恒型 TVD 格式。

8.12 证明: 若 $f(u)$ 是凸的可微函数。证明: 在相应的 CFL 条件下, 熵修正的 Roe 型迎风格式是 TVD 格式。

8.13 证明: 以 $f(u) = au$ 为例, 其中 a 是给定常数, 基于限制器 (8.83) 的守恒型差分格式 (8.82) 是 TVD 格式。若 $f(u)$ 是非线性函数, 该结论能够理论证明吗?

第 9 章
发展型方程差分方法综述

作为发展型方程差分方法的终结篇，本章重点关注两个主题。在第一节，我们关注对流占优扩散方程的数值格式，重点介绍强稳定性概念及其带来的数值挑战性；在第二节和第三节，我们系统地回顾两种稳定性分析技术，即修正方程方法和能量方法。

9.1 对流扩散方程

在多数情况下，对流现象和扩散现象是同时存在的。以一维问题为例，典型的数学描述是对流扩散方程

$$u_t + cu_x = au_{xx}, \tag{9.1}$$

其中 c 是流动速度，$a \geqslant 0$ 是扩散速度。为简单起见，设 c 和 a 是给定的常数。当 $c=0$ 时，它是纯扩散方程；当 $a=0$ 时，它是纯对流方程。当 a 和 c 同时非零的时候，简单的数值离散技术可能会遇到困难。对于非恒定的 a 和 c，相应的数值困难和解决方法是类似的。

9.1.1 中心差商显格式

设 $\mathcal{T}_{\Delta x, \Delta t}$ 是等距时空网格[①]，其中 Δx 和 Δt 分别是空间步长和时间步长。对于 (9.1)，最自然的设计思路是借鉴前面的数值经验，将已知的导数离散技术结合起来。比如，用中心差商离散两个空间导数，用向前差商离散时间导数，可得中心差商显格式

$$\frac{u_j^{n+1} - u_j^n}{\Delta t} + \frac{c(u_{j+1}^n - u_{j-1}^n)}{2\Delta x} = \frac{a\delta_x^2 u_j^n}{(\Delta x)^2}. \tag{9.2}$$

显然，它无条件具有 $(2,1)$ 阶局部截断误差。

论题 9.1 讨论中心差商显格式 (9.2) 的 L^2 模稳定性。

答：设 k 是任意的波数。将模态解 $u_j^n = \lambda^n \mathrm{e}^{\mathrm{i}kj\Delta x}$ 代入到 (9.2)，其中 $\lambda = \lambda(k)$ 是增长因子。简单计算，可得

$$\lambda(k) = 1 - \mathrm{i}\nu c \sin(k\Delta x) - 4\mu a \sin^2\left(\frac{1}{2}k\Delta x\right), \tag{9.3}$$

其中 $\nu = \Delta t / \Delta x$ 称为对流网比，$\mu = \Delta t / (\Delta x)^2$ 称为扩散网比。分离实部和虚部，有

$$|\lambda(k)|^2 = (1 - 4\mu as)^2 + 4\nu^2 c^2 s(1-s), \tag{9.4}$$

其中 $s = \sin^2(k\Delta x/2) \in [0,1]$。取 $s=1$，由 $|\lambda(k)| \leqslant 1$ 可知

$$\mu a \leqslant 1/2. \tag{9.5}$$

注意到 $4s(1-s) \leqslant 1$ 和 $\nu^2 = \mu \Delta t$，由 (9.4) 和 (9.5) 可知 von Neumann 条件成立，即

$$|\lambda(k)| \leqslant \left[1 + \frac{1}{2}\frac{c^2}{a}\Delta t\right]^{1/2} \leqslant 1 + \frac{1}{4}\frac{c^2}{a}\Delta t, \quad \forall k. \tag{9.6}$$

[①] 事实上，采用同方程系数相匹配的非等距网格，数值结果将会更加完美。

因此，中心差商显格式 (9.2) 具有 L^2 模稳定性，即

$$\|u^n\|_2 \leqslant \left[1 + \frac{1}{4}\frac{c^2}{a}\Delta t\right]^n \|u^0\|_2 \leqslant \mathrm{e}^{\frac{1}{4}\frac{c^2 T}{a}} \|u^0\|_2, \quad \forall n: n\Delta t \leqslant T, \tag{9.7}$$

其中 T 是给定的终止时刻。 □

注意到 Fourier 方法的理论基础，估计 (9.6) 是可以等号成立的，相应的稳定性表现 (9.7) 是不可改进的。当对流占优 ($a \ll |c|$) 的时候，右端的界定常数变得非常巨大。换言之，任意微小的扰动可能放大到无法忍受的程度，计算结果完全失去参考价值。因此说，(9.7) 给出的理论结果缺乏指导价值，因为差分格式的稳定性表现已经严重偏离微分方程的适定性表现。我们需要重新审视稳定性概念，给出更加合理的符合实际需求的定义方式。

定义 9.1 若数值解的稳定性表现同真解的适定性表现保持一致，则称相应的数值格式具有**强稳定性**。

事实上，对于线性常系数纯扩散 (或纯对流) 问题的差分格式，前面章节采用的稳定性概念就是强稳定性概念。

论题 9.2 确定中心差商显格式 (9.2) 的 L^2 模强稳定性条件。

答：由于对流扩散方程 (9.1) 的 L^2 模不增，数值格式具有 L^2 模强稳定的充要条件是 $|\lambda(k)| \leqslant 1$ 恒成立，即

$$0 \leqslant (1 - 4\mu a s)^2 + 4\nu^2 c^2 s(1-s) \leqslant 1, \quad \forall s \in [0,1].$$

简单推导可知，它等价于

$$(\nu c)^2 \leqslant 2\mu a \leqslant 1. \tag{9.8}$$

同 (9.5) 相比，它有一个额外的时空约束条件 $\Delta t \leqslant 2a/c^2$。换言之，当 $a \ll |c|$ 时，时间推进的速度将慢得无法接受。 □

利用离散最大模原理可知，中心差商显格式 (9.2) 具有最大模强稳定性的充要条件是

$$\nu|c| \leqslant 2\mu a \leqslant 1. \tag{9.9}$$

它也蕴含一个苛刻的时空约束条件 $\Delta x \leqslant 2a/|c|$。当 $a \ll |c|$ 时，空间网格必须足够密集。否则，数值解可能产生剧烈的数值振荡，出现明显的 (上下) 溢出现象；参见图 9.1。

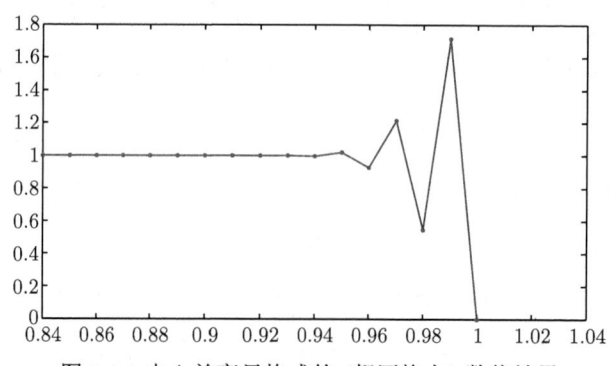

图 9.1 中心差商显格式的 (粗网格上) 数值效果

注释 9.1 对流占优扩散问题的数值困难不仅源于强稳定性概念带来的苛刻时空约束条件，还源于真解通常呈现恶劣光滑性表现。例如，它常常具有"固定边界层"或者"移动内层"等突变结构，局部截断误差的表现相当糟糕。相关问题的数值研究主要包括两个方向，其一是设计更理想的格式，其二是构造更合适的网格。详略。

9.1.2 常用的解决方法

为行文简便，假设 $c > 0$。当 $a \ll c$ 时，对流扩散方程 (9.1) 的数值模拟变得极富挑战性。一个理想的数值格式应当具有宽松的强稳定性条件，可以使用粗糙的时空网格给出相对准确的计算结果。

1. 数值黏性修正方法

最直接的处理方法是借用双曲型方程的离散技术，在离散过程中引入适当的数值黏性。此时，强稳定性和高精度之间的平衡，将成为数值研究的关键。

(1) 直接采用一阶导数的偏心迎风离散机制，定义

$$\frac{u_j^{n+1} - u_j^n}{\Delta t} + \frac{c(u_j^n - u_{j-1}^n)}{\Delta x} = a\frac{\delta_x^2 u_j^n}{(\Delta x)^2}. \tag{9.10}$$

显然，它无条件具有 $(1,1)$ 阶局部截断误差。

论题 9.3 (9.10) 具有 L^2 模强稳定性的充要条件是

$$2\mu a + \nu c \leqslant 1. \tag{9.11}$$

答：数值格式 (9.10) 的等价形式是

$$\frac{u_j^{n+1} - u_j^n}{\Delta t} + \frac{c(u_{j+1}^n - u_{j-1}^n)}{2\Delta x} = \left[a + \frac{c\Delta x}{2}\right]\frac{\delta_x^2 u_j^n}{(\Delta x)^2}.$$

利用中心差商显格式 (9.2) 的 L^2 模强稳定性条件 (9.8)，可知

$$(\nu c)^2 \leqslant 2\mu\left[a + \frac{c}{2}\Delta x\right] \leqslant 1.$$

左侧是自动成立的，右侧的不等式就是 (9.11)。 □

同中心差商显格式相比，(9.10) 的时空约束条件变得相当宽松，不用担心 a/c 是否过小。

(2) 双曲型方程 LW 格式的离散方式，也是可以借用的。换言之，首先忽略微分方程的扩散部分，建立双曲部分的 LW 格式；然后填补刚刚忽略的扩散部分，建立相应的二阶中心差商离散。最终，我们可以建立 (9.1) 的**修正中心差商显格式**

$$\frac{u_j^{n+1} - u_j^n}{\Delta t} + \frac{c(u_{j+1}^n - u_{j-1}^n)}{2\Delta x} = \left[a + \frac{c^2 \Delta t}{2}\right]\frac{\delta_x^2 u_j^n}{(\Delta x)^2}. \tag{9.12}$$

显而易见，它具有 $(2,1)$ 阶局部截断误差。

⚓ **论题 9.4** (9.12) 具有 L^2 模强稳定性的充要条件是

$$2\mu a + (\nu c)^2 \leqslant 1. \tag{9.13}$$

答：借用中心差商显格式 (9.2) 的强稳定性结论 (9.8)，可以直接得到修正中心差商显格式 (9.12) 的 L^2 模强稳定性条件

$$(\nu c)^2 \leqslant 2\mu\left(a + \frac{c^2 \Delta t}{2}\right) \leqslant 1.$$

注意到 $\mu \Delta t = \nu^2$，本论题的结论是显然的。 □

(3) 利用一种相当精细的设计策略，我们可以构造出 (9.1) 的指数型格式

$$\frac{u_j^{n+1} - u_j^n}{\Delta t} + \frac{c(u_{j+1}^n - u_{j-1}^n)}{2\Delta x} = a\sigma \frac{\delta_x^2 u_j^n}{(\Delta x)^2}, \tag{9.14a}$$

其中拟合因子

$$\sigma = \frac{c\Delta x}{2a} \coth\left(\frac{c\Delta x}{2a}\right) = R \coth R \tag{9.14b}$$

可以提供额外的数值黏性，

$$R = \frac{c\Delta x}{2a} \tag{9.14c}$$

称为网格 Péclect 数。可以证明，指数型格式具有 $(2,1)$ 阶局部截断误差，相应的 L^2 模强稳定条件是宽松的

$$\sigma\mu a \leqslant \frac{1}{2}. \tag{9.15}$$

事实上，指数型差分格式还具有很多优点，例如收敛性结论关于扩散系数 a 是一致的，即误差估计的界定常数同 a^{-1} 无关。

⚒ **注释 9.2** 指数型格式的设计思想具有极高的理论价值。事实上，它源于稳态方程

$$d + cu_x = au_{xx}$$

的指数型格式，其中 d 是任意给定的常数。我们希望差分方程

$$\alpha u_{j-1} + \beta u_j + \gamma u_{j+1} = d, \quad \forall j,$$

在所有网格点上的数值误差都等于零，其中 α, β 和 γ 是同 d 无关的待定系数。精确写出微分方程和差分方程通解结构，即可计算出待定的三个差分系数。略去具体的推导过程，相应的指数型格式是

$$d + \frac{c(u_{j+1} - u_{j-1})}{2\Delta x} = a\sigma \frac{\delta_x^2 u_j}{(\Delta x)^2},$$

其中 σ 就是 (9.14b) 定义的拟合因子。最后，将其推广到发展型方程。令 $d = u_t$，利用向前 Euler 差商进行离散，即可得到对流扩散方程 (9.1) 的指数型格式 (9.14)。

(4) 将一阶导数的中心差商离散改写为向前 (迎风) 差商离散，指数型格式 (9.14) 可以等价变形为

$$\frac{u_j^{n+1} - u_j^n}{\Delta t} + \frac{c(u_j^n - u_{j-1}^n)}{\Delta x} = a\frac{2R}{e^{2R} - 1}\frac{\delta_x^2 u_j^n}{(\Delta x)^2}.$$

9.1 对流扩散方程

截取指数函数的 Taylor 展开前三项, 即

$$e^{2R} \approx 1 + 2R + 2R^2,$$

则指数型格式 (9.14) 简化为 Samapckii 格式

$$\frac{u_j^{n+1} - u_j^n}{\Delta t} + \frac{c(u_j^n - u_{j-1}^n)}{\Delta x} = \frac{a}{1+R}\frac{\delta_x^2 u_j^n}{(\Delta x)^2}. \tag{9.16}$$

可以证明, 其相容阶保持不变。同指数型格式相比, Samapckii 格式成功回避了指数函数的计算代价。首先, 当 $a \ll c$ 时, e^{2R} 的计算无须特殊的程序处理; 其次, 对于线性变系数或者非线性问题, 大量的指数函数运算时间得以节省。

注释 9.3 若截取指数的 Taylor 级数前两项, 则指数型格式 (9.14) 可以简化为迎风格式 (9.10)。

2. 隐式格式

隐式时间离散也是一种有效的解决方案, 例如中心全隐格式

$$\frac{u_j^{n+1} - u_j^n}{\Delta t} + \frac{c(u_{j+1}^{n+1} - u_{j-1}^{n+1})}{2\Delta x} = \frac{a\delta_x^2 u_j^{n+1}}{(\Delta x)^2}. \tag{9.17}$$

利用 Fourier 方法可证, 它无条件具有 L^2 模强稳定性。当然, 若空间离散结合前面的数值黏性修正方法, 数值格式可以获得更好的数值效果。

在此强调: 具有 L^2 模强稳定性的数值格式依旧可能产生数值振荡, 除非离散最大模原理得到满足。在粗糙网格上实现离散最大模原理, 也是对流占优扩散问题的数值研究热点。因篇幅有限, 详略。

3. 算子分裂方法

算子分裂方法也可以解决对流占优带来的数值困难, 其实现过程类似于二维热传导方程的 LOD 方法。

具体实现过程如下。先用 LW 格式离散时间区间 $[t^n, t^{n+\frac{1}{2}}]$ 的纯对流问题

$$\frac{1}{2}u_t + cu_x = 0,$$

再用全显格式离散时间区间 $[t^{n+\frac{1}{2}}, t^{n+1}]$ 的纯扩散问题

$$\frac{1}{2}u_t = u_{xx},$$

其中 $t^{n+\frac{1}{2}} = (t^n + t^{n+1})/2$。因此, 对流扩散方程 (9.1) 的算子分裂格式 可以相应地定义为

$$u_j^{n+\frac{1}{2}} = u_j^n - \frac{1}{2}\nu c\left[u_{j+1}^n - u_{j-1}^n\right] + \frac{1}{2}(\nu c)^2 \delta_x^2 u_j^n, \tag{9.18a}$$

$$u_j^{n+1} = u_j^{n+\frac{1}{2}} + \mu a \delta_x^2 u_j^{n+\frac{1}{2}}. \tag{9.18b}$$

由于两个计算步都具有完美的稳定性结论, 于是整个格式也自然地具有宽松的 L^2 模强稳定性条件, 即

$$\max(\nu|c|, 2\mu a) \leqslant 1. \tag{9.19}$$

当 $a \approx |c|\Delta x$ 时, 时间步长 Δt 和空间步长 Δx 是同阶的。

4. 特征差分方法

当 $a=0$ 时，对流扩散方程 (9.1) 退化到纯双曲型方程 $u_t+cu_x=0$，相应的特征线是斜率为 c 的直线段。沿着特征线的方向，引进**时间全导数**

$$\bar{D}_t u = \frac{1}{\sqrt{1+c^2}} u_t + \frac{c}{\sqrt{1+c^2}} u_x, \tag{9.20}$$

将直坐标系下的对流扩散方程 (9.1) 转化为斜坐标系下的纯扩散问题

$$\sqrt{1+c^2}\, \bar{D}_t u = a u_{xx}. \tag{9.21}$$

它表面上躲开了一阶空间导数的离散问题，也是特征差分方法[①]的构造起点。

下面以网格点 (x_j, t^{n+1}) 为焦点，离散 (9.21) 中的两个导数。利用向后差商离散时间全导数，可得

$$[\bar{D}_t u]_j^{n+1} = \frac{[u]_j^{n+1} - [\tilde{u}]_j^n}{\sqrt{1+c^2}\,\Delta t} + \mathcal{O}(\Delta t), \tag{9.22a}$$

其中 $[\tilde{u}]_j^n \equiv u(\tilde{x}_j, t^n)$ 且 $\tilde{x}_j = x_j - c\Delta t$ 是焦点的回溯位置。设 $\tilde{x}_j$ 落在网格点 $x_{j,L} = x_j - \kappa\Delta x$ 和 $x_{j,R} = x_{j,L} + \Delta x$ 之间，其中 κ 是事先给定的正整数。利用线性插值理论，可知

$$[\tilde{u}]_j^n = \left[1 - \frac{\tilde{x}_j - x_{j,L}}{\Delta x}\right] [u]_{j,L}^n + \frac{\tilde{x}_j - x_{j,L}}{\Delta x} [u]_{j,R}^n + \mathcal{O}((\Delta x)^2). \tag{9.22b}$$

依旧采用二阶中心差商离散空间导数，有

$$[u_{xx}]_j^{n+1} = \frac{\delta_x^2 [u]_j^{n+1}}{(\Delta x)^2} + \mathcal{O}((\Delta x)^2). \tag{9.23}$$

综上所述，略去无穷小量，用数值解替换真解，可得对流扩散方程 (9.1) 的特征差分格式

$$u_j^{n+1} = \tilde{u}_j^n + \mu a \delta_x^2 u_j^{n+1}, \tag{9.24a}$$

其中

$$\begin{aligned}\tilde{u}_j^n &= \left[1 - \frac{x_j - c\Delta t - x_{j,L}}{\Delta x}\right] u_{j,L}^n + \frac{x_j - c\Delta t - x_{j,L}}{\Delta x} u_{j,R}^n \\ &= u_{j-\kappa}^n + (\kappa - \nu c) \Delta_{+,x} u_{j-\kappa}^n.\end{aligned} \tag{9.24b}$$

理论分析表明，特征差分格式 (9.24) 无条件具有 L^2 模稳定性，数值误差达到整体一阶，且界定常数同真解沿特征线方向的变化率相关。详略。

当微分方程 (9.1) 是对流占优的时候，真解沿特征线方向的变化极其缓慢。因此，特征差分格式 (9.24) 可以使用大的时间步长，获得同样的数值误差。

[①] Douglas J J, Russell T F. *Numerical methods for convection-dominated diffusion problems based on combining the method of characteristics with finite element or finite difference procedures.* Siam Journal on Numerical Analysis, 1982, 19(5): 871~885.

9.2 修正方程方法 ‡

修正方程方法直接借用已有的偏微分方程理论结果, 启发式地判断数值格式的稳定性表现。其原始思想源于 Yanenko 和 Shokin (1969) 的微分逼近方法, 现在的名称是由 Warming 和 Hyett[①] 给出的。由于简单易行, 它具有广泛的应用范围。

操作过程主要包括两步。**第一步至关重要, 由差分方程出发, 导出一个含有网格参数的修正方程**。同原有的离散对象相比, 差分方程更加相容于修正方程。粗略地讲, 修正方程包含了局部截断误差的主项, 它的推导过程可以理解为局部截断误差的反向推导过程。具体陈述如下:

(1) 假设网格函数 $\{u_j^n\}_{\forall j}^{\forall n}$ 由光滑函数 $w(x,t)$ 限制而成。逐点进行 Taylor 级数展开, 由差分方程导出一个微分恒等式。通常, 它是无穷级数, 同时含有 w 及其导数。

(2) 反复借用微分恒等式, 依次将不同阶数的时间导数转化为各阶空间导数组成的无穷级数。经过适当的截断和化简, 最终得到的偏微分方程

$$w_t = \mathcal{L}w \equiv \sum_{\ell=0}^{m} \alpha_\ell D_x^\ell w \tag{9.25}$$

就是修正方程, 其中 m 是取定的正整数, 系数 $\{\alpha_\ell\}_{\ell=0}^{m}$ 可能同网格参数相关。

第二步是启发性的诊断过程, 利用修正方程的性质解释差分方程的数值表现。具体而言, 是

(1) 若修正方程是不适定的, 则数值格式必然是不稳定的; 若修正方程是适定的, 则数值格式可以断言是稳定的。前面的断言足够可信, 后面的断言较为含混。

(2) 若修正方程具有耗散或色散效应, 则数值格式具有相近的数值耗散和数值色散效应。请注意, 类似的思想在 §6.1.3 中曾经出现过。

⚓ **注释 9.4** 对于线性常系数偏微分方程 (9.25), Fourier 理论是非常高效的分析工具。当 $\mathcal{L}$ 仅仅包含一个空间导数时, 有:

(1) 奇数阶空间导数描述波动现象, 其中一阶导数刻画对流现象, 其他奇数阶导数刻画色散现象。

(2) 偶数阶空间导数描述扩散或反扩散现象。正系数的二阶导数和负系数的四阶导数均刻画扩散现象, 相应的真解不断衰减, 微分系统是适定的。负系数的二阶导数和正系数的四阶导数刻画反扩散现象, 相应的真解不断膨胀, 微分系统是不适定的。

当 $\mathcal{L}$ 包含不同阶数的空间导数时, 上述结论需要叠加起来, 最终的结论将略显复杂。详略。

⚓ **论题 9.5** 考虑对流方程 $u_t + u_x = 0$ 的中心差商显格式

$$\frac{u_j^{n+1} - u_j^n}{\Delta t} + \frac{u_{j+1}^n - u_{j-1}^n}{2\Delta x} = 0.$$

利用修正方程方法, 说明它是数值不稳定的。

[①] Warming R F, Hyett B J. *The modified equation approach to the stability and accuracy analysis of finite difference methods.* Journal of Computational Physics, 1974, 14(2): 159~179.

答：利用 Taylor 展开技术，有

$$w_t + w_x + \frac{\Delta t}{2}w_{tt} + \mathcal{O}(\Delta x^2 + \Delta t^2) = 0. \tag{9.26}$$

关于时间和空间求导，有

$$w_{tt} + w_{xt} + \frac{\Delta t}{2}w_{ttt} + \mathcal{O}(\Delta x^2 + \Delta t^2) = 0,$$

$$w_{tx} + w_{xx} + \frac{\Delta t}{2}w_{xtt} + \mathcal{O}(\Delta x^2 + \Delta t^2) = 0.$$

代入 (9.26)，有

$$w_t + w_x = -\frac{\Delta t}{2}w_{xx} + \mathcal{O}(\Delta x^2 + \Delta t^2).$$

略去高阶小量，即得中心差商显格式的修正方程

$$w_t + w_x = -\frac{\Delta t}{2}w_{xx}. \tag{9.27}$$

由于扩散系数为负，相应的修正方程是不适定的。因此，中心差商显格式是不稳定的。 □

⚓ 论题 9.6 考虑对流方程 $u_t + u_x = 0$ 的迎风格式

$$\frac{u_j^{n+1} - u_j^n}{\Delta t} + \frac{u_j^n - u_{j-1}^n}{\Delta x} = 0.$$

利用修正方程方法，给出它的稳定性结果。

答：利用 Taylor 展开技术，由迎风格式可知

$$w_t + w_x + \frac{\Delta t}{2}w_{tt} - \frac{\Delta x}{2}w_{xx} + \mathcal{O}(\Delta x^2 + \Delta t^2) = 0. \tag{9.28}$$

关于时间和空间变量，依次进行求导。代入上式，可得

$$w_t + w_x + \frac{\Delta t - \Delta x}{2}w_{xx} + \mathcal{O}(\Delta x^2 + \Delta x\Delta t + \Delta t^2) = 0.$$

略去高阶小量，即得迎风格式的修正方程

$$w_t + w_x = \frac{\Delta x - \Delta t}{2}w_{xx}. \tag{9.29}$$

当 $\Delta t > \Delta x$ 时，扩散系数是负的，修正方程是不适定的，故而迎风格式是不稳定的。而当 $\Delta t < \Delta x$ 时，修正方程是适定的，故而迎风格式是稳定的。 □

在修正方程方法中，Taylor 展开的合理性是至关重要的。否则，相应的分析结果可能是无意义的。

(1) 在双曲型方程的差分格式中，低频简谐波的数值简谐波更为重要。由于低频简谐波具有较好的光滑度表现，相应的 Taylor 展开是合理的。

(2) 在抛物型方程的差分格式中，数值不稳定现象主要源于高频简谐波。由于高频简谐波可视为光滑度极差的函数，相应的 Taylor 展开缺乏合理性。

因此说，修正方程的推导需要适当的技巧性和针对性。

⚓ **论题 9.7** 考虑热传导方程 $u_t = u_{xx}$ 的全显格式

$$\frac{u_j^{n+1} - u_j^n}{\Delta t} = \frac{u_{j+1}^n - 2u_j^n + u_{j-1}^n}{(\Delta x)^2}.$$

利用修正方程方法，说明：当 $\mu > 1/2$ 时，全显格式是不稳定的。

答：数值解可以分裂为低频成分和高频成分之和，即

$$u_j^n = v_j^n + (-1)^{j+n}\phi_j^n,$$

其中 v 是低频成分，$(-1)^{j+n}\phi_j^n$ 是高频成分，并且均满足全显格式。在高频成分中，高频振荡效应主要体现在因子 $(-1)^{j+n}$ 中，而 $\{\phi_j^n\}_{\forall j}^{\forall n}$ 对应某个光滑函数。显然，成立差分方程

$$-\phi_j^{n+1} = \phi_j^n - \mu\left[\phi_{j-1}^n + 2\phi_j^n + \phi_{j+1}^n\right].$$

逐点实施 Taylor 展开技术，可得修正方程

$$\phi_t = \frac{2(2\mu - 1)}{\Delta t}\phi.$$

为简便起见，我们继续使用了旧的符号。简单计算可知，当 $\mu > 1/2$ 时，修正方程的解 ϕ 将以指数方式增长到无穷。因此说，相应的全显格式是不稳定的。 □

9.3 能量方法 ‡

能量方法曾经在 §4.1.3 介绍过。它是一种普适的分析方法，可以建立 L^2 模稳定的充分条件。不同于偏微分方程的能量方法，此时的研究对象不再是函数的微积分运算，而是离散数据的差分与求和运算。为简单起见，设

$$\mathcal{T}_{\Delta x} = \{x_j = j\Delta x\}_{j=0}^{J}$$

是区间 $[0,1]$ 的等距空间网格，其中 $\Delta x = 1/J$ 是空间步长。对于任意的网格函数

$$u = \{u_j\}_{j=0}^{J}, \quad v = \{v_j\}_{j=0}^{J},$$

定义各种类型的离散内积和诱导范数，例如①

$$\begin{aligned}
\langle u, v \rangle &= \sum_{j=1}^{J-1} u_j v_j \Delta x, \quad \|u\|_2 = \langle u, u \rangle^{\frac{1}{2}}, \\
\langle u, v] &= \sum_{j=1}^{J} u_j v_j \Delta x, \quad \|u\|_2 = \langle u, u]^{\frac{1}{2}}, \\
[u, v \rangle &= \sum_{j=0}^{J-1} u_j v_j \Delta x, \quad |[u\|_2 = [u, u \rangle^{\frac{1}{2}}, \\
[u, v] &= \sum_{j=0}^{J} u_j v_j \Delta x, \quad |[u]|_2 = [u, u]^{\frac{1}{2}}.
\end{aligned} \quad (9.30)$$

---

① 有时候，网格函数的边界点值需默认为零。

它们均可看作 $L^2(0,1)$ 内积及其 L^2 范数的离散表示。平行于分部积分公式，建立各种版本的分部求和公式，例如

$$\langle D_+u, v\rangle = -\langle u, D_-v] + u_J v_J - u_1 v_0, \tag{9.31}$$

其中 $D_\pm$ 是向前（后）差商算子，即

$$D_+ u_j = \frac{1}{\Delta x}\Delta_+ u_j = \frac{1}{\Delta x}(u_{j+1} - u_j), \quad D_- u_j = \frac{1}{\Delta x}\Delta_- u_j = \frac{1}{\Delta x}(u_j - u_{j-1}).$$

在此基础上，我们还可以建立第一 Green 公式的离散版本

$$\begin{aligned}\langle D_+(aD_-u), v\rangle \\ = -\langle aD_-u, D_-v] + a_J D_-u_J v_J - a_1 D_-u_1 v_0,\end{aligned} \tag{9.32a}$$

和第二 Green 公式的离散版本

$$\begin{aligned}\langle D_+(aD_-u), v\rangle - \langle D_+(aD_-v), u\rangle \\ = a_J(vD_-u - uD_-v)_J - a_1(vD_+u - uD_+v)_0,\end{aligned} \tag{9.32b}$$

其中 a 是已知的网格函数。

事实上，上述三个公式的本质都是求和次序的重排。证明是简单的，略。

能量方法的技术路线是基本相同的，用到的分析工具较多。经常使用的不等式有：

(1) ε-ab 不等式：

$$|ab| \leqslant \varepsilon a^2 + \frac{1}{4\varepsilon}b^2, \quad \varepsilon > 0. \tag{9.33}$$

(2) Cauchy-Schwartz 不等式：

$$\left|\langle u, v\rangle\right| \leqslant \|u\|_2^{\frac{1}{2}} \|v\|_2^{\frac{1}{2}}, \quad \left|\langle u, v]\right| \leqslant \|u\|_2^{\frac{1}{2}} \|v\|_2^{\frac{1}{2}}, \quad \cdots \tag{9.34}$$

(3) 各种离散范数的相互控制关系：

比如，当网格函数满足 $u_0 = u_J = 0$ 时，有（$L = 1$ 是区间长度）

$$\frac{1}{2}\|[\Delta_+ u\|_2 \leqslant \|u\|_2 \leqslant \frac{L}{\sqrt{8}\Delta x}\|[\Delta_+ u\|_2. \tag{9.35}$$

左端是显然的，右端是 Poincáre 不等式的离散描述。证明是简单的，留作练习。

(4) 离散的 Gronwall 不等式，详见附录内容。

因篇幅有限，更多内容不再赘述，可参见文献 [9] 和其他相关文献。

⚓ **论题 9.8** 设 $a(x,t)$ 恒大于零且 $a_x(x,t)$ 有界。讨论纯初值问题的迎风格式

$$u_j^{n+1} = \nu a_j^n u_{j-1}^n + (1 - \nu a_j^n)u_j^n \tag{9.36}$$

的 L^2 模稳定性，其中 $\nu = \Delta t/\Delta x$ 为网比。

9.3 能量方法‡

答：记 $A = \max\limits_{\forall x \forall t} a(x,t)$ 和 $B = \max\limits_{\forall x \forall t} |a_x(x,t)|$。当 CFL 条件

$$A\nu \leqslant 1$$

满足时，差分方程的右端系数 νa_j^n 和 $1 - \nu a_j^n$ 都是非负的。平方 (9.36) 的两端。因为平方函数是凸的，利用 Jessen 不等式可得

$$(u_j^{n+1})^2 \leqslant \nu a_j^n (u_{j-1}^n)^2 + (1 - \nu a_j^n)(u_j^n)^2.$$

注意到 $|a_j^n - a_{j-1}^n| \leqslant B\Delta x$ 恒成立，有

$$(u_j^{n+1})^2 \leqslant \nu a_{j-1}^n (u_{j-1}^n)^2 + (1 - \nu a_j^n)(u_j^n)^2 + B(u_{j-1}^n)^2 \Delta t.$$

在所有空间网格点上求和。适当平移空间指标，有

$$\|u^{n+1}\|_2^2 \leqslant (1 + B\Delta t)\|u^n\|_2^2, \quad \forall n.$$

因此，迎风格式具有 L^2 模稳定性结论

$$\|u^n\|_2^2 \leqslant (1 + B\Delta t)^n \|u^0\|_2^2 \leqslant e^{BT} \|u^0\|_2^2, \tag{9.37}$$

其中 $T > 0$ 是终止时刻。 □

能量方法也可用于数值边界条件的设置，确保数值格式具有 L^2 模稳定性。考虑对流方程 $u_t + u_x = 0$ 的初边值问题，其中空间区间是 $(0,1)$，入流边界条件是 $u(0,t) = 0$。显然，真解的 L^2 模不增，即

$$\int_0^1 u^2(x,t) \mathrm{d}x \leqslant \int_0^1 u^2(x,0) \mathrm{d}x.$$

设时空网格 $\mathcal{T}_{\Delta x, \Delta t} = \mathcal{T}_{\Delta x} \times \mathcal{T}_{\Delta t}$ 是等距的，其中 $\Delta x = 1/J$ 是空间步长，Δt 是时间步长，相应的离散网格是

$$\mathcal{T}_{\Delta x} = \{x_j = j\Delta x\}_{j=0}^J, \quad \mathcal{T}_{\Delta t} = \{t^n = n\Delta t\}_{\forall n \geqslant 0}.$$

在内部空间网格点，蛙跳格式定义为

$$u_j^{n+1} = u_j^{n-1} - \nu(u_{j+1}^n - u_{j-1}^n), \quad j = 1 : J - 1. \tag{9.38}$$

其中 $u_0^n = 0$ 是入流边界条件。

⚓ **论题 9.9** 给出蛙跳格式 (9.38) 的人工出流边界条件，使其在 $\nu \leqslant \nu_0 < 1$ 的条件下依旧具有 L^2 模稳定性。

答：在 (9.38) 的两端同乘 $u_j^{n+1} + u_j^{n-1}$，将位于内部空间网格点的恒等式叠加起来。利用分部求和公式进行整理，可得

$$\|u^{n+1}\|_2^2 - \|u^{n-1}\|_2^2 = -\nu \langle u_j^{n+1} + u_j^{n-1}, \Delta_{0x} u_j^n \rangle$$
$$= -\nu \langle u_j^{n+1}, \Delta_{0x} u_j^n \rangle' + \nu \langle u_j^n, \Delta_{0x} u_j^{n-1} \rangle' + \Pi,$$

其中 $\|u^n\|$ 的定义参见 (9.30), 表达式 $\langle \cdot,\cdot \rangle'$ 剔除了 $\langle \cdot,\cdot \rangle$ 的出流边界点信息, 而

$$\Pi = \nu\left(u_{J-1}^n u_J^{n-1} - u_{J-1}^{n+1} u_J^n\right)\Delta x - \Delta t\left(u_{J-1}^{n-1} u_J^n + u_J^{n-1} u_{J-1}^n\right)$$
$$= -\Delta t\left(u_{J-1}^{n-1} + u_{J-1}^{n+1}\right)u_J^n \tag{9.39}$$

是同出流边界点信息相关的余下部分。若定义人工出流边界条件

$$u_J^n = \frac{1}{2}(u_{J-1}^{n-1} + u_{J-1}^{n+1}), \tag{9.40}$$

显然成立 $\Pi \leqslant 0$。因此, 有

$$S^n \equiv \|u^{n+1}\|_2^2 + \|u^n\|_2^2 + \nu\left\langle u_j^{n+1}, \Delta_{0x} u_j^n \right\rangle' \leqslant S^{n-1} \leqslant \cdots \leqslant S^0.$$

注意到 $|\langle u_j^{n+1}, \Delta_{0x} u_j^n \rangle'| \leqslant \|u^{n+1}\|_2^2 + \|u^n\|_2^n$, 有

$$S^n \geqslant (1-\nu)\left(\|u^{n+1}\|_2^2 + \|u^n\|_2^n\right).$$

于是, 当 $\nu \leqslant \nu_0 < 1$ 时, 蛙跳格式具有 L^2 模稳定性。 □

联立蛙跳格式, 可知人工出流边界条件 (9.40) 等价于

$$u_J^n = \frac{2}{2+\nu} u_{J-1}^{n-1} + \frac{\nu}{2+\nu} u_{J-2}^n. \tag{9.41}$$

这才是实际可行的人工边界条件。

注释 9.5 能量方法也适用于线性变系数问题和非线性问题。除稳定性分析之外, 它也可用于格式的 L^2 模误差估计。因篇幅有限, 详略。

习 题

9.1 证明: 当 (9.9) 成立时, 中心差商显格式 (9.2) 满足离散最大模原理。

9.2 构造对流扩散方程 (9.1) 的中心全隐格式, 判断数值格式关于最大模和 L^2 模的强稳定性。

9.3 推导指数型格式及其公式 (9.14b)。

9.4 证明: Samapckii 格式具有 L^2 模强稳定性的条件是

$$\nu c + \frac{2\mu a}{1 + \frac{c\Delta x}{2a}} \leqslant 1,$$

换言之, 时空步长可以摆脱 a/c 是否过小的束缚。

9.5 若采用依赖点 $\tilde{x}_j^n$ 附近的三个网格点, 进行相应的二次抛物线插值。时间方向依旧采用隐式方式进行离散, 写出对流扩散方程 (9.1) 的特征差分方程。

9.6 考虑对流方程 $u_t + u_x = 0$ 的 Lax 格式和盒子格式。利用修正方程方法, 给出相应的稳定性结果。

9.7 考虑对流扩散方程 (9.1) 的中心差商显格式 (9.2)。利用修正方程方法，给出相应的稳定性结果。

9.8 证明 Green 公式的两个离散版本。

9.9 讨论 $u_t + a(x,t)u_x = 0$ 的纯初值问题，其中 $a(x,t)$ 恒大于零且 $a_x(x,t)$ 有界。讨论 Lax 格式的 L^2 模稳定性。

9.10 考虑热传导方程 $u_t = u_{xx}$ 的初边值问题，相应的边界条件分别是

$$u(0,t) = 0, \quad u_x(1,t) + u(1,t) = 0.$$

针对不同的网格技术处理边界条件，利用能量方法给出加权平均格式的 L^2 模稳定性结果。

第 10 章

椭圆型方程

本章介绍椭圆型方程的差分方法。为简单起见，考虑二维 Poisson 方程

$$-\triangle u \equiv -(u_{xx} + u_{yy}) = f(x,y), \quad (x,y) \in \Omega, \tag{10.1}$$

其中 f 是已知函数，Ω 是边界逐段光滑的二维有界区域。作为一个与时间无关的稳态问题，它同二维扩散方程 $u_t = \triangle u + f(x,y)$ 密切相关。换言之，二维 Poisson 方程的解就是二维扩散方程的稳态解。因此，前面的数值离散技术都可以借鉴过来。因篇幅有限，本章不再赘述那些重复的内容，而是重点阐述四个主题：其一是相应的 (正) 五点格式，关注离散方程组的求解困难；其二是椭圆型差分格式的强最大值原理，给出 Dirichlet 边值问题最大模误差的最优估计；其三是 Richardson 外推技术、九点格式和紧凑格式，提高数值结果的精度；其四是基于古典变分原理的标准有限元方法，解决高维区域的边界离散困难。

10.1 五点格式

参见 §5.2.2，稳态问题的离散网格就是发展型问题的空间网格。为简单起见，不妨设离散网格 $\bar{\Omega}_h$ 由二维平面的正方形网格

$$\mathcal{T}_h = \{(x_j, y_k) \colon x_j = x_\star + jh, y_k = y_\star + kh\}_{\forall j \forall k}$$

同 Ω 相交而成，其中 $(x_\star, y_\star)$ 是参考点，h 是网格参数或空间步长。如前，离散网格 $\bar{\Omega}_h$ 包含两个部分，即

$$\bar{\Omega}_h = \Omega_h \cup \Gamma_h, \tag{10.2}$$

其中 Ω_h 是网格内点集，Γ_h 是边界点集。我们需要在每个网格内点上，建立相应的差分方程。

对于二维 Poisson 方程 (10.1)，五点差分格式是最简单的数值格式。在规则内点和非规则内点，差分方程的形式略有不同。

10.1.1 规则内点的五点差分方程

为行文简便，本节没有采用传统的双下标标注方法，而是采用罗盘标注方法。换言之，离散焦点 (或中心点) 记为中心点 c，相应位置的真解和数值解分别记为 $[u]_c$ 和 u_c；其他网格点利用它与离散焦点的相对方位来表示，例如东面的网格点记为 e，相应位置的真解和数值解分别记为 $[u]_e$ 和 u_e。参见图 10.1。

若离散焦点 c 是规则内点，则格式构造同边界条件无关。利用标准的二阶中心差商，逐维离散两个空间偏导数，有

$$[u_{xx}]_c = \frac{1}{h^2}\left([u]_e - 2[u]_c + [u]_w\right) + \mathcal{O}(h^2), \tag{10.3}$$

$$[u_{yy}]_c = \frac{1}{h^2}\left([u]_n - 2[u]_c + [u]_s\right) + \mathcal{O}(h^2). \tag{10.4}$$

10.1 五点格式

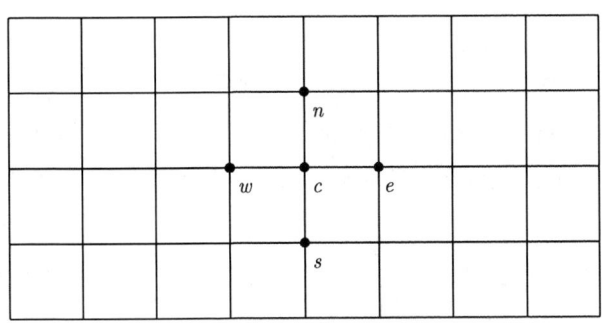

图 10.1 离散网格

代入二维 Poisson 方程 (10.1)，略去无穷小量，用数值解替换真解，即得标准的**五点差分方程**：

$$\mathcal{L}_h u_c \equiv \frac{1}{h^2}\left[4u_c - u_e - u_n - u_s - u_w\right] = f_c. \tag{10.5}$$

以它为主体的差分格式，本书均简称为五点差分格式。

同发展型方程的差分格式一样，稳态问题的差分格式也具有相容性、稳定性和收敛性等数值概念。它们的基本含义和描述目标是相同的，仅仅是相关陈述略有不同。例如，相容性概念依旧同局部截断误差密切相关。将 Poisson 方程 (10.1) 的真解代入到五点差分方程 (10.5)，两端的差距就是局部截断误差[①]

$$\tau_c = \frac{1}{h^2}\left\{4[u]_c - [u]_e - [u]_s - [u]_w\right\} = \mathcal{O}(h^2),$$

因此说，五点差分格式 (10.5) 是二阶相容于二维 Poisson 方程的。稳定性概念依旧描述数值解关于定解条件的连续依赖关系，而收敛性概念直接描述数值解同真解的逼近程度。具体陈述，略。类似地，上述三个数值概念也满足 Lax–Richtmyer 等价定理。

10.1.2 非规则内点的五点差分方程

对于椭圆型方程的定解问题，Dirichlet、Neumann 和 Robin 边界条件都是常见的边界条件。相应的边界条件离散方法同二维扩散问题类似，具体内容可参见 §5.2。出于行文需要，下面快速回顾 Dirichlet 边界条件的离散方法。

⚓ **论题 10.1** 参见图 5.3，设离散焦点 c 是紧邻 Dirichlet 边界的非规则内点。构造二维 Poisson 方程 (10.1) 的非等臂长五点差分方程。

答：仿照论题 5.7 的空间导数离散过程，非等臂长的五点差分方程可以定义为

$$\frac{1}{h^2}\left[\beta_c u_c - \beta_e u_e - \beta_n u_n - \beta_s u_s - \beta_w u_w\right] = f_c, \tag{10.6}$$

其中 $\beta_c = \beta_e + \beta_s + \beta_w + \beta_n$。余下四个系数有两种定义方式，其一是

$$\begin{aligned}\beta_e &= \frac{2}{s_1(s_1+s_3)}, & \beta_s &= \frac{2}{s_2(s_2+s_4)}, \\ \beta_w &= \frac{2}{s_3(s_1+s_3)}, & \beta_n &= \frac{2}{s_4(s_2+s_4)},\end{aligned} \tag{10.7}$$

[①] 当然，差分格式的量纲要同椭圆型方程保持一致。

其二是
$$\beta_e = \frac{1}{s_1 s_3}, \quad \beta_s = \frac{1}{s_2 s_4}, \quad \beta_w = \frac{1}{s_3^2}, \quad \beta_n = \frac{1}{s_4^2}. \tag{10.8}$$

当四个方向的臂长相等时，(10.6) 的局部截断误差是 $\mathcal{O}(h^2)$。当臂长不相等的时候，基于 (10.7) 的五点格式具有 $\mathcal{O}(h)$ 的局部截断误差，基于 (10.8) 的五点格式具有 $\mathcal{O}(1)$ 的局部截断误差。 □

基于 (10.8) 的非等臂长五点差分方程，可以保证五点差分格式的离散系统也具有相应的对称性。

10.1.3 离散方程组

将网格内点的差分方程汇总起来，稳态问题的差分格式可以转化为一个规模庞大的线性方程组。下面给出一个简单实例。

⚓ **论题 10.2** 设 $\Omega = (0,1) \times (0,1)$，考虑二维 Poisson 方程 (10.1) 的 Dirichlet 零边值问题。给定正整数 J，定义正方形网格

$$\bar{\Omega}_h = \{(x_j, y_k) = (jh, kh)\}_{j=0:J}^{k=0:J},$$

其中 $h = 1/J$。写出五点差分格式对应的线性方程组。

答：按照先行后列 (从左到右，从下到上) 的编号次序，将二维 (空间) 网格函数 $u_h = \{u_{jk}\}_{j=1:J-1}^{k=1:J-1}$ 改写为列向量

$$\boldsymbol{u}_h = [\boldsymbol{u}_1^\mathrm{T}, \boldsymbol{u}_2^\mathrm{T}, \cdots, \boldsymbol{u}_{J-2}^\mathrm{T}, \boldsymbol{u}_{J-1}^\mathrm{T}]^\mathrm{T}, \tag{10.9}$$

其中 $\boldsymbol{u}_k = [u_{1,k}, u_{2,k}, \cdots, u_{J-2,k}, u_{J-1,k}]^\mathrm{T}$ 是其在水平线 $y = y_k$ 上的限制。若采用相同的编号次序排列差分方程，则线性方程组

$$\mathbb{A}_h \boldsymbol{u}_h = \boldsymbol{f}_h \tag{10.10}$$

的刚度矩阵是

$$\begin{aligned}
\mathbb{A}_h &= \frac{1}{h^2}\Big[\mathbb{C}_h \otimes \mathbb{1}_h + \mathbb{1}_h \otimes \mathbb{C}_h\Big] \\
&= \frac{1}{h^2}\mathrm{tridiag}\{-\mathbb{1}_h, \mathbb{C}_h + 2\mathbb{1}_h, -\mathbb{1}_h\} \\
&= \frac{1}{h^2}\begin{bmatrix} \mathbb{C}_h + 2\mathbb{1}_h & -\mathbb{1}_h & & & \\ -\mathbb{1}_h & \mathbb{C}_h + 2\mathbb{1}_h & -\mathbb{1}_h & & \\ & \ddots & \ddots & \ddots & \\ & & -\mathbb{1}_h & \mathbb{C}_h + 2\mathbb{1}_h & -\mathbb{1}_h \\ & & & -\mathbb{1}_h & \mathbb{C}_h + 2\mathbb{1}_h \end{bmatrix},
\end{aligned} \tag{10.11a}$$

其中 $\mathbb{1}_h$ 是 $J-1$ 阶单位矩阵，$\mathbb{C}_h = \mathrm{tridiag}\{-1, 2, -1\}$ 是同阶的三对角矩阵。在 (10.10) 中，右端向量称为荷载向量，具体定义是

$$\boldsymbol{f}_h \equiv [\boldsymbol{f}_1^\mathrm{T}, \boldsymbol{f}_2^\mathrm{T}, \cdots, \boldsymbol{f}_{J-2}^\mathrm{T}, \boldsymbol{f}_{J-1}^\mathrm{T}]^\mathrm{T}, \tag{10.11b}$$

其中 $\boldsymbol{f}_k = [f_{1,k}, f_{2,k}, \cdots, f_{J-2,k}, f_{J-1,k}]^{\mathrm{T}}$ 是已知源项在水平线 $y = y_k$ 上的网格限制。 □

由于刚度矩阵 $\mathbb{A}_h$ 具有对角占优 (或者对称正定) 性质, 故而线性方程组 (10.10) 唯一可解。利用附录内容可知, $\mathbb{A}_h$ 具有 $(J-1)^2$ 个特征值

$$\lambda^{(p,q)} = \lambda^{(p)} + \lambda^{(q)}, \quad p = 1 : J-1, \quad q = 1 : J-1, \tag{10.12}$$

其中

$$\lambda^{(s)} = \frac{4}{h^2} \sin^2\left(\frac{s\pi}{2J}\right) = \frac{4}{h^2} \sin^2\left(\frac{sh\pi}{2}\right), \quad s = 1 : J-1$$

是三对角矩阵 $\mathbb{C}_h$ 的特征值。因此, 刚度矩阵的谱条件数是

$$\mathrm{cond}(\mathbb{A}_h) \equiv \frac{\max_{p,q} \lambda^{(p,q)}}{\min_{p,q} \lambda^{(p,q)}} = \cot^2\left(\frac{\pi h}{2}\right) = \mathcal{O}(h^{-2}). \tag{10.13}$$

换言之, 当离散网格变密时, 线性方程组 (10.10) 不仅计算规模不断膨胀, 而且病态程度也在加剧。此时, 线性方程组的数值求解效率, 将成为五点格式能否成功的主要瓶颈。

10.1.4 线性方程组的数值解法 ‡

对于线性方程组 (10.10), 常用的直接法和迭代法都是高效的数值求解器, 例如 Gauss 消元方法、Gauss-Seidel 方法、超松弛方法、共轭斜量方法和预处理方法等。具体内容可查阅数值代数的相关资料 [16], 本书不做展开介绍。上述数值方法都是纯代数的, 没用充分利用线性方程组的产生背景。事实上, 我们也可以直接利用微分方程的数值离散技术, 也可以构造 (10.10) 的高效求解器, 例如交替方向 (alternating direction) 方法、多重网格 (multi-grid) 方法和区域分解 (domain decomposition) 方法。因篇幅有限, 下面仅仅简要描述它们的数值实现过程, 不做过多的理论探究。

1. 交替方向方法

由于线性方程组 (10.10) 来自二维 Poisson 方程的差分格式

$$-\mathcal{L}_h u_c = f_c,$$

故而二维扩散方程 (基于相同空间离散处理) 半离散格式

$$\frac{\mathrm{d} u_c}{\mathrm{d} t} = \mathcal{L}_h u_c + f_c$$

的稳态解计算过程, 可以看作 (10.10) 的一种迭代求解方法。为提高趋于稳态解的计算效率, 不妨采用 ADI 方法或者 LOD 方法等经济型格式。

下面给出一个实例。基于二维扩散方程 $u_t = u_{xx} + u_{yy} + f$ 的 PR 格式, 线性方程组 (10.10) 的交替方向方法可以定义为

$$\boldsymbol{u}_h^{k+\frac{1}{2}} = \boldsymbol{u}_h^n - \tau_k \left[\mathbb{L}_1 \boldsymbol{u}_h^{k+\frac{1}{2}} + \mathbb{L}_2 \boldsymbol{u}_h^k - \boldsymbol{f}_h \right], \tag{10.14a}$$

$$\boldsymbol{u}_h^{k+1} = \boldsymbol{u}_h^n - \tau_k \left[\mathbb{L}_1 \boldsymbol{u}_h^{k+\frac{1}{2}} + \mathbb{L}_2 \boldsymbol{u}_h^{k+1} - \boldsymbol{f}_h \right], \tag{10.14b}$$

其中 k 是迭代步数, τ_k 称为虚拟时间步长,

$$\mathbb{L}_1 = \frac{1}{h^2} \mathbb{C}_h \otimes \mathbb{1}_h, \quad \mathbb{L}_2 = \frac{1}{h^2} \mathbb{1}_h \otimes \mathbb{C}_h, \tag{10.15}$$

分别是 x 方向和 y 方向的二阶中心差商 (整体) 算子。显然 $\mathbb{L}_1 + \mathbb{L}_2 = \mathbb{A}_h$，即 (10.11a) 给出的刚度矩阵。由 (10.14) 可知，交替方向方法的迭代矩阵是

$$\mathbb{T}_k = (\mathbb{I} - \tau_k \mathbb{L}_2)^{-1}(\mathbb{I} + \tau_k \mathbb{L}_1)(\mathbb{I} + \tau_k \mathbb{L}_1)^{-1}(\mathbb{I} + \tau_k \mathbb{L}_2).$$

考虑相应的一阶定常迭代，即 $\tau_k \equiv \tau$ 和 $\mathbb{T}_k \equiv \mathbb{T}$。若

$$\tau = \tau_{\mathrm{opt}} = \frac{1}{2}\left[\sin \pi h\right]^{-1}, \tag{10.16}$$

则相应的迭代矩阵 (记为 $\mathbb{T}_{\mathrm{opt}}$) 具有最小的谱半径，即

$$\rho(\mathbb{T}_{\mathrm{opt}}) = \left[\frac{1 - \tan \dfrac{\pi h}{2}}{1 + \tan \dfrac{\pi h}{2}}\right]^2. \tag{10.17}$$

此时，交替方向方法的收敛速度媲美带有最佳因子的超松弛方法。具体内容可参见文献 [9]，详略。

2. 多重网格法[‡]

对于线性方程组 (10.10) 及其迭代算法，Fourier 理论也是一种有效的理论分析工具。对于常见的简单迭代方法，例如 Jacobi 方法或者 Guass-Seidel 方法，不同波数的简谐波呈现出不同的迭代收敛速度。具体来讲，高波数 (或高频) 的简谐波迭代误差衰减快速，而低波数 (或低频) 的简谐波迭代误差衰减缓慢。换言之，上述简单迭代方法快速消除那些高频 (简谐波迭代) 误差，迭代收敛速度完全受限于低频 (简谐波迭代) 误差趋于零的速度。

事实上，某个波数的简谐波是高频还是低频，要视它所在的空间网格尺寸。细网格上的低频简谐波可视为粗网格上的高频波。如果细网格上的低频误差能够转化为粗网格上的高频误差，则粗网格上的简单迭代方法可以令误差快速衰减到零。不断重复这个过程，迭代算法的效率有望获得提升。这就是多重网格方法的设计初衷，其核心技术是低频误差与高频误差在粗细网格上的相互转化。

最简单的实现是基于嵌套网格的二重网格方法。为简单起见，设细网格是 $\bar{\Omega}_h$，由粗网格 $\bar{\Omega}_{2h}$ 加密而成，即粗网格的网格点集包含于细网格的网格点集。参见图 10.2。设线性方程组 (10.10) 是二维 Poisson 方程 (10.1) 在细网格 $\bar{\Omega}_h$ 上离散得到的，相应的数值解按照以下步骤进行计算：

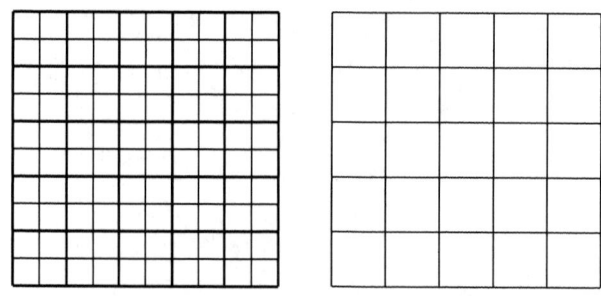

图 10.2 嵌套网格：左侧的粗线对应右侧的网格

(1) 基于细网格的光滑过程：以猜测初值或者迭代解 u_h^k 为起点，执行 m 次简单迭代 (例如 Jacobi 或者 Gauss-Seidel 方法)，得到相对光滑的 $\bar{u}_h^k$。通常，m 同 h 无关。

(2) 基于粗网格的校正过程：这是二重网格方法的核心部分。

(a) 细网格的残量计算： $\quad\quad\quad\quad r_h^k = f_h - \mathbb{A}_h \bar{u}_h^k,$ \quad\quad (10.18a)

(b) 粗网格的残量限制： $\quad\quad\quad\quad r_{2h}^k = \mathbb{I}_h^{2h} r_h^k,$ \quad\quad (10.18b)

(c) 粗网格的方程组求解： $\quad\quad\quad \mathbb{A}_{2h} e_{2h}^k = -r_{2h}^k,$ \quad\quad (10.18c)

(d) 粗网格到细网格的延拓： $\quad\quad\quad \bar{e}_h^k = \mathbb{I}_{2h}^h e_{2h}^k,$ \quad\quad (10.18d)

(e) 细网格的数值解校正： $\quad\quad\quad u_h^{k+1} = \bar{u}_h^k - \bar{e}_h^k.$ \quad\quad (10.18e)

这里，$\mathbb{I}_h^{2h}$ 称为细网格到粗网格的限制算子，$\mathbb{I}_{2h}^h$ 称为粗网格到细网格的延拓算子。通常，两者互为逆算子。

综上所述，二重网格方法的迭代过程可以描述为

$$u_h^{k+1} = \bar{u}_h^k - \mathbb{I}_{2h}^h \mathbb{A}_{2h}^{-1} \mathbb{I}_h^{2h} (\mathbb{A}_h \bar{u}_h^k - f_h). \tag{10.19}$$

理论分析表明：要使迭代误差达到用户要求，二重网格方法的迭代步数同计算规模或空间步长 h 无关。整个算法的计算复杂度是 $\mathcal{O}(n \lg n)$，堪称最优的线性方程组计算效率，其中 $n = \mathcal{O}(h^{-2})$ 是未知量的个数。具体内容可参见文献 [8]。

注释 10.1 事实上，粗网格的代数方程组 (10.18c) 可以继续采用二重网格方法求解。如此嵌套下去，即可形成各种形式的多重网格方法。因此说，二重网格方法是多重网格方法的基础。

下面给出限制算子 $\mathbb{I}_h^{2h}$ 和延拓算子 $\mathbb{I}_{2h}^h$ 的具体定义。为行文简便，下面采用了二维笛卡儿网格的星型图表示法。

(1) 限制算子 $\mathbb{I}_h^{2h}$ 是细网格函数到粗网格函数的加权平均算子，对应的星型图是

$$\mathbb{I}_h^{2h} \equiv \frac{1}{16} \begin{bmatrix} 1 & 2 & 1 \\ 2 & 4 & 2 \\ 1 & 2 & 1 \end{bmatrix}_h^{2h}, \tag{10.20}$$

其含义是：将矩阵中心置于关注的粗网格点上，矩阵的每个元素表示周围九个细网格点的对应权重。在粗网格点上的限制值，就是九个细网格点值按照给定权重进行平均。

(2) 延拓算子 $\mathbb{I}_{2h}^h$ 是粗网格函数到细网格函数的双线性插值算子，对应的星型图是

$$\mathbb{I}_{2h}^h \equiv \frac{1}{4} \begin{bmatrix} 1 & 2 & 1 \\ 2 & 4 & 2 \\ 1 & 2 & 1 \end{bmatrix}_{2h}^h, \tag{10.21}$$

其含义是：将矩阵中心置于关注的粗网格点上，矩阵的每个元素就是周围九个细网格点的对应权重。此时，粗网格点值将按照权重，逐一分配到周围的九个细网格点。在所有粗网格点上执行上述操作，最终的叠加结果就是网格函数从粗网格到细网格的插值延拓。

当然，限制算子和延拓算子的定义是不唯一的，可以依据差分格式进行相应的改变。

3. 区域分解方法[‡]

基本思想是将整体区域分割为有限个重叠或不重叠的子域，把一个大规模的计算问题转化为多个小规模的计算问题。如果离散系统的基本算法具有高次多项式的计算复杂度，则上述操作有望改善离散系统的求解效率。每个子域的数值计算是相对独立的，区域分解方法具有本质并行机制。

区域分解方法有多种实现途径。因篇幅限制，本节仅仅介绍重叠型 Schwarz 方法。参见图 10.3，设整体区域 Ω 是两个重叠区域的并集，即 $\Omega = \Omega_1 \cup \Omega_2$，且 $\Omega_1 \cap \Omega_2$ 的测度大于零。为简单起见，假设 Ω_κ 的内部边界

$$\gamma_\kappa = \partial \Omega_\kappa \cap \Omega, \quad \kappa = 1, 2$$

是由整体网格 $\bar{\Omega}_h$ 的部分网格线连接而成。设线性方程组 (10.10) 是二维 Poisson 方程 (10.1) 在细网格 $\bar{\Omega}_h$ 上利用五点差分格式 (10.5) 离散得到的，相应的迭代解可以按照以下步骤进行计算：

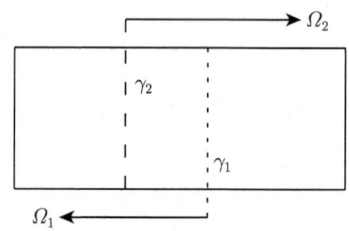

图 10.3 区域分解方法的重叠区域

(1) 基于 $\bar{\Omega}_h$ 在 $\bar{\Omega}_1$ 限制而成的子网格，利用五点差分格式，计算 Ω_1 内的二维 Poisson 方程，相应的边界条件[①]是

$$u|_{\gamma_1} = \boldsymbol{u}_h^k, \quad u|_{\partial \Omega \cap \partial \Omega_1} = 0,$$

其中 $\boldsymbol{u}_h^k$ 是猜测初值或者已知迭代解。相应的计算结果记为 $\tilde{\boldsymbol{u}}_h^{k+1}$。

(2) 基于 $\bar{\Omega}_h$ 在 $\bar{\Omega}_2$ 限制而成的子网格，利用五点差分格式，计算 Ω_2 内的二维 Poisson 方程，相应的边界条件是

$$u|_{\gamma_2} = \tilde{\boldsymbol{u}}_h^{k+1}, \quad u|_{\partial \Omega \cap \partial \Omega_2} = 0.$$

相应的计算结果记为 $\boldsymbol{u}_h^{k+1}$。

若重叠区域 $\Omega_1 \cap \Omega_2$ 的两个计算结果 $\boldsymbol{u}_h^{k+1}$ 和 $\tilde{\boldsymbol{u}}_h^{k+1}$ 充分接近，则迭代可以停止。理论分析表明：重叠型 Schwarz 方法是收敛的，其收敛速度同重叠区域的面积百分比成正比。换言之，若重叠区域的面积越大，则迭代收敛的速度越快。

在上述算法中，计算流程称为异步并行方式，边界信息交换方式称为 Dirichlet-Dirichlet 方式。计算流程和边界信息交换方式还有其他策略，例如同步并行方式和 Dirichlet-Neumann 方式。更多内容可以详见文献 [7]。

[①] 位于内部边界的函数可以理解为相应网格点信息形成的线性插值函数。

10.2 最大模估计

本节以二维 Poisson 方程 Dirichlet 边值问题的五点差分格式为例,建立椭圆型差分格式的最大模稳定性和误差估计[①]。理论分析的核心是离散系统的强最大值原理。

10.2.1 强最大值原理

为行文简便,本节采用单下标标注方法。换言之,离散点直接利用整数 ℓ 来表示,相应的数值解用 u_ℓ 来表示。

回忆 (10.2),设离散网格为 $\bar{\Omega}_h = \Omega_h \cup \Gamma_h$,其中 Ω_h 是网格内点集,Γ_h 是网格边界点集。设 $\{u_j\}_{\forall j \in \bar{\Omega}_h}$ 是待解的网格函数,满足差分格式

$$\mathcal{D}_h u_j \equiv d_{jj} u_j - \sum_{k \in \mathscr{O}(j)} d_{jk} u_k = f_j, \qquad j \in \Omega_h, \tag{10.22a}$$

$$u_j = g_j, \qquad j \in \Gamma_h, \tag{10.22b}$$

其中 f_j 和 g_j 是已知的网格函数,$\mathscr{O}(j)$ 是网格内点 j 的空心邻域,包含同 j 关联的有限个网格点。若 $\{d_{jj}\}_{\forall j}$ 和 $\{d_{jk}\}_{\forall j \forall k}$ 均是给定的正数,且满足

$$d_{jj} \geqslant \sum_{k \in \mathscr{O}(j)} d_{jk}, \quad \forall j, \tag{10.23}$$

则称 $\mathcal{D}_h$ 是椭圆型差分算子,(10.22) 是椭圆型差分格式。

默认离散网格 $\bar{\Omega}_h$ 关于差分格式 (10.22) 是**连通**的。换言之,对于任意两个网格内点 $\ell_\star$ 和 $\ell^\star$,均存在一个由网格内点形成的路径

$$\ell_\star = \ell_0, \ell_1, \ell_2, \cdots, \ell_{m-1}, \ell_m = \ell^\star, \tag{10.24a}$$

将两点连接起来,其中

$$\ell_r \in \mathscr{O}(\ell_{r-1}), \quad r = 1:m. \tag{10.24b}$$

由于网格边界点至少落在某个网格内点的空心邻域内,两个网格点可以包含一个网格边界点。

引理 10.1(强最大值原理) 若网格函数 $u = \{u_j\}_{j \in \bar{\Omega}_h}$ 不恒等于常值,且处处满足

$$\mathcal{D}_h u_j \leqslant 0, \quad j \in \Omega_h, \tag{10.25}$$

则 u 不可能在网格内点集 Ω_h 上取到正的最大值。

证明 反证。假设 u 在网格内点 j_0 处取到正的最大值。注意到

$$\mathcal{D}_h u_j = \left[d_{jj} - \sum_{k \in \mathscr{O}(j)} d_{jk}\right] u_j + \sum_{k \in \mathscr{O}(j)} d_{jk} [u_j - u_k], \tag{10.26}$$

[①] 至于 L^2 模度稳定性和误差估计,可以利用能量方法或矩阵直接方法给出;详略。

利用椭圆型差分算子的性质,可知 $\mathcal{D}_h u_{j_0} \geqslant 0$。因此,假设条件 (10.25) 蕴含 $\mathcal{D}_h u_{j_0} = 0$,进而得到

$$d_{j_0 j_0} = \sum_{k \in \mathscr{O}(j_0)} d_{j_0 k}, \quad 且 \ u_k = u_{j_0}, \ \forall k \in \mathscr{O}(j_0).$$

换言之,同 j_0 关联的网格点也取到正的最大值。由于离散网格 $\bar{\Omega}_h$ 是连通的,利用离散模板的漂移,可知所有网格点都取到正的最大值,这同引理条件 (非定常假设) 矛盾! 因此,命题得证。 □

事实上,引理 10.1 数值刻画了椭圆型方程强最大值原理。作为一个直接应用,我们建立椭圆型差分格式的优函数理论。

引理 10.2 若椭圆型差分格式

$$\begin{cases} \mathcal{D}_h U_j = F_j, & j \in \Omega_h, \\ U_j = G_j, & j \in \Gamma_h. \end{cases} \tag{10.27}$$

和椭圆型差分格式 (10.22) 具有相同的算子结构,且

$$|f_j| \leqslant F_j, \ \forall j \in \Omega_h; \quad |g_j| \leqslant G_j, \ \forall j \in \Gamma_h,$$

则称网格函数 U_j 是椭圆型差分格式 (10.22) 的**优函数**,即

$$|u_j| \leqslant U_j, \quad \forall j \in \bar{\Omega}_h. \tag{10.28}$$

证明 记 $z_j = u_j - U_j$。利用差分格式的线性结构,有

$$\begin{cases} \mathcal{D}_h z_j = -F_j + g_j \leqslant 0, & j \in \Omega_h, \\ z_j = -G_j + g_j \leqslant 0, & j \in \Gamma_h. \end{cases} \tag{10.29}$$

利用引理 10.1,可知 $z_j \leqslant 0$ 处处成立。类似地,可证 $u_j + U_j \geqslant 0$ 处处成立。证毕。 □

10.2.2 简单估计

下面建立椭圆型差分格式 (10.22) 的最大模稳定性结论和最大模误差估计。为简单起见,设差分方程都具有 (10.6) 的形式,即规则内点的五点差分方程是等臂长的,非规则内点的五点差分方程可能是非等臂长的。

定理 10.1 椭圆型差分格式 (10.22) 满足最大模稳定性,即

$$\|u_h\|_{\bar{\Omega}_h, \infty} \leqslant C_1 \Big[\|f\|_{\Omega_h, \infty} + \|g\|_{\Gamma_h, \infty} \Big], \tag{10.30}$$

其中界定常数 $C_1 > 0$ 同空间步长 h 无关。

证明 设 $(x_\star, y_\star)$ 和 ρ 分别是计算区域 Ω 的中心和半径,定义

$$U(x, y) = K \Big[\rho^2 - (x - x_\star)^2 - (y - y_\star)^2 \Big], \tag{10.31}$$

其中 K 是需要适当选取的正常数。简单计算,可知 $\mathcal{D}_h U_j = \theta K$;对于五点差分方程 (10.6) 而言,在规则内点有 $\theta = 4$,在非规则内点也有 $\theta > 2$。因此,取

$$K = \frac{1}{2} \max_{\Omega_h} |f_j|,$$

利用引理 10.2 可知, (10.31) 定义的网格函数 $\{U_j = U(x_j, y_j)\}_{\forall j \in \bar{\Omega}_h}$ 是椭圆型差分格式

$$\begin{cases} \mathcal{D}_h u_j^{(1)} = f_j, & j \in \Omega_h, \\ u_j = 0, & j \in \Gamma_h, \end{cases} \tag{10.32}$$

的优函数, 即 $\|u^{(1)}\|_{\bar{\Omega}_h,\infty} \leqslant \frac{1}{2}\rho^2 \|f\|_{\Omega_h,\infty}$。

显然, 常值网格函数 $\{V_j = \max_{\Gamma_h} |g_j|\}_{\forall j \in \bar{\Omega}_h}$ 是椭圆型差分格式

$$\begin{cases} \mathcal{D}_h u_j^{(2)} = 0, & j \in \Omega_h, \\ u_j = g_j, & j \in \Gamma_h, \end{cases} \tag{10.33}$$

的优函数。因此, $\|u^{(2)}\|_{\bar{\Omega}_h,\infty} \leqslant \|g\|_{\Gamma_h,\infty}$。

注意到 $u_h = u^{(1)} + u^{(2)}$ 和三角不等式, 可知

$$\|u_h\|_{\bar{\Omega}_h,\infty} = \|u^{(1)} + u^{(2)}\|_{\bar{\Omega}_h,\infty} \leqslant \|u^{(1)}\|_{\bar{\Omega}_h,\infty} + \|u^{(2)}\|_{\bar{\Omega}_h,\infty}.$$

综上所述, 定理即证。 □

下面建立五点差分格式的最大模误差估计。设 $\Omega = (0,1) \times (0,1)$ 是正方形区域, 相应的离散网格

$$\bar{\Omega}_h = \{(x_j, y_k) = (jh, kh)\}_{j=0:J}^{k=0:J}, \quad h = 1/J$$

同计算区域是完美匹配的。换言之, 非规则内点的五点差分方程 (10.6) 也是等臂长的。利用线性结构, 可得误差方程

$$\begin{cases} \mathcal{D}_h e_j = \tau_j, & j \in \Omega_h, \\ e_j = 0, & j \in \Gamma_h, \end{cases} \tag{10.34}$$

其中 $e_j = [u]_j - u_j$ 是数值误差, $\tau_j = \mathcal{O}((h)^2)$ 是局部截断误差。因此, 由定理 10.1 可知,

$$\|e\|_{\bar{\Omega}_h,\infty} \leqslant C_1 \|\tau\|_{\Omega_h,\infty} \leqslant C_2 (h)^2.$$

换言之, 五点差分格式具有二阶的最大模误差。

10.2.3 精细估计

回顾 §10.1.2 可知: 对于二维有界区域, 非规则内点的五点差分方程可能是非等臂长的, 相应的局部截断误差可能至多一阶。此时, 直接利用定理 10.1, 相应的最大模误差估计也至多一阶。但是, 数值经验表明最大模误差依旧可以达到二阶。换言之, 理论结果同真实表现存在差距。

为消除上述差距, 我们需要完善定理 10.1 的结论, 建立更加精细的最大模稳定性结论。基于线性叠加原理, 将椭圆型差分格式 (10.32) 的数值解再次分裂为两个网格函数, 即

$$u^{(1)} = u^\star + u^{\star\star}, \tag{10.35}$$

其中 $u^\star$ 和 $u^{\star\star}$ 分别满足椭圆型差分格式

$$\begin{cases} \mathcal{D}_h u_j^\star = f_j, & \mathcal{D}_h u_j^{\star\star} = 0, \quad j \in \Omega_h^\star, \\ \mathcal{D}_h u_j^\star = 0, & \mathcal{D}_h u_j^{\star\star} = f_j, \quad j \in \Omega_h^{\star\star}, \\ u_j^\star = 0, & u_j^{\star\star} = 0, \quad j \in \Gamma_h, \end{cases} \tag{10.36}$$

在 (10.36) 中，$\Omega_h^\star$ 是规则内点集，$\Omega_h^{\star\star}$ 是非规则内点集。类似于定理 10.1 的证明，借助同样的优函数可知

$$\|u^\star\|_{\bar{\Omega}_h,\infty} \leqslant C_3 \|f\|_{\Omega_h^\star,\infty}, \tag{10.37}$$

其中定解常数 $C_3 > 0$ 同空间步长无关。要估计 $u^{\star\star}$，我们需要完成下面两步：

(1) 首先，仿照引理 10.1 的证明过程，建立增强版的强最大值原理：若 $u^{\star\star}$ 不是常值函数，则正的最大值和负的最小值均不会出现在规则内点集 $\Omega_h^\star$ 上。换言之，$u^{\star\star}$ 的最大绝对值必然出现在非规则内点集 $\Omega_h^{\star\star}$ 上。

(2) 然后，深入观察 $\Omega_h^{\star\star}$ 内的五点差分方程，有

$$\tilde{d}_{jj} u_j + \sum_{k \in \mathscr{O}(j), k \notin \Gamma_h} d_{jk} \big[u_j - u_k \big] = f_j, \tag{10.38a}$$

且

$$\tilde{d}_{jj} \equiv d_{jj} - \sum_{k \in \mathscr{O}(j), k \notin \Gamma_h} d_{jk} \geqslant \frac{C_4}{h^2}, \quad \forall j \in \Omega_h^{\star\star}, \tag{10.38b}$$

其中界定常数 $C_4 > 0$ 同空间步长无关。设正的最大值 (或负的最小值) 在某个非规则内点取到，考虑相应位置的差分方程 (10.38a)。利用 (10.38b)，可知

$$\|u^{\star\star}\|_{\Omega_h^{\star\star},\infty} \leqslant C_5 h^2 \|f\|_{\Omega_h^{\star\star},\infty}, \tag{10.39}$$

其中界定常数 $C_5 > 0$ 同空间步长无关。

综上所述，椭圆型差分格式 (10.22) 具有更加精细的最大模稳定性结论

$$\|u_h\|_{\bar{\Omega}_h,\infty} \leqslant C_6 \Big[\|f\|_{\Omega_h^\star,\infty} + h^2 \|f\|_{\Omega_h^{\star\star},\infty} + \|g\|_{\Gamma_h,\infty} \Big], \tag{10.40}$$

其中界定常数 $C_6 > 0$ 同空间步长无关。

⚓ **论题 10.3** 证明：无论 Dirichlet 边界条件的数值处理是否完美，五点差分格式 (10.6) 都具有二阶的最大模误差估计。

答：此时，误差方程 (10.34) 依旧成立。由 (10.40)，可知

$$\|e\|_{\bar{\Omega}_h,\infty} \leqslant C_6 \Big[\|\tau\|_{\Omega_h^\star,\infty} + h^2 \|\tau\|_{\Omega_h^{\star\star},\infty} \Big].$$

于是，论题得证。 □

⚓ **注释 10.2** 类似地，在适当的时空约束条件下，二维扩散方程 Dirichlet 问题的偏隐格式也具有最优的最大模误差估计，无论边界条件的数值离散是否完美。例如，对于任意的网比，全隐格式也具有强最大值原理，相应的最大模误差都是 $\mathcal{O}(h^2 + \Delta t)$，其中 h 是空间步长，Δt 是时间步长。

⚓ **注释 10.3** 考虑带有自然边界条件的椭圆型方程定解问题。此时，能量方法是更为有效的数值分析工具。利用离散网格上的不同范数等价关系，我们可以导出相应的最大模误差估计。

10.3 提高数值精度的方法

五点格式只有二阶精度，相应的计算效率不高。比如，数值误差要降至原有的 25%，空间步长需缩小 50%，计算规模需膨胀 4 倍。若线性方程组的计算复杂度是非线性的，则相应的 CPU 时间将急剧地增长。本节给出三种常用的解决途径。

10.3.1 Richardson 外推技术

Richardson 外推技术是简单易行的事后处理方法，可以基于较粗的网格和较少的运算量，快速获得更为准确的数值解。相应的理论基础是误差渐近展开公式。

⚓ **论题 10.4** 考虑论题 10.2 中的五点差分格式，建立相应的误差渐近展开公式。

答：考虑辅助的椭圆型方程

$$-\Delta w = [u_{xxxx}] + [u_{yyyy}], \quad (x,y) \in \Omega = (0,1) \times (0,1), \tag{10.41a}$$

$$w = 0, \quad (x,y) \in \Gamma, \tag{10.41b}$$

其中 $w(x,y)$ 是未知函数，$u(x,y)$ 是二维 Poisson 方程定解问题的真解。采用双下标标注法，令

$$\eta_{jk} = u_{jk} - [u]_{jk} - \frac{1}{12}h^2[w]_{jk},$$

其中 u_{jk} 是五点差分格式的数值解。注意到五点差分格式的局部截断误差，简单计算可知

$$\mathcal{L}_h \eta_{jk} = \mathcal{O}(h^4), \quad (x_j, y_k) \in \Omega_h, \tag{10.42a}$$

$$\eta_{jk} = 0, \quad (x_j, y_k) \in \Gamma_h, \tag{10.42b}$$

其中 $\mathcal{L}_h$ 的具体定义见 (10.5)，Ω_h 是网格内点集，Γ_h 是网格边界点集。利用椭圆型差分格式的优函数理论，可知 $\|\eta\|_{\bar{\Omega}_h, \infty} = \mathcal{O}(h^4)$，即五点差分格式具有误差渐近展开公式

$$u_{jk} = [u]_{jk} + \frac{1}{12}h^2[w]_{jk} + \mathcal{O}(h^4). \tag{10.43}$$

证毕。   □

设 $\bar{\Omega}_h$ 是由 $\bar{\Omega}_{2h}$ 加密而成的嵌套网格，基于细网格 $\bar{\Omega}_h$ 和粗网格 $\bar{\Omega}_{2h}$，五点差分格式给出的两个数值解分别记为 u^h 和 u^{2h}。它们都是真解 $[u]$ 的二阶逼近。基于误差渐近展开公式 (10.43)，定义粗网格 $\bar{\Omega}_{2h}$ 上的 Richardson 外推组合

$$\tilde{u}^{2h} = \frac{4}{3}u^h - \frac{1}{3}u^{2h}. \tag{10.44}$$

显然，它是真解 $[u]$ 的四阶逼近，即 $\|\tilde{u}^{2h} - [u]^{2h}\|_{\Omega_{2h}, \infty} = \mathcal{O}(h^4)$。

⚓ **注释 10.4** 当区域形状变得复杂或者边界条件类型发生变化时，边界条件离散方法可能影响误差渐近展开公式的完美结构。一般而言，对于本质边界条件，Richardson 外推公式 (10.44) 依旧有效；对于自然边界条件，相应的数值外推表现不够理想。

10.3.2 九点格式

直接提高数值格式的相容阶, 也是有效的解决途径。为此, 离散模板需要相应的扩张, 即可实现上述目标。例如, 基于正方形网格, 二维 Poisson 方程 (10.1) 的**四阶九点格式**可以定义为

$$\mathcal{N}_h u_c := \left[\frac{2}{3}\mathcal{L}_h + \frac{1}{3}\mathcal{S}_h\right] u_c = f_c - \frac{h^2}{12}\mathcal{L}_h f_c, \tag{10.45}$$

其中 $\mathcal{L}_h$ 是正五点格式 (10.5) 的差分算子, $\mathcal{S}_h$ 是**斜五点格式** [1]

$$\mathcal{S}_h u_c \equiv \frac{1}{2h^2}\Big[4u_c - u_{ne} - u_{nw} - u_{se} - u_{sw}\Big] = f_c \tag{10.46}$$

的差分算子。三个格式的离散模板可参见图 10.4。

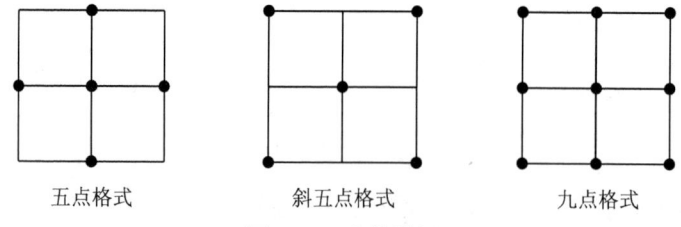

图 10.4 离散模板 (五点格式, 斜五点格式, 九点格式)

基于正方形网格, 在 (10.45) 的右侧增加适当的高阶修正, 可得二维 Poisson 方程 (10.1) 的**六阶九点格式**

$$\left[\frac{2}{3}\mathcal{L}_h + \frac{1}{3}\mathcal{S}_h\right] u_c = f_c - \frac{h^2}{12}\mathcal{L}_h f_c - \frac{h^4}{240}(\delta_x^4 + \delta_y^4) f_c + \frac{h^4}{90}\delta_x^2 \delta_y^2 f_c.$$

有兴趣的读者, 可参见 [14] 或自行推导。

注释 10.5 基于非正方形的空间 (矩形) 网格, 二维 Poisson 方程 (10.1) 的四阶九点格式将略显复杂。事实上, 它可以定义为

$$-\left[\frac{\delta_x^2}{(\Delta x)^2} + \frac{\delta_y^2}{(\Delta y)^2} + \frac{(\Delta x)^2 + (\Delta y)^2}{12(\Delta x)^2(\Delta y)^2}\delta_x^2\delta_y^2\right] u_c = \left[1 + \frac{\delta_x^2 + \delta_y^2}{12}\right] f_c,$$

其中 Δx 和 Δy 是两个方向的空间步长。要确保它是椭圆型差分格式, Δx 和 Δy 需要满足限制条件 $\frac{1}{\sqrt{5}} \leqslant \frac{\Delta x}{\Delta y} \leqslant \sqrt{5}$。

随着离散模板的扩张, 数值格式的相容阶得以提高。但是, 系数矩阵会越来越稠密, 线性方程组的数值求解也会越来越困难。

10.3.3 Kreiss 差分格式

回忆 (2.30), 二阶导数具有紧凑的四阶逼近方式

$$D^2 = \frac{1}{h^2}\frac{\delta^2}{I + \delta^2/12} + \mathcal{O}(h^4), \tag{10.47}$$

---
[1] 在旋转变换下, Laplace 算子的形式保持不变。将直角坐标系旋转 $\pi/4$, 正五点格式 (10.5) 可以导出斜五点格式 (10.46)。相应的局部截断误差也是 $\mathcal{O}(h^2)$。

其中 h 为相应方向的空间步长。基于此，我们可以构造二维 Poisson 方程 (10.1) 的 Kreiss 格式。它是四阶相容的**紧凑型差分格式**，将真解和导数同时作为逼近目标。

空间网格设置如前。Kreiss 格式的设计过程如下：同时引进三个网格函数 u、p 和 q，分别逼近问题真解和二阶导数，即

$$u \approx [u], \quad p \approx [u_{xx}], \quad q \approx [u_{yy}].$$

为行文简便，下面采用双下标标注方法。以网格点 (x_j, y_k) 为离散焦点。对应二维 Poisson 方程 (10.1)，定义差分方程

$$-\left(p_{jk} + q_{jk}\right) = f_{jk}. \tag{10.48a}$$

利用 (10.47) 离散两个空间导数，可以建立差分方程

$$\frac{1}{12}p_{j+1,k} + \frac{5}{6}p_{jk} + \frac{1}{12}p_{j-1,k} = \frac{1}{h^2}\delta_x^2 u_{jk}, \tag{10.48b}$$

$$\frac{1}{12}q_{j,k+1} + \frac{5}{6}q_{jk} + \frac{1}{12}q_{j,k-1} = \frac{1}{h^2}\delta_y^2 u_{jk}. \tag{10.48c}$$

联立上述三种差分方程，即可得到网格函数 u, p, q 的线性方程组，其未知量的总数是网格点数的三倍。

这个超大规模的线性方程组可以利用迭代方法求解。以 Dirichlet 零边值问题为例。若猜测初值或迭代解 u^n 是已知的，则迭代解 u^{n+1} 可以按照以下步骤进行计算：

(1) 利用 (10.48b) 和 (10.48c)，计算相应的 p^n 和 q^n。此时，位于边界位置的二阶导数可以利用 u^n 的二阶单侧差商来表示。在每条直线段上，相应的线性方程组具有对角占优的三对角系数矩阵，可以利用 Thomas 算法快速地求解。因此，相应的乘除法运算次数同直线上的未知量个数成正比例。

(2) 利用 (10.48a) 的简单迭代格式

$$\frac{u_{jk}^{n+1} - u_{jk}^n}{\tau^n} - \left[p_{jk}^n + q_{jk}^n\right] = f_{jk}, \tag{10.49}$$

可以给出下一步的迭代解 u^{n+1}，其中 τ^n 是迭代参数，称为虚拟时间步长。

若相邻误差 $\|u^{n+1} - u^n\|_2$ 达到用户需求，则迭代可以停止。

10.4 有限元方法 ‡

当二维区域形状复杂且边界条件出现导数的时候，基于正交网格的差分方法略显捉襟见肘，相应的数值实现过程显得相当烦琐。此时，有限元 (finite element) 方法将充分展现出其灵活性和数值优势。它的巨大成功主要源于下面三个原因：

(1) 基于椭圆型方程的变分表述，自然边界条件的处理变得简单。有限元方法继承了古典变分方法的基本框架，相应的数值计算具有扎实的理论基础。

(2) 基于分片多项式理论，有限元方法成功地克服了古典变分方法的缺点，可以用于任意形状的区域，具有充分的灵活性。

(3) 在有限元方法中，刚度矩阵和荷载向量的组装具有标准的操作流程，相应的程序编程和实际应用具有统一的操作框架。

在 R. W. Clough (1960) 关于平面弹性力学问题的学术论文中，有限元方法的名称首次出现。在同一时期，以冯康院士为首的中国数值专家也独立提出了相同的方法，当时的名称是"基于变分原理的差分方法"。事实上，著名的应用数学家 R. Courant 在 1943 年就提出过类似的思想。时至今日，有限元方法已经广泛应用于各种类型的偏微分方程，成为一种主流数值方法。

本节仍以二维 Poisson 方程的 Dirichlet 边值问题为例。为简单起见，设 Ω 是二维凸多边形区域，考虑定解问题

$$-(u_{xx}+u_{yy}) = f(x,y), \quad (x,y) \in \Omega, \tag{10.50a}$$

$$u(x,y) = 0, \quad (x,y) \in \Gamma = \partial\Omega, \tag{10.50b}$$

其中 f 是已知的连续函数。至于自然边界条件，我们将会给予简要说明。模型问题 (10.50) 虽然简单，却足以展现有限元方法的基本内容，说明它和差分方法的联系和区别。

10.4.1 变分方法的基本理论

对于弹性力学问题，相应的数学描述通常有两种方式，其一是基于牛顿定律导出的微分方程定解问题，其二是基于能量原理导出的变分问题。两者相比，后者更能准确反映数学物理问题的本质，因为它具有下面的优点：

(1) 关于解函数的可导性要求，微分方程定解问题要强于变分问题。在很多实际问题中，解函数无法逐点满足微分方程定解问题，却可以 (在积分意义下) 整体满足变分问题。

(2) 微分方程需要明确给出边界条件，而变分问题将边界条件融入到函数空间的定义中。因此，变分问题可以轻松处理各种边界条件，特别是含有导数的自然边界条件。

下面以模型问题 (10.50) 为例，介绍椭圆型方程的变分方法。

Dirichlet 边界条件也称为本质边界条件，必须出现在相应的函数空间内。对应本质边界条件 (10.50b)，引进赋范线性空间[①]

$$\mathcal{H} = \{v : v, v_x, v_y \in L^2(\Omega) \text{ 且 } v|_\Gamma = 0\}, \tag{10.51}$$

它是函数空间 $C_0^1(\Omega)$ 关于范数

$$\|v\|_{\mathcal{H}} = \left(\|v\|^2 + \|v_x\|^2 + \|v_y\|^2\right)^{\frac{1}{2}} \tag{10.52}$$

的完备化。由于 $C_0^1(\Omega)$ 在 $\mathcal{H}$ 中稠密，不妨将 $\mathcal{H}$ 粗略地理解为 $C_0^1(\Omega)$。关于 $\mathcal{H}$ 的详细内容，可参见 Sobolev 空间理论[1]。

对于模型问题 (10.50)，常用的变分描述主要有两个。因篇幅有限，我们跳过详细的推导过程，直接给出它们的具体形式。

(1) Rietz 变分问题：求 $u \in \mathcal{H}$，使

$$E(u) = \min_{v \in \mathcal{H}} E(v), \tag{10.53}$$

---

① 导数应当理解为"广义导数"，边界取值应当理解为"迹"。

10.4 有限元方法 ‡

其中
$$E(v) = \int_\Omega \left[\frac{1}{2}(v_x^2 + v_y^2) - fv\right] \mathrm{d}x. \tag{10.54}$$

它对应物理学的最小势能原理。

(2) Galerkin 变分问题: 求 $u \in \mathcal{H}$, 使得

$$A(u,v) = F(v), \quad \forall v \in \mathcal{H}, \tag{10.55a}$$

其中

$$A(u,v) \equiv \int_\Omega \nabla u \cdot \nabla v \mathrm{d}x, \quad F(v) \equiv \int_\Omega fv \mathrm{d}x. \tag{10.55b}$$

它对应物理学的虚功原理。

在 (10.55) 中, u 称为试探函数, v 称为检验函数, 其所属空间分别称为试探函数空间和检验函数空间。由于两个函数空间相同, 故而 (10.55) 称为 Galerkin 变分问题。

同 Rietz 变分问题相比, Galerkin 变分问题具有更加广泛的适用范围。本节主要讨论 Galerkin 变分问题及其相关理论和应用。为行文简便, 双线性泛函和线性泛函的具体定义常常被忽视。

定理 10.2 (Lax-Milgram 定理) 设 $\mathcal{H}$ 是以范数 $\|\cdot\|_\mathcal{H}$ 为度量的 Banach 空间, 双线性泛函 $A(w,v): \mathcal{H} \times \mathcal{H} \to \mathfrak{R}$ 满足

(1) 对称: $A(w,v) = A(v,w)$;
(2) 正定: 存在固定常数 $M_1 > 0$, 使得 $A(v,v) \geqslant M_1\|v\|_\mathcal{H}^2$;
(3) 有界: 存在固定常数 $M_2 > 0$, 使得 $|A(w,v)| \leqslant M_2\|w\|_\mathcal{H}\|v\|_\mathcal{H}$.

若 $F(v): \mathcal{H} \to \mathfrak{R}$ 是有界线性泛函, 则 Galerkin 变分问题 (10.55) 的解 $u \in \mathcal{H}$ 存在且唯一, 满足先验估计

$$\|u\|_\mathcal{H} \leqslant \frac{1}{M_1}\|F\|_{\mathcal{H}^*} = \frac{1}{M_1}\sup_{v \neq 0}\frac{|F(v)|}{\|v\|_\mathcal{H}}.$$

我们跳过 Lax-Milgram 定理的证明, 直接将其用于 Galerkin 变分问题 (10.55)。显然, $A(\cdot,\cdot)$ 是对称的双线性泛函。利用 Cauchy-Schwartz 不等式, 可知

$$A(u,v) \leqslant \|u\|_\mathcal{H}\|v\|_\mathcal{H}, \quad \forall u,v \in \mathcal{H},$$

即 $A(\cdot,\cdot)$ 满足有界性。注意到 $u|_\Gamma = 0$, 利用著名的 Poincáre 不等式, 简单计算可知

$$A(u,u) = \|u_x\|^2 + \|u_y\|^2 \geqslant M_1\|u\|_\mathcal{H}^2.$$

显然, $F(\cdot)$ 是有界线性泛函。因此, Lax-Milgram 定理的条件均满足, Galerkin 变分问题 (10.55) 的解 $u \in \mathcal{H}$ 存在且唯一。

定理 10.3 模型问题 (10.50) 的古典解必定满足 Galerkin 变分问题 (10.55)。反之, 若 Galerkin 变分问题 (10.55) 的解满足

$$u \in C^2(\Omega) \cap C^0(\bar{\Omega}),$$

则它也是模型问题 (10.50) 的古典解。

证明 第一个结论是显然的，我们只需证明第二个结论。注意到 $u \in C^2(\Omega)$ 和 $v|_\Gamma = 0$，由分部积分公式可知
$$-\int_0^1 \triangle u v \mathrm{d}x = \int_\Omega \nabla u \cdot \nabla v \mathrm{d}x.$$
因此，由变分形式 (10.55a) 可得
$$\int_\Omega \left[-\triangle u - f \right] v \mathrm{d}x = 0, \quad \forall v \in \mathcal{H}. \tag{10.56}$$
利用变分法基本原理[①]可知，$-\triangle u = f$ 处处成立。注意到 $u|_\Gamma = 0$，可知 u 是模型问题 (10.50) 的古典解。 □

鉴于上述事实，Galerkin 变分问题 (10.55) 的解也称为模型问题 (10.50) 的弱解。在后续的讨论中，两个概念将等同起来。

注释 10.6 Neumann 和 Robin 边界条件称为自然边界条件，因为它们可以直接体现在变分方程中，不用出现在试探函数空间或者检验函数空间中。若二维 Poisson 方程 (10.1) 具有边界条件
$$\frac{\partial u}{\partial \gamma} + \sigma u = g(x, y),$$
其中 $\sigma \geqslant 0$ 是给定的常数，$\gamma = (\gamma_1, \gamma_2)$ 是单位外法向量，相应的 Galerkin 变分问题是：求 $u \in \widetilde{\mathcal{H}} \equiv \{v : v, v_x, v_y \in \mathrm{L}^2(\Omega)\}$，使得
$$\int_\Omega \nabla u \nabla v \mathrm{d}x \mathrm{d}y + \int_\Gamma \sigma u v \mathrm{d}s = \int_\Omega f v \mathrm{d}x + \int_\Gamma g v \mathrm{d}s, \quad \forall v \in \widetilde{\mathcal{H}}.$$
因篇幅限制，具体的推导过程略。

10.4.2 古典变分法

由于 $\mathcal{H}$ 是无穷维空间，变分问题 (10.55) 通常是无法准确求解的。古典变分法是较为有效的近似求解方法，其实现过程如下。

设
$$\mathcal{H}_n = \mathrm{span}\{\psi_1(x), \psi_2(x), \cdots, \psi_n(x)\} \tag{10.57}$$
是 $\mathcal{H}$ 的有限维子空间，其中 $\psi_1(x), \psi_2(x), \cdots, \psi_n(x)$ 是线性无关的基函数。将变分问题 (10.55) 局限在 $\mathcal{H}_n$ 内，可以得到有限维变分问题：求 $u_n(x) \in \mathcal{H}_n$，使得
$$A(u_n, v_n) = F(v_n), \quad \forall v_n \in \mathcal{H}_n. \tag{10.58}$$
既然 $u_n(x) \in \mathcal{H}_n$，试探函数可以表示为
$$u_n = \sum_{j=1}^n \alpha_j \psi_j(x), \tag{10.59}$$
其中 $\{\alpha_j\}_{j=1}^n$ 是待定系数。依次令检验函数为
$$v_n(x) = \psi_j(x), \quad j = 1, 2, \cdots, n,$$

[①] 由于 $\triangle u + f$ 是连续的，取 $v = \triangle u + f$ 即可证明。

10.4 有限元方法 ‡

有限维变分问题 (10.58) 可以等价转化为 $\boldsymbol{\alpha} = [\alpha_1, \alpha_2, \cdots, \alpha_n]^T$ 的线性方程组

$$\mathbb{A}\boldsymbol{\alpha} = \boldsymbol{b}, \tag{10.60}$$

其中

$$\mathbb{A} = \left(A(\psi_j, \psi_i)\right)_{i=1:n}^{j=1:n}, \quad \boldsymbol{b} = [F(\psi_1), F(\psi_2), \cdots, F(\psi_n)]^T, \tag{10.61}$$

分别称作刚度矩阵和荷载向量。

由于双线性泛函 $A(u,v)$ 是对称正定的，于是刚度矩阵 $\mathbb{A}$ 是对称正定的。因此，线性方程组 (10.60) 存在唯一解 $\boldsymbol{\alpha}$，相应的函数 $u_n \in \mathcal{H}_n$ 也是变分问题 (10.58) 的唯一解。

引理 10.3 (Ceá 引理) 设 $\mathcal{H}$ 为 Banach 空间，双线性泛函 $A(\cdot,\cdot)$ 满足定理 10.2 的有界性和正定性。若 $\mathcal{H}_n$ 是 $\mathcal{H}$ 的有限维子空间，则存在仅仅依赖 M_1 和 M_2 的正常数 β，使得

$$\|u - u_n\|_{\mathcal{H}} \leqslant \beta \inf_{v \in \mathcal{H}_n} \|u - v\|_{\mathcal{H}}, \tag{10.62}$$

其中 u 满足变分问题 (10.55)，u_n 满足变分问题 (10.58)。

证明 注意到 $\mathcal{H}_n \subset \mathcal{H}$，将 (10.55) 和 (10.58) 相减，可知误差 $u - u_n$ 满足**正交性质**

$$A(u - u_n, v) = 0, \quad \forall v \in \mathcal{H}_n. \tag{10.63}$$

利用 $A(\cdot,\cdot)$ 的正定性和有界性，有

$$\begin{aligned}M_1\|u - u_n\|_{\mathcal{H}}^2 &\leqslant A(u - u_n, u - u_n) = A(u - u_n, u - v) \\ &\leqslant M_2 \|u - u_n\|_{\mathcal{H}} \|u - v\|_{\mathcal{H}},\end{aligned} \tag{10.64}$$

其中 $v \in \mathcal{H}$ 是任意的函数。取正常数 $\beta = M_2/M_1$，即证。 □

定理 10.4 (投影定理) 假设引理 10.3 的条件成立，且双线性泛函 $A(\cdot,\cdot)$ 还具有对称性，则

$$\|\!|u - u_n|\!\| = \inf_{v \in \mathcal{H}_n} \|\!|u - v|\!\|, \tag{10.65}$$

其中 $\|\!|v|\!\| = \sqrt{A(v,v)}$ 称作能量模。换言之，u_n 是真解 u 在 $\mathcal{H}_n$ 的**最佳能量模逼近**。

证明 定义二元运算

$$[w, v] \equiv A(w, v), \quad w, v \in \mathcal{H}.$$

不难验证，它是空间 $\mathcal{H}$ 的内积，相应的诱导范数 $\|\!|v|\!\| = [v,v]^{1/2}$ 就是能量模。由误差正交性质 (10.63) 可知

$$\begin{aligned}\|\!|u - u_n|\!\|^2 &= A(u - u_n, u - u_n) \\ &= A(u - u_n, u - v), \quad \forall v \in \mathcal{H}_n, \\ &\leqslant \|\!|u - u_n|\!\| \cdot \|\!|u - v|\!\|, \quad \forall v \in \mathcal{H}_n.\end{aligned} \tag{10.66}$$

注意到 $u_n \in \mathcal{H}_n$，定理结论得证。 □

在投影定理 10.4 的条件下，利用 $A(\cdot,\cdot)$ 的正定性和有界性，由 (10.66) 可以导出比 Ceá 引理更加精确的估计

$$\|u-u_n\|_{\mathcal{H}} \leqslant \sqrt{\frac{M_2}{M_1}} \inf_{v\in\mathcal{H}_n} \|u-v\|_{\mathcal{H}}. \tag{10.67}$$

利用误差的正交性质，有 $\|u\|^2 = \|u-u_n\|^2 + \|u_n\|^2$。因此，数值解具有"能量单侧逼近"性质，即

$$\|u_n\| \leqslant \|u\|. \tag{10.68}$$

由于这个性质，有限元方法非常适宜弹性静力学的数值计算。

利用 Ceá 引理或者投影定理可知，古典变分法的误差估计可以转化为相应的函数逼近问题。只要有限维子空间 $\mathcal{H}_n$ 具有良好的函数逼近性质，则古典变分法给出的近似解 u_n 就是可靠的。

定理 10.5 假设引理 10.3 的条件成立。若 $\mathcal{H}$ 是 Hilbert 空间，具有完全的正交系 $\{\psi_i\}_{i=1}^{\infty}$，则有限维子空间

$$\mathcal{H}_n = \mathrm{span}\{\psi_1, \psi_2, \cdots, \psi_n\}$$

可以保证 $\lim_{n\to\infty} \|u-u_n\|_{\mathcal{H}} = 0$。

证明 设 ε 是任意的正数。由于 $\{\psi_i\}_{i=1}^{\infty}$ 是 $\mathcal{H}$ 的完全正交系，存在 $N_\varepsilon \in \mathbb{Z}^+$ 和 $\{\alpha_i\}_{i=1}^{N_\varepsilon}$，使得

$$\left\|u - \sum_{i=1}^{N_\varepsilon} \alpha_i \psi_i\right\|_{\mathcal{H}} \leqslant \varepsilon/\beta.$$

当 $n \geqslant N_\varepsilon$，有 $\mathcal{H}_{N_\varepsilon} \subset \mathcal{H}_n$，由引理 10.3 可得

$$\|u-u_n\|_{\mathcal{H}} \leqslant \beta \inf_{v\in\mathcal{H}_n} \|u-v\|_{\mathcal{H}} \leqslant \beta \left\|u - \sum_{i=1}^{N_\varepsilon} \alpha_i \psi_i\right\|_{\mathcal{H}} \leqslant \varepsilon,$$

即证。 □

设 $\Omega = (0,1)\times(0,1)$，考虑 Dirichlet 零边值问题。若 $\mathcal{H}_{n^2}$ 是正交的三角多项式空间，即

$$\mathcal{H}_{n^2} = \mathrm{span}\{\sin(j\pi x)\sin(k\pi y)\}_{\substack{k=1:n\\j=1:n}},$$

则相应的古典变分法称为谱方法。由定理 10.5 可知，数值解收敛到真解。

10.4.3 标准有限元方法

对于高维椭圆型方程，古典变分法将会遇到以下困难，特别是有限维子空间的构造以及数值格式的计算效率。具体而言，是

(1) 作为函数空间的强制约束，有限维子空间的基函数需要满足 Dirichlet 边界条件。当计算区域形状复杂的时候，这个目标是难以实现的。

(2) 刚度矩阵和荷载向量涉及大量的积分运算。在古典变分法中，基函数通常是 (几乎) 处处非零的。从数值计算的角度出发，它导致两个严重的数值困扰：

(a) 数值积分要遍历整个计算区域，线性方程组的组装过程需要消耗大量的 CPU 时间。

(b) 刚度矩阵通常是稠密的,含有大量的非零元素。这将导致数据存储和方程组求解的代价过高。

基于上述原因,数值工作者提出不同的基函数构造技术,在古典变分法的基础上,发展出很多极富特色的数值方法,例如有限元方法、配置法和谱 (元) 方法等。

在有限元方法中,有限维子空间的基函数是具有紧支集的分片多项式。构造过程如下:

(1) 构造区域 Ω 的网格剖分

$$\mathcal{T}_h = \{K_\ell\}_{\ell=1}^J, \tag{10.69}$$

其中 K_ℓ 是工作单元,使得

$$\text{(i)} \quad \bar{\Omega} = \bigcup_{\ell=1}^J \bar{K}_\ell, \quad \text{(ii)} \quad K_{\ell_1} \cap K_{\ell_2} = \emptyset, \ \ell_1 \neq \ell_2. \tag{10.70}$$

通常,工作单元具有简单的几何结构,例如一维的区间、二维的三角形、矩形或者四边形等。这里,网格参数 h 是单元半径的最大值。

(2) 在每个工作单元 K_ℓ 上,构造有限次数的多项式空间 $\mathcal{P}(K_\ell)$;按照某种原则,它们可以整体拼接出有限维空间

$$\mathcal{H}_n = \prod_{\ell=1}^J \mathcal{P}(K_\ell). \tag{10.71}$$

它就是基于网格剖分 $\mathcal{T}_h$ 的有限元空间,通常记为 V_h,若 $V_h \subset \mathcal{H}$,则相应的古典变分法称为 (标准) 有限元方法。

对于模型问题 (10.50) 而言,无穷维空间 $\mathcal{H}$ 的函数都是连续的[①]。要使 $V_h \subset \mathcal{H}$,相应的网格剖分 $\mathcal{T}_h$ 需要具有适当的协调性,单元顶点不能出现在其他工作单元的边内。换言之,网格剖分不能出现悬挂点。否则,在跨越单元边界时,有限元空间的函数无法保证连续性。

论题 10.5 设 $\Omega = (0,1) \times (0,1)$ 是单位正方形,相应的网格剖分由边长为 h 的正方形沿某方向一分为二而成;参见图 10.5 的左侧。定义线性有限元空间

$$V_h = \{v \in C_0(\Omega) : v|_K \text{是线性多项式}, \forall K \in \mathcal{T}_h\}, \tag{10.72}$$

建立模型问题 (10.50) 的标准有限元方法。

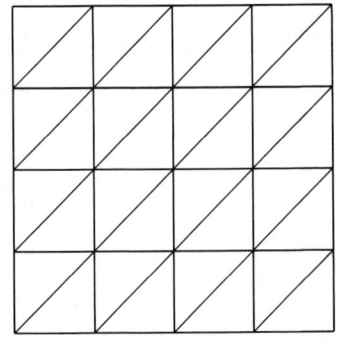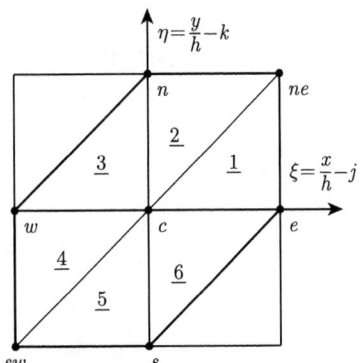

图 10.5 网格剖分及其基本结构

[①]请参阅 Sobolev 空间的嵌入定理。

答：不妨采用罗盘标注方法。

首先，讨论有限元空间 V_h 的基函数。任取正方形内部的某个三角形顶点 $c(x_j, y_k)$，其中 $x_j = jh$ 和 $y_k = kh$。相应的基函数 $\psi^c(x,y) \in V_h$ 是分片线性多项式，仅仅在 c 点取值为 1，在其他节点均取值为 0。参见图 10.5 的右侧，粗线围成的六边形区域是基函数 $\psi^c(x,y)$ 的支集。

对应支集内的 6 个三角形单元，有限元解 u_h 和基函数 ψ^c 的具体定义如下，即

单元 K 编号	有限元解 u_h	基函数 ψ^c
1	$(1-\xi)u_c + (\xi-\eta)u_e + \eta u_{ne}$	$1-\xi$
2	$(1-\eta)u_c + (\eta-\xi)u_n + \xi u_{ne}$	$1-\eta$
3	$(1+\xi-\eta)u_c + \eta u_n - \xi u_w$	$1+\xi-\eta$
4	$(1+\xi)u_c + (\eta-\xi)u_w - \eta u_{sw}$	$1+\xi$
5	$(1+\eta)u_c + (\xi-\eta)u_s + \xi u_{sw}$	$1+\eta$
6	$(1-\xi+\eta)u_c + \xi u_e - \eta u_s$	$1-\xi+\eta$

其中 u_c 和 u_e 等是 u_h 在相应节点的函数值，

$$\xi = \frac{x-x_j}{h}, \quad \eta = \frac{y-y_k}{h} \tag{10.73}$$

是局部区域的直角坐标系。

模型问题 (10.50) 的标准有限元方法是：求 $u_h \in V_h$，使得

$$A(u_h, v_h) = F(v_h), \quad \forall v_h \in V_h, \tag{10.74}$$

其中 $A(\cdot,\cdot)$ 和 $F(\cdot)$ 的定义已经在 (10.55) 给出。令 $v_h = \psi^c(x,y)$，精确计算 (10.74) 的左端 $A(u_h, \psi^c)$，用数值积分公式

$$\int_{\triangle ABC} g(x,y)\mathrm{d}x\mathrm{d}y \approx \frac{|\triangle ABC|}{3}\Big[g(A) + g(B) + g(C)\Big]$$

近似 (10.74) 的右端 $F(\psi^c)$。对应支集内的 6 个三角形单元，相应的计算结果列表如下，即

单元 K 编号	$\int_K (u_{h,x}\psi^c_x + u_{h,y}\psi^c_y)\mathrm{d}x\mathrm{d}y$	$\int_K f\psi^c \mathrm{d}x\mathrm{d}y$ 的近似
1	$\frac{1}{2}(u_c - u_e)$	$\frac{1}{6}f_c h^2$
2	$\frac{1}{2}(u_c - u_n)$	$\frac{1}{6}f_c h^2$
3	$\frac{1}{2}(2u_c - u_n - u_w)$	$\frac{1}{6}f_c h^2$
4	$\frac{1}{2}(u_c - u_w)$	$\frac{1}{6}f_c h^2$
5	$\frac{1}{2}(u_c - u_s)$	$\frac{1}{6}f_c h^2$
6	$\frac{1}{2}(2u_c - u_e - u_s)$	$\frac{1}{6}f_c h^2$

习　题

将 6 个单元的计算结果相加，即可得到 c 点的差分方程

$$4u_c - [u_e + u_n + u_w + u_s] = f_c h^2.$$

它恰好就是五点差分格式 (10.5)。因此说，有限元方法和有限差分方法具有紧密的联系。□

对于非一致的网格结构或者自然边界条件，有限元方法的数值操作依旧简单，数值效果依旧理想。

注释 10.7　利用有限元方法的误差估计技巧，可证：若二维 Possion 方程定解问题的真解充分光滑，网格部分满足适当的条件，则有限元格式均可以达到二阶 L^2 模误差或接近二阶的最大模误差。详见 [9]。

习　题

10.1　考虑单位正方形上的 Poisson 方程 (10.1)，在四条边上具有不同类型的边界条件；参见图 5.2。内部采用正五点格式，导数边界采用虚拟网格法或半网格方法，写出对应的线性方程组。

10.2　基于正方形网格，利用积分插值方法，建立椭圆型方程

$$-(a(x,y)u_x)_x - (b(x,y)u_y)_y = f(x,y)$$

的五点格式，并证明相应的最大模误差估计，其中 $a(x,y)$ 和 $b(x,y)$ 具有正的下确界。

10.3　证明 (10.17)。

10.4　设 $U(x,y)$ 是 (10.31) 给出的优函数。对于非规则内点的两个非等臂长五点差分方程，均有 $\mathcal{D}_h U_j = \theta K$，其中 $\theta > 2$。

10.5　证明 (10.39)。

10.6　考虑任意有界区域的二维发展型扩散方程，设真解充分光滑。请给出全隐格式的最大模估计，其中的边界条件采用非等臂长的离散方式 (5.30) 进行处理。

10.7　建立两点边值问题

$$-u'' + u' + u = f, \quad x \in (0,1),$$
$$u(0) = 0, \quad u'(0) = 1$$

的 Kreiss 格式。

10.8　给定正整数 J，任取 $J+1$ 个网格节点

$$0 = x_0 < x_1 < x_2 < \cdots < x_{J-1} < x_J = 1,$$

形成 $(0,1)$ 的一个网格剖分

$$\mathcal{T}_h = \{I_j = (x_{j-1}, x_j)\}_{j=1:J}, \tag{10.75}$$

其中 $h_j = x_j - x_{j-1}$ 是单元长度，$h = \max_j h_j$ 是网格参数。利用连续分片一次多项式 (有限元) 空间，建立考虑两点边值问题

$$-u'' = f,\ x \in (0,1);\quad u(0) = u(1) = 0$$

有限元格式。给出计算荷载向量的采用数值积分公式，使得有限元格式就是有限差分方法中的不等臂长差分格式

$$-\frac{2}{h_j + h_{j+1}}\left[\frac{u_{j+1} - u_j}{h_{j+1}} - \frac{u_j - u_{j-1}}{h_j}\right] = f_j. \tag{10.76}$$

主要参考文献

- [1] Adams R A. *Sobolev Space*. New York: Academic Press, 2003.
- [2] Leveque R J. *Finite Volume Methods for Hyperbolic Problems*. London: Cambridge University Press, 2002.
- [3] Morton K W, Mayers D F. *Numerical Solutions for Partial Differential Equations*. London: Cambridge University Press, 2005.
- [4] Richtmyer R D, Morton K W. *Difference Methods for Initial-value Problems, 2nd*. Fla.: Krieger Publishing Co., 1994.
- [5] Strikwerda J C. *Finite Difference Schemes and Partial Differential Equations*. SIAM, Philadelphia, 2004.
- [6] Thomas J W. *Numerical Partial Differential Equations: Finite Difference Methods*. New York: Springer-Verlag, 1995.
- [7] Toselli A, Widlund O. *Domain Decomposition Methods: Algorithms and Theory*. Berline Heidelberg: Springer-Verlag, 2005.
- [8] 曹志浩. 多格子方法. 上海: 复旦大学出版社, 1989.
- [9] 胡健伟, 汤怀民. 微分方程数值方法. 天津: 南开大学出版社, 2004.
- [10] 李德元, 陈光南. 抛物型方程差分方法引论. 北京: 科学出版社, 1995.
- [11] 李立康, 於崇华, 朱政华. 微分方程数值解法. 上海: 复旦大学出版社, 2005.
- [12] 李荣华, 冯果忱. 偏微分方程数值解法. *3 版*. 北京: 高等教育出版社, 1996.
- [13] 李治平. 偏微分方程数值解讲义. 北京: 北京大学出版社, 2010.
- [14] 陆金甫, 关治. 偏微分方程数值解法. *2 版*. 北京: 清华大学出版社, 2004.
- [15] 南京大学数学系计算数学专业. 偏微分方程数值解法. 北京: 科学出版社, 1979.
- [16] 林成森. 数值计算方法. *2 版*. 北京: 科学出版社, 2005.
- [17] 张文生. 科学计算中的偏微分方程有限差分法. 北京: 高等教育出版社, 2006.

附 录

A Taylor 级数

设 $f(x)\colon \Re \to \Re$ 是无穷可微函数，相应的 Taylor 级数是

$$f(x) = \sum_{k=0}^{\infty} \frac{1}{k!} \mathcal{D}^k f(x_\star)(x - x_\star)^k, \quad x \in (x_\star - r, x_\star + r), \tag{A.1}$$

其中 $\mathcal{D}$ 是一阶导数算子，$r > 0$ 是收敛半径。

B Fourier 级数(积分)

设 $f(x)\colon \Re \to \mathbb{C}$ 是局部平方可积函数。若 $f(x)$ 以 2π 为周期，则相应的 Fourier 级数是

$$f(x) = \frac{1}{\sqrt{2\pi}} \sum_{k=-\infty}^{\infty} \mathrm{e}^{\mathrm{i}kx} \hat{f}_k, \tag{B.1a}$$

其中

$$\hat{f}_k = \frac{1}{\sqrt{2\pi}} \int_{-\pi}^{\pi} \mathrm{e}^{-\mathrm{i}kx} f(x) \mathrm{d}x. \tag{B.1b}$$

若 $f(x)$ 是 (无穷远处) 速降函数，则相应的 Fourier 积分变换是

$$\hat{f}(k) = F[f(x)] \equiv \frac{1}{\sqrt{2\pi}} \int_{-\infty}^{\infty} \mathrm{e}^{-\mathrm{i}kx} f(x) \mathrm{d}x, \tag{B.2}$$

其 Fourier 逆变换是

$$f(x) = F^{-1}[\hat{f}(k)] \equiv \frac{1}{\sqrt{2\pi}} \int_{-\infty}^{\infty} \mathrm{e}^{\mathrm{i}kx} \hat{f}(k) \mathrm{d}k. \tag{B.3}$$

C 周期函数的离散 Fourier 理论

设 $f(x)\colon \Re \to \mathbb{C}$ 是局部平方可积的周期函数，以 2π 为周期。基于连续型 L^2 内积，$f(x)\colon [-\pi, \pi] \to \mathbb{C}$ 在有限维函数空间

$$\mathcal{H} = \mathrm{span}\left\{ \phi_k(x) = \frac{1}{\sqrt{2\pi}} \mathrm{e}^{\mathrm{i}kx}, x \in [-\pi, \pi] : k = 0, \pm 1, \cdots, \pm J \right\}$$

的最佳平方逼近函数，就是 Fourier 级数 (B.1a) 的截断，即

$$\mathcal{P}f(x) = \frac{1}{\sqrt{2\pi}} \sum_{k=-J}^{J} \mathrm{e}^{\mathrm{i}kx} \hat{f}_k, \quad x \in [-\pi, \pi], \tag{C.1}$$

其中的 $\hat{f}_k$ 由 (B.1b) 给出。

考虑等距离散网格 $\{x_j = j\pi/J\}_{j=-J:J}$，离散型 L^2 内积满足

$$\left\langle \phi_{k_1}(x), \phi_{k_2}(x) \right\rangle \equiv \frac{1}{2\pi} {\sum_{j=-J}^{J}}' \overline{e^{ik_1 j\Delta x}} e^{ik_2 j\Delta x} \Delta x = \begin{cases} 1, & \text{当 } k_1 = k_2, \\ 0, & \text{其他}, \end{cases}$$

其中的撇号是指求和项中对应 $\pm J$ 的两项具有折半的权重 $1/2$，不是默认的 1。因此，基于离散型 L^2 内积，$f(x): [-\pi, \pi] \to \mathbb{C}$ 在 $\mathcal{H}$ 的最佳平方逼近函数将略有不同，是

$$\widetilde{\mathcal{P}} f(x) = \frac{1}{\sqrt{2\pi}} \sum_{k=-J}^{J} e^{ikx} \hat{\hat{f}}_k, \quad x \in [-\pi, \pi], \tag{C.2a}$$

其中

$$\hat{\hat{f}}_k = \frac{1}{\sqrt{2\pi}} {\sum_{j=-J}^{J}}' f_j e^{-ikj\Delta x} \Delta x. \tag{C.2b}$$

若 $f(x)$ 是无穷光滑的，则 $\hat{\hat{f}}_k = \hat{f}_k$。简单计算，可以证明：最佳平方逼近函数 $\mathcal{I}f(x)$ 就是 $f(x)$ 在网格点上的插值函数，即

$$f(x_j) = \widetilde{\mathcal{P}} f(x_j), \quad j = 0, \pm 1, \cdots, \pm J. \tag{C.3}$$

换言之，两个周期序列 $\{f(x_j)\}_{j=-J:J}$ 和 $\{\hat{f}_k\}_{k=-J:J}$ 存在一一对应关系，(C.1) 称为离散 Fourier 变换。

D 线性差分方程的基本理论

设 s 是给定的正整数，称

$$\sum_{m=0}^{s} \beta_m u_{j+m} = b_j, \tag{D.1}$$

是 s 阶线性差分方程，若已知系数 $\{\beta_m \equiv \beta_m(j)\}_{j=0:s}$ 和右端项 b_j 均同离散函数 $u = \{u_j\}_{\forall j}$ 无关，且 $\beta_s \beta_0 \neq 0$。当 $b_j \equiv 0$ 时，称其是齐次差分方程。

线性差分方程 (D.1) 和线性常微分方程具有非常接近的性质，例如线性叠加原理：
(1) 若 $u_j^{(1)}, \cdots, u_j^{(r)}$ 是齐次差分方程的解，则它们的任意线性组合

$$u_j = \sum_{m=1}^{r} \gamma_m u_j^{(m)}$$

也是齐次差分方程的解。

(2) 设 $u_j^{(1)}, \cdots, u_j^{(s)}$ 是 s 阶齐次差分方程的解，且满足

$$\begin{vmatrix} u_0^{(1)} & u_0^{(2)} & \cdots & u_0^{(s)} \\ u_1^{(1)} & u_1^{(2)} & \cdots & u_1^{(s)} \\ \vdots & \vdots & & \vdots \\ u_{s-1}^{(1)} & u_{s-1}^{(2)} & \cdots & u_{s-1}^{(s)} \end{vmatrix} \neq 0, \tag{D.2}$$

则它们是线性独立的，可以构成一个基础解组。

(3) 非齐次线性差分方程的通解，可以表示为某个特解同齐次线性差分方程的通解之和。

若差分方程 (D.1) 的系数同 j 无关，称其是线性常系数的。此时，利用特征方程

$$\sum_{m=0}^{s}\beta_m\lambda^m = 0 \tag{D.3}$$

的特征根 λ，即可给出齐次问题的 s 个线性无关基础解：

(1) 若 λ 为单根，则基础解可定义为 λ^j；

(2) 若 λ 为 r 重根，则基础解可定义为 $\{j^{\ell-1}\lambda^j\}_{\ell=1:r}$。

详细推导可参见文献 [16]。

E 三对角矩阵的特征值

设 α, β 和 γ 是给定的实数，且 $\beta\gamma > 0$。考虑 $J-1$ 阶三对角矩阵

$$\mathbb{A} = \mathrm{tridiag}(\gamma, \alpha, \beta) = \begin{bmatrix} \alpha & \beta & & & & \\ \gamma & \alpha & \beta & & & \\ & \ddots & \ddots & \ddots & & \\ & & \ddots & \ddots & \ddots & \\ & & & \gamma & \alpha & \beta \\ & & & & \gamma & \alpha \end{bmatrix} \tag{E.1}$$

的特征值问题

$$\mathbb{A}u = \lambda u, \tag{E.2}$$

其中 λ 是特征值，$u = (u_1, u_2, \cdots, u_{J-1})^\mathrm{T} \neq 0$ 是相应的特征向量。

事实上，上述特征值问题可以视为差分方程

$$\gamma u_{j-1} + (\alpha - \lambda)u_j + \beta u_{j+1} = 0, \quad j = 1:J-1, \tag{E.3}$$

的非平凡解问题，其中 $u_0 = u_J = 0$。设 μ_1 和 μ_2 是特征方程

$$\beta\mu^2 + (\alpha - \lambda)\mu + \gamma = 0 \tag{E.4}$$

的两个根。首先指出 $\mu_1 = \mu_2 = \mu$ 是不可能的。否则，(E.3) 的通解是

$$u_j = C_1\mu^j + C_2 j\mu^j,$$

其中 C_1 和 C_2 是待定系数。要满足零边界条件，它必定是平凡解，同计算目标矛盾。因此，$\mu_1 \neq \mu_2$，(E.3) 的通解是

$$u_j = C_1\mu_1^j + C_2\mu_2^j,$$

其中 C_1 和 C_2 是待定系数。由零边界条件可知

$$C_1 + C_2 = 0, \quad C_1\mu_1^J + C_2\mu_2^J = 0. \tag{E.5}$$

它蕴含
$$\frac{\mu_1}{\mu_2} = e^{2is\pi/J}, \quad s = 1 : J-1,$$

其中 $i = \sqrt{-1}$。利用根同系数的关系，由特征方程 (E.4) 可知

$$\mu_1\mu_2 = \gamma/\beta, \quad \mu_1 + \mu_2 = (\lambda - \alpha)/\beta.$$

联立解出 μ_1 和 μ_2，从而得到

$$\lambda^{(s)} = \alpha + 2\beta \left(\frac{\gamma}{\beta}\right)^{1/2} \cos\frac{s\pi}{J}, \quad s = 1 : J-1. \tag{E.6}$$

相应的特征向量是 $u^{(s)} = (u_1^{(s)}, u_2^{(s)}, \cdots, u_{J-1}^{(s)})^T$，其中

$$u_j^{(s)} = \sin\frac{js\pi}{J}, \quad j = 1 : J-1. \tag{E.7}$$

F Gronwall 不等式

定理 A.6(Gronwall 不等式) 设 $\{f_n\}_{n\geqslant 0}$ 和 $\{g_n\}_{n\geqslant 0}$ 是两个非负序列，且 $\{g_n\}_{n\geqslant 0}$ 是单增序列。如果存在给定的正数 C，使得

$$f_{n+1} \leqslant C \sum_{m=0}^{n} f_m \Delta t + g_{n+1}, \quad \forall n \geqslant 0, \tag{F.1}$$

则当 Δt 充分小时，有

$$f_n \leqslant e^{Cn\Delta t} g_n. \tag{F.2}$$

证明就是简单的数学归纳法，详略。

G 圆盘定理

特征值可以直接利用矩阵元素进行粗略的定位。

定理 A.7(Gerschgorin 第一圆盘定理) 设 $\mathbb{A} = (a_{jk}) \in \mathbb{C}^{n\times n}$，对于 $\mathbb{A}$ 的每个特征值 λ，都存在正整数 $j \in \{1, 2, \cdots, n\}$，使得

$$|\lambda - a_{jj}| \leqslant \sum_{k \neq j} |a_{jk}|. \tag{G.1}$$

证明，略。

部分习题答案和提示

1. 习题 2.3：要证明 $\|\mathbb{B}_1^{-1}\|_2 \leqslant 1$ 一致成立，需分析 $\mathbb{B}_1$ 的特征值分布情况。可以直接写出特征值或应用圆盘定理 (见附录) 估计特征值的范围。
2. 习题 2.13：参见文献 [3] 的第 5.6 节。
3. 习题 3.10：稳定性分析不必消去中间变量，而相容性分析是必需的，因为中间变量可能同偏微分方程的真解没有任何关系。以循环扫描策略为例，相应的消去过程如下：平移空间指标，利用 (3.39) 解出 u_j^{n+1} 和 u_{j+1}^{n+1}；利用两个表达式对于任意的空间指标 j 均成立，建立相应的恒等式。
4. 习题 4.7：类似于论题 4.5 可证，其中求和次序要有相应调整，时间方向的变化可以利用 Gronwall 不等式进行控制。
5. 习题 5.11：设三个方向的网比相同，即 $\mu_x = \mu_y = \mu_z = \mu$。在分析局部截断误差阶的时候，要消去数值格式的辅助网格函数。例如，三维 Douglas 格式等价于

$$\left[\mathbb{1} - \frac{\mu a}{2}\delta_x^2\right]\left[\mathbb{1} - \frac{\mu b}{2}\delta_y^2\right]\left[\mathbb{1} - \frac{\mu c}{2}\delta_z^2\right](u^{n+1} - u^n) = \left[a\delta_x^2 + b\delta_y^2 + c\delta_z^2\right]u^n.$$

三维 PR 格式可类似地讨论。

6. 习题 5.12：不妨设三个方向的网比相同，即 $\mu_x = \mu_y = \mu_z = \mu$。对于三维 PR 格式，只需找到一个网比，使得 von Neumann 条件遭到破坏即可。
7. 习题 5.15：常微分方程组 $u_t = \mathbb{A}u$ 的解可以显式表达为

$$u(t) = \exp(\mathbb{A}t)u(0).$$

利用上述结果表示出相应问题的真解。利用 Taylor 展开，比较差异即可。

8. 习题 5.16：同上。
9. 习题 6.2：就是 LW 格式。
10. 习题 6.5：前者使用相邻两点的线性内插，后者使用相邻三点的抛物线插值。
11. 习题 6.7：按列堆积两个单位特征向量，形成矩阵

$$\frac{1}{\sqrt{2}}\begin{bmatrix} \lambda_+(k) & \lambda_-(k) \\ 1 & 1 \end{bmatrix}.$$

对于任意的波数 k，相应的行列式具有正的下确界 $\sqrt{1-\delta^2}$。

12. 习题 6.8：若迎风方向错误，即 $a < 0$ 时，相应的 L^2 模稳定性条件是 $\nu|a| \geqslant 1$。
13. 习题 7.10：参见文献 [3] 的第 4.10 节。
14. 习题 8.6：在区域 $\Omega_j = (x_{j-1}, x_{j+1}) \times (t^n, t^{n+1})$ 积分双曲型方程。顶端水平线上的积分

采用中心矩形公式近似,底端水平线上的积分采用梯形积分公式近似;两端垂直线上的积分依旧采用左矩形积分公式近似。

15. 习题 9.9:证明类似于论题 9.8。
16. 习题 10.6:利用强最大值原理,建立相应的优函数;仿照 §10.2 的推导过程。
17. 习题 10.8:复合型梯形积分公式。

索　引

边界离散
　　半网格, 71
　　单侧离散, 67
　　非等臂长格式, 103, 199
　　过渡时间层的数值边界条件, 116
　　人工边界条件, 14, 142
　　虚拟点, 70
差分格式
　　多层格式, 47
　　规范形式, 19
　　加密路径, 19
　　局部描述, 19
　　双层格式, 19
　　无条件, 19
　　有条件, 19
　　整体描述, 19
待定系数, 23
单调保持格式, 178
　　TVD 格式, 180
　　单调格式, 128, 178
对流扩散方程
　　Samapckii 格式, 189
　　算子分裂格式, 189
　　特征差分格式, 190
　　修正中心差商显格式, 187
　　指数型格式, 188
　　中心全隐格式, 189
非线性双曲守恒律
　　激波, 161
　　接触间断, 161
　　弱解, 160
　　熵解, 161
　　熵条件, 160, 161
　　稀疏波, 161
符号演算, 25, 44

古典格式
　　全显格式, 9, 14, 77, 80, 89, 91
　　全隐格式, 9, 14, 15, 78, 91
函数逼近, 24
盒子格式, 81, 138, 152
积分插值方法, 79, 105, 171
加权平均格式, 43, 78, 96
加权平均三层格式, 52
局部冻结技术, 77
　　算术平均, 80
　　调和平均, 87
局部线性化
　　Richtmyer 方法, 92
　　时间延迟技术, 92
　　预测校正方法, 92
扩散方程
　　非守恒型扩散方程, 77
　　守恒型扩散方程, 77
离散模板, 8
偏心格式, 120
色散分析
　　反数值耗散, 131
　　数值耗散, 131
　　数值群速度, 132
　　数值色散, 131
　　数值振荡, 131
　　无耗散, 131
　　有耗散, 131
守恒型格式, 167
　　Godunov 方法, 173
　　熵修正技术, 181
　　数值通量, 167
　　有限体积方法, 169
收敛
　　按模收敛, 39

精度, 39
逐点收敛, 39
数值黏性修正, 187
数值守恒量, 73
双曲型方程组, 148
    Riemann 不变量, 165
    特征分解, 148
    特征形式, 165
椭圆型方程
    紧凑型差分格式, 211
    六阶九点格式, 210
    四阶九点格式, 210
    椭圆型差分格式, 205
    五点差分格式, 199
    斜五点格式, 210
蛙跳格式, 135, 152
网格函数, 18
    非规则内点, 101
    规则内点, 101
    控制区间, 33
    控制区域, 96
    离散范数, 18
    离散网格, 6
    时空网格, 18
    网格边界点, 101
    网格内点, 101
稳定
    初值稳定性, 28
    非线性不稳定现象, 163
    强稳定性, 186
    线性不稳定现象, 147
    右端项稳定性, 29
稳定性分析方法
    CFL 方法, 122, 146
    GKS 方法, 31
    冻结系数方法, 83, 91, 146
    分离变量方法, 31
    能量方法, 30, 84, 193
    数值黏性方法, 122, 134
    修正方程方法, 30, 122, 191
    直接矩阵方法, 30, 31, 70
    离散最大模原理, 28–30, 45, 70–72, 83, 85, 90, 121
误差渐近展开, 209
线方法, 80
线性方程组
    二重网格方法, 202
    交替方向方法, 201
    区域分解方法, 204
    星型图, 203
相容
    局部截断误差, 20
    相容阶, 22
    整体相容, 22
    逐点相容, 20
迎风格式, 120, 145, 149, 155, 162, 164, 166, 170, 172, 175
有限元方法, 211
    Galerkin 变分问题, 213
    Rietz 变分问题, 212
    古典变分法, 214
    网格剖分, 217
    有限元空间, 217
圆盘定理, 70
杂交格式, 54
    半隐格式, 55
    跳点格式, 56
    显式分组格式, 60
    显隐交替格式, 57
    隐式分组格式, 61
中心差商显格式, 119, 185
中心差商格式, 150
最大值原理
    强最大值原理, 206
    优函数, 206
ADI 格式
    Douglas-Rachford 格式, 111
    Douglas 格式, 110, 122
    Peaceman-Rachford 格式, 108, 112
BDF 格式, 53
    Richtmyer 格式, 53
Courant-Isaacson-Rees 格式, 123
Crank-Nicolson 格式, 44, 78, 91, 93
    外插 Crank-Nicolson 格式, 52

Douglas 格式, 44, 79
Du Fort-Frankel 格式, 51, 96
Fourier 方法, 130
  Kreiss 定理, 49
  von Neumann 条件, 37, 48
  严格的 von Neumann 条件, 37, 48
  增长因子, 36
  增长矩阵, 48
Godunov 定理, 128
Green 公式, 194
Harten 引理, 180
Lax-Friedrichs 格式 (Lax 格式), 133, 145, 150, 163, 164, 166, 171, 173
Lax-Richtmyer 等价定理, 40, 82, 96
Lax-Wendroff 定理, 168
Lax-Wendroff 格式, 121, 146, 150, 157, 163, 165, 166, 173, 177
LOD 方法, 113
  LOD 全隐格式, 114

Strang 格式, 115
Yanenko 格式, 113
经典 LOD 格式, 113
MacCormack 格式, 167
minmod 限制器, 183
MUSCL 格式, 182
RH 跳跃条件, 160
Richardson 外推技术, 209
Richardson 格式, 47
Richtmyer 格式, 166
Riemann 问题, 161
Roe 平均值, 176
Saul'ev 格式, 58
Strang 定理, 91
Thomas 算法, 10
TVD 修正技术, 181
  通量限制器, 182
  斜率限制器, 183